JN233317

流水の力学
—生態と環境—

まえがき

　流れ学は，機械工学系を学ぶ者にとって基幹となる重要な科目の一つである。ところが流れにおける現象は，固体の力学などと比べて複雑で多種多様であるために，その取扱いはきわめて難しく，理論と実際の結果とが一致しない場合が多いことから難解な科目の一つとされている。そこで，流れ学の解説や理論，公式などの物理的意味を深め，親しみをもたせるようにするには，数多くの変化に富んだ内容の問題を解く演習を積み重ねることが最も効果的な方法であると考えられる。それによって結果的には，流れに関する工学的な諸問題に対応できる能力を養うことができるのである。

　このような観点から本書は，大学・高専における機械工学系の学生が，初めて流れ学を学ぶときに役立つ演習形式の教科書として記述したものである。各章の初めには基礎的な事項を，続いてそれらを適用する演習問題を基礎から応用まで順次程度を高めるように列記し，類似の問題はできる限り避けるように努めた。なお問題を解くにあたっては，高度な問題においても，微積分学と力学の基礎知識があれば十分理解できるように配慮している。

　一般の流れ学に関する教科書の多くは，例題演習と練習問題とに区別され，前者の解答は詳細に記述されているが，後者は略解か結果のみしか示されていない。そのため本書では，演習問題のすべてについて懇切ていねいに解答を示している。これが他の教科書に見られない特徴であり，本書を発行する動機となったゆえんである。

　このように応用問題についても詳細に解説している本書は，学生の教科書としてだけでなく，日頃多忙な機械技術者が実際問題に遭遇したとき，多くの時間を費やすことなく容易に理解できる参考書としても大いに役立つものと自負している。幸い，コロナ社に著者らの意図するところを理解していただき，こ

まえがき

の度発行できるに至った次第である。

　執筆にあたっては，日本機械学会発行の『機械工学便覧』をはじめ，先輩諸賢の多くの著書・文献を引用あるいは参考にさせていただいた。これらを巻末に掲載することにより感謝の意を表すとともに，コロナ社の関係各位に心からお礼申し上げる次第である。

　2001年3月

著　者

目　　次

1　流体の物理的性質

1.1　流　　　　体 ··· 1
1.2　単　位　系 ··· 1
　1.2.1　絶対単位系 ·· 1
　1.2.2　重力単位系 ·· 2
　1.2.3　国際単位系（SI） ··· 2
1.3　密度と比重 ··· 3
1.4　粘　　　　性 ··· 4
1.5　気体の性質 ··· 7
1.6　流体の圧縮性 ··· 8
1.7　表　面　張　力 ··· 9
1.8　飽和蒸気圧 ··· 11
演　習　問　題 ·· 12

2　流体静力学

2.1　圧力の定義 ··· 23
2.2　圧力の単位と換算 ·· 24
2.3　ゲージ圧力と絶対圧力 ··· 24
2.4　静止流体の深さと圧力の関係 ·· 25
2.5　マノメータ ··· 26

2.5.1 通常マノメータ………………………………………………26
2.5.2 微　圧　計……………………………………………………28
2.6 全圧力と圧力の中心………………………………………………29
2.7 曲面に働く力………………………………………………………31
2.8 浮　　　力…………………………………………………………31
2.9 浮　揚　体…………………………………………………………32
演　習　問　題…………………………………………………………33

3　流体運動の基礎

3.1 定常流と非定常流…………………………………………………58
3.2 層流と乱流…………………………………………………………58
3.3 流線，流跡線，流管………………………………………………59
3.4 連　続　の　式……………………………………………………59
3.5 オイラーの運動方程式……………………………………………60
3.6 ベルヌーイの式……………………………………………………61
3.7 ベルヌーイの式の応用……………………………………………62
　　3.7.1 ピ　ト　ー　管………………………………………………62
　　3.7.2 トリチェリの定理……………………………………………63
　　3.7.3 ベンチュリ管…………………………………………………64
3.8 渦………………………………………………………………………65
　　3.8.1 強　制　渦……………………………………………………65
　　3.8.2 自　由　渦……………………………………………………65
　　3.8.3 ランキンの組合せ渦…………………………………………66
演　習　問　題…………………………………………………………66

4　流体の測定法

4.1 流　体　計　測……………………………………………………91

4.2 ピトー管 ………………………………………………………… 91
    4.2.1 全圧管 …………………………………………………… 92
    4.2.2 静圧管 …………………………………………………… 92
    4.2.3 ピトー静圧管 …………………………………………… 92
4.3 ピトー管による流量測定 ……………………………………… 94
4.4 タンクオリフィス ……………………………………………… 95
    4.4.1 タンクオリフィスからの実際の流れ ………………… 95
    4.4.2 近寄り速度 ……………………………………………… 96
    4.4.3 大きいオリフィス ……………………………………… 97
    4.4.4 タンクオリフィスからの噴流の経路 ………………… 97
4.5 管オリフィス …………………………………………………… 98
4.6 管ノズル ………………………………………………………… 100
4.7 ベンチュリ管 …………………………………………………… 101
4.8 せき ……………………………………………………………… 102
    4.8.1 全幅せき ………………………………………………… 102
    4.8.2 四角せき ………………………………………………… 103
    4.8.3 三角せき ………………………………………………… 104
4.9 熱線流速計 ……………………………………………………… 104
    4.9.1 熱線プローブ …………………………………………… 105
    4.9.2 熱線プローブの種類 …………………………………… 105
4.10 レーザ流速計 ………………………………………………… 106
4.11 流れの可視化 ………………………………………………… 107
演習問題 …………………………………………………………… 109

5 流体摩擦

5.1 流体摩擦とせん断応力 ………………………………………… 116
    5.1.1 流体摩擦 ………………………………………………… 116
    5.1.2 せん断応力 ……………………………………………… 116
    5.1.3 混合距離理論 …………………………………………… 117

5.2 平行平板間の層流 …………………………………………………… 119
5.3 滑らかな円管内の流れ ………………………………………………… 121
5.3.1 層流の場合 …………………………………………………… 121
5.3.2 同心二重円管内を流れる層流 ……………………………… 123
5.3.3 乱流の場合 …………………………………………………… 124
5.4 粗面円管の速度分布 …………………………………………………… 128
5.5 直管の管摩擦係数 ……………………………………………………… 129
5.5.1 円管の管摩擦 ………………………………………………… 129
5.5.2 滑らかな円管の管摩擦係数 ………………………………… 130
5.5.3 粗面円管の管摩擦係数 ……………………………………… 131
5.5.4 円形断面でない直管の摩擦損失 …………………………… 133
5.6 助走区間における流れと圧力損失ヘッド …………………………… 134
5.6.1 助走区間における流れ ……………………………………… 134
5.6.2 助走区間における圧力損失ヘッド ………………………… 135
演習問題 …………………………………………………………………… 136

6 管路と水路

6.1 管路 ……………………………………………………………………… 152
6.1.1 管路入口における損失ヘッド ……………………………… 153
6.1.2 断面積が急変する場合の損失 ……………………………… 153
6.1.3 断面積が漸次変化する場合の損失ヘッド ………………… 155
6.1.4 曲がり管の損失ヘッド ……………………………………… 155
6.1.5 管路の総損失 ………………………………………………… 157
6.1.6 管路網の流量計算 …………………………………………… 158
6.2 水路 ……………………………………………………………………… 160
6.2.1 シェジーの式 ………………………………………………… 160
6.2.2 指数形の公式 ………………………………………………… 160
演習問題 …………………………………………………………………… 161

7　物体まわりの流れ

- 7.1　はじめに ……………………………………………………… *179*
- 7.2　平板上の境界層 ……………………………………………… *180*
- 7.3　円柱および球まわりの流れ ………………………………… *183*
- 7.4　翼形のまわりの流れ ………………………………………… *189*
- 演習問題 …………………………………………………………… *190*

8　運動量の法則

- 8.1　運動量の法則 ………………………………………………… *207*
- 8.2　運動量の法則の応用 ………………………………………… *209*
  - 8.2.1　曲管の壁面に作用する噴流の力 ……………………… *209*
  - 8.2.2　固定平板に衝突する噴流の力 ………………………… *211*
  - 8.2.3　移動する平板に衝突する噴流の力 …………………… *212*
  - 8.2.4　曲面板に衝突する噴流の力 …………………………… *213*
  - 8.2.5　ペルトン水車に作用する力 …………………………… *214*
  - 8.2.6　ジェットによる推力 …………………………………… *216*
  - 8.2.7　ジェット機の推力 ……………………………………… *216*
  - 8.2.8　ロケットの推力 ………………………………………… *217*
- 8.3　角運動量の法則 ……………………………………………… *217*
- 8.4　角運動量の法則の応用 ……………………………………… *218*
- 演習問題 …………………………………………………………… *219*

9　次元解析と相似則

- 9.1　はじめに ……………………………………………………… *238*
- 9.2　次元解析 ……………………………………………………… *238*

viii 目次

  9.2.1 ロード・レイリー法 ································· 239
  9.2.2 バッキンガムのπ定理の方法 ···················· 239
 9.3 相似則 ··· 240
 演習問題 ·· 242

10 圧縮性流体の流れ

 10.1 はじめに ·· 254
 10.2 圧縮性流体の基礎 ································· 254
  10.2.1 気体の熱力学 ································· 254
  10.2.2 気体の圧縮性 ································· 258
  10.2.3 微小な圧力変動の伝ぱと音速 ···················· 259
  10.2.4 マッハ数 ······································ 260
  10.2.5 音の伝ぱと圧縮性流れの分類 ···················· 261
 10.3 一次元圧縮性流れ ································· 263
  10.3.1 エネルギーの式 ································ 263
  10.3.2 等エントロピー流れおよび管路の断面積変化と状態量の関係 ··· 265
  10.3.3 臨界状態および管路の断面積比とマッハ数の関係 ········ 267
  10.3.4 先細ノズル内の流れ ····························· 268
  10.3.5 ラバルノズル内の流れと噴流の形態 ················ 270
 10.4 衝撃波 ·· 273
  10.4.1 垂直衝撃波 ···································· 273
  10.4.2 斜め衝撃波 ···································· 275
  10.4.3 離脱衝撃波 ···································· 277
 10.5 圧縮波と膨張波 ··································· 278
  10.5.1 圧縮波 ·· 278
  10.5.2 膨張波 ·· 279
 演習問題 ·· 280

参考文献 ·· 294
索引 ·· 296

1 流体の物理的性質

1.1 流　　　　体

　一般に，流体は**液体**（liquid）と**気体**（gas）とに分類される．また，実在するすべての流体には**粘性**（viscosity）がある．この粘性のある流体の流動状態は，粘性のない流体とは流動状態が異なる．とくに粘性がある流体を**粘性流体**（viscous fluid）といい，粘性がないと仮想した流体を**完全流体**（perfect fluid）または**理想流体**（ideal fluid）という．また流体は，**圧縮性流体**（compressible fluid）と**非圧縮性流体**（incompressible fluid）に分けて考えられる．
　気体は圧縮性流体であるが，流速の遅い流れでは，圧力変化が小さいために圧縮性を考える必要がないから，非圧縮性流体として取り扱ってもよい．

1.2 単　位　系

単位は，基本とする単位の決め方により，以下に示す三つの単位系がある．
1.2.1 絶対単位系
　主として物理的分野で広く用いられている．一般に，長さ，質量，時間の単位を基本単位とし，これを基として他の物理量の単位を誘導する場合，これを**絶対単位系**という．ここで，長さを cm，質量を g，時間を s としたときの絶対単位系を **CGS 単位系**という．この単位系の力の単位は

$$1\,\mathrm{dyn}(ダイン) = 1\,\mathrm{g}(質量) \times 1\,\mathrm{cm/s^2}(加速度) = 1\,\mathrm{g\cdot cm/s^2} \tag{1.1}$$

また，長さを m，質量を kg，時間を s とするときは，これを **MKS 単位系**という．この場合，力の単位は

$$1\,\mathrm{kg} \times 1\,\mathrm{m/s^2} = 1\,\mathrm{kg\cdot m/s^2} = 10^5\,\mathrm{dyn} \tag{1.2}$$

ここで，$1\,\mathrm{kg\cdot m/s^2}$ の力を 1 N（ニュートン）で表す．

1.2.2 重力単位系

これまで工学では,長さ m,力 kgf,時間 s の単位を基本単位として多く用いられた。この単位系を**重力単位系**(工学単位系)という。重力の加速度を $g=9.80665$ m/s² とすると,力の単位は

$$1\,\text{kgf}(\text{重量キログラム})$$
$$=1\,\text{kg}(\text{質量})\times 9.80665\,\text{m/s}^2(\text{重力の加速度})=9.80665\,\text{N} \qquad (1.3)$$

1.2.3 国際単位系(SI)

従来 CGS 単位系,MKS 単位系,重力単位系が用いられていたが,その後,これらのほかにメートル系の新しい形態として**国際単位系(SI)**が制定され,学術および産業の諸分野で支持を得ている。これは,MKS 単位を拡張したものである。本書では,この SI 単位を用いる。

SI 単位の基本単位を**表 1.1** に,組立単位を**表 1.2** に示す。なお,従来流れ学で使用されてきた単位から SI 単位へ換算するときの換算係数を,**表 1.3** に示す。

表 1.1　SI 単位の基本単位

量	名称	記号	量	名称	記号
長さ	メートル	m	熱力学温度	ケルビン	K
質量	キログラム	kg	物質量	モル	mol
時間	秒	s	光度	カンデラ	cd
電流	アンペア	A			

表 1.2　固有の名称をもつ SI 単位の組立単位

量	名称	記号	定義
力	ニュートン	N	N=kg·m/s²
圧力,応力	パスカル	Pa	Pa=N/m²
エネルギー,仕事,熱量	ジュール	J	J=N·m
仕事率(効率),動力	ワット	W	W=J/s
周波数	ヘルツ	Hz	Hz=s⁻¹
表面張力	ニュートン毎メートル	N/m	N/m=kg/s²
粘度	パスカル秒	Pa·s	Pa·s=kg/(m·s)
力のモーメント(トルク)	ニュートンメートル	N·m	N·m=kg·m²/s²

(日本機械学会編「機械工学 SI マニュアル」より抜粋)

表1.3 換算係数

量	従来の単位	SI単位	乗じる係数
圧力	kgf/cm² mmHg mmH₂O	Pa Pa Pa	$g \times 10^4$ 1.33322×10^2 g
エネルギー，仕事	kgf·m	J	g
熱量	cal	J	4.1868
回転数	rpm rps	s⁻¹ s⁻¹	1/60 1
仕事率，効率	PS（メートル馬力） kgf·m/s	W W	735.5 g
質量	kgf·s²/m	kg	g
周波数，振動数	s⁻¹	Hz	1
力，重量	kgf g·cm/s²＝dyn	N N	g 10^{-5}
粘度 （粘性係数）	kgf·s/m² P（ポアズ） cP（センチポアズ）	Pa·s Pa·s Pa·s	g 10^{-1} 10^{-3}
動粘度 （動粘性係数）	St（ストークス） cSt（センチストークス）	m²/s m²/s	10^{-4} 10^{-6}
密度	kgf·s²/m⁴	kg/m³	g
表面張力	kgf/cm kgf/m	N/m N/m	$g \times 10^{-2}$ g
角度	°	rad	$\pi/180$
温度	°C	K	$t\,°C=(t+273.15)\,K$

注）ここで，gは重力の加速度で，国際協定の標準値は $9.80665\,\text{m/s}^2$ であるが，本書での計算には $9.8\,\text{m/s}^2$ を用いる。

（日本機械学会編「機械工学SIマニュアル」より抜粋）

1.3 密度と比重

単位体積あたりの**質量**（mass）を**密度**（density）といい，一般に $\rho\,[\text{kg}/\text{m}^3]$ で表す。密度の逆数 $1/\rho$ を**比体積**（specific volume）と呼び，$v\,[\text{m}^3/\text{kg}]$

で表す。また,重力単位で用いる単位体積あたりの重量,すなわち**比重量** (specific weight) γ の用語と単位は SI 単位では用いず,必要があるときは密度と重力の加速度との積 ρg [N/m³] として用いる。

なお,国際単位系（SI）の ρ と重力単位系の γ とは,数値は同じである。ある物質の**比重** (specific gravity) s は,その物質の密度 ρ [kg/m³] と温度 4 °C (277.15 K),圧力 101.325 kPa (abs) における純水の水の密度 $\rho_w = 1\,000$ kg/m³ との比で表され,無次元量である。

$$s = \frac{\rho}{\rho_w} \tag{1.4}$$

流体の場合,ρ の値は流体の温度および圧力の変化により膨張あるいは収縮するので,密度,比重の値は変化する。しかし,液体は気体の場合に比べて変化が少ないので,一般には非圧縮性流体として扱う。

1.4 粘　　　　性

実在する流体にはすべて粘性がある。例えば,流体粒子が管内を管軸に平行に秩序正しく流れている**層流** (laminar flow) の場合,流体と接触している管壁との摩擦によって,管壁に近づくにつれて速度は遅くなり,管壁面上では 0 となる。このように,流動を妨げる性質を粘性という。

したがって,図 1.1 に示すように,速度は流れに直角方向に変化する。すなわち,微小距離 dy 離れることにより速度差 du が生じる。これは,流体と固体表面との間および流体内部において,**せん断応力** (shearing stress) または摩擦応力 τ が作用するためである。この τ は,流れが層流の場合つぎの式で与えられる。

$$\tau = \mu \frac{du}{dy} \tag{1.5}$$

ここで,u は壁面からの距離 y における流れ方向の速度,du/dy はその点における速度こう配であり,μ を**粘度** (viscosity) または**粘性係数** (coefficient of viscosity) という。この値は流体の種類によって異なる。また,同じ流体

でも温度によって異なる．もちろん，静止している流体には働かない．

式(1.5)を**ニュートンの粘性法則**（Newton's law of viscosity）または**ニュートンの摩擦法則**（Newton's law of friction）という．また，この式に従う流体を**ニュートン流体**（Newtonian fluid）といい，そうでない流体を**非ニュートン流体**（non-Newtonian fluid）という．

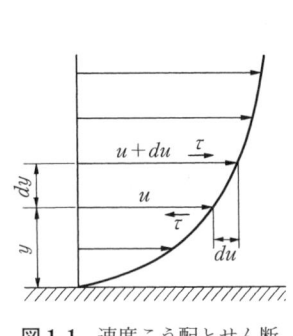

図1.1 速度こう配とせん断応力の関係

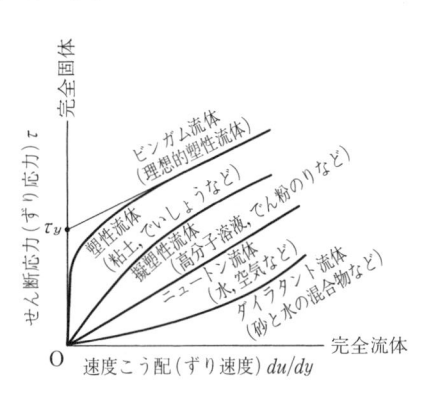

図1.2 流動曲線

ニュートン流体と非ニュートン流体の速度こう配（ずり速度）とせん断応力との関係を表した流動曲線を**図1.2**に示す．実在する多くの流体，例えば，水，油，空気などはニュートン流体であり，μを比例定数とした原点を通る直線となる．一方，式(1.5)に従わない流体，例えば，ペイント，マヨネーズ，高分子溶液などは非ニュートン流体である．

つぎに，μの単位を求める．式(1.5)より

$$\mu = \frac{\tau}{\frac{du}{dy}} \tag{1.6}$$

ここで，τ，du/dy の単位はそれぞれ N/m^2，s^{-1} であるから

$$\mu\text{の単位} = \frac{N}{m^2}\cdot s = Pa\cdot s \tag{1.7}$$

また，運動する流体を扱うとき，μ を ρ で割った値 $\nu = \mu/\rho$ を用いると便利なことが多い．この ν を**動粘度**（kinematic viscosity）または**動粘性係数**（coefficient of kinematic viscosity）という．したがって，ν の単位は

1. 流体の物理的性質

$$\nu \text{の単位} = \frac{\text{Pa}\cdot\text{s}}{\text{kg/m}^3} = \frac{(\text{kg}\cdot\text{m/s}^2)\cdot\text{s}}{\text{m}^2\cdot\text{kg/m}^3} = \frac{\text{m}^2}{\text{s}} \qquad (1.8)$$

なお，μ の CGS 単位 1 g/(cm·s) を 1 P（ポアズ），0.01 P を 1 cP（センチポアズ）といい，ν の CGS 単位 1 cm²/s を 1 St（ストークス），0.01 St を 1 cSt（センチストークス）という。

表 1.4，表 1.5 にそれぞれ，101.3 kPa における水と空気の温度の変化に対する密度 ρ，粘度 μ，動粘度 ν の値を示す。また表 1.6 に，各種液体の比重を示す。

表 1.4　101.3 kPa における水の性質

温度 t °C	密度 ρ [kg/m³]	粘度 μ [Pa·s] $\times 10^{-3}$	動粘度 ν [m²/s] $\times 10^{-6}$
0	999.840	1.791 9	1.792 1
5	999.964	1.519 2	1.519 2
10	999.700	1.306 9	1.307 2
15	999.100	1.138 3	1.139 3
20	998.204	1.002 0	1.003 8
25	997.045	0.890 2	0.892 8
30	995.648	0.797 3	0.800 8
40	992.215	0.652 9	0.658 0
50	988.033	0.547 0	0.553 6
60	983.193	0.466 7	0.474 7
70	977.761	0.404 4	0.413 6
80	971.788	0.355 0	0.365 3
90	965.311	0.315 0	0.326 3
100	958.357	0.282 2	0.294 5

(「機械工学便覧」より抜粋)

表 1.5　101.3 kPa における空気の性質

温度 t °C	密度 ρ [kg/m³]	粘度 μ [Pa·s] $\times 10^{-6}$	動粘度 ν [m²/s] $\times 10^{-6}$
-10	1.341 6	16.74	12.48
0	1.292 3	17.24	13.34
10	1.246 5	17.74	14.23
20	1.203 9	18.24	15.15
30	1.164 0	18.72	16.08
40	1.126 8	19.20	17.04

(「機械工学便覧」より抜粋)

表 1.6　101.3 kPa における各種液体の比重

液体	温度 [°C]	比重	液体	温度 [°C]	比重
海水	15	1.01〜1.05	水銀	0	13.595 5
グリセリン	15	1.264	水銀	10	13.570 8
ガソリン	15	0.66〜0.75	水銀	20	13.546 2
原油	15	0.7〜1.0	四塩化炭素	0	1.632 6
エチルアルコール	15	0.793 6	四塩化炭素	10	1.613 5
メチルアルコール	15	0.795 8	四塩化炭素	20	1.594 4

(「機械工学便覧」より抜粋)

1.5 気体の性質

気体の圧力を p, 比体積を v, 絶対温度を T, ガス定数を R, 密度を ρ とすると, **ボイル・シャルル**（Boyle-Charles）**の法則**より次式が成り立つ。

$$pv = \frac{p}{\rho} = RT \tag{1.9}$$

この式を**気体の状態式**（equation of state）といい, この関係が成り立つ気体を完全気体という。実在の気体においてもこの式はほぼ成り立つ。

ガス定数 R 〔J/(kg·K)〕と気体の分子量 M の**モル質量** M 〔kg/kmol〕との積を R_0 と表し, これを**一般ガス定数**（universal gas constant）または**モルガス定数**（mol gas constant）という。R_0 は気体の種類に関係なく一定で

$$R_0 = MR = 8\,314.8 \text{ J/(kmol·K)} \tag{1.10}$$

で表される（問題 1.5 参照）。

完全気体の状態変化は次式で表される。

$$pv^n = 一定 \tag{1.11}$$

n は**ポリトロープ指数**といい, $n=1$ の場合は**等温変化**（isothermal change）, $n=0$ の場合は**等圧変化**（isobaric change）, $n=\infty$ の場合は**定容変化**（isochoric change）, $n=\kappa$ の場合は**断熱変化**（adiabatic change）である。κ は**比熱比**（ratio of specific heat）であって, 定圧比熱 C_p と定容比熱 C_v と

表 1.7　101.3 kPa, 20 °C におけるおもな物質の物性値

物質名	化学式	分子量 M	ガス定数 R 〔J/(kg·K)〕	密度 ρ 〔kg/m³〕	比熱比 κ
空　気	—	28.967	287.03	1.204	1.40
二酸化炭素	CO_2	44.009 8	188.92	1.839	1.29
ヘリウム	He	4.002 6	2077.2	0.166 4	1.67
水　素	H_2	2.015 8	4124.6	0.083 8	1.41
窒　素	N_2	28.013 4	296.80	1.165	1.40
酸　素	O_2	31.998 8	259.83	1.331	1.40
メタン	CH_4	16.042 6	518.27	0.668 2	1.31
水	H_2O	18.015 2	461.52	998.20	1.01

（「機械工学便覧」より抜粋）

の比 $\kappa = C_p/C_v$ である。**表 1.7** に，おもな気体および水の物性値を示す。

1.6 流体の圧縮性

　液体は圧力の変化に対して，体積はほとんど変化しないことから，一般には非圧縮性流体として扱うことができる。これに対して，気体は液体に比べて，分子間の距離が大きいので，わずかの圧力変化に対しても体積が変化する。このような流体を圧縮性流体という。

　いま，圧力 p_1，体積 V の流体に Δp だけ加圧して，$p_2 = p_1 + \Delta p$ まで高めたときの体積が $V - \Delta V$ になったとすると，Δp の圧力の変化に対する体積変化率が $-\Delta V/V$ であり，この場合

$$\beta = \lim_{\Delta p \to 0}\left(-\frac{1}{V}\frac{\Delta V}{\Delta p}\right) = -\frac{1}{V}\frac{dV}{dp} \tag{1.12}$$

で表される β を**圧縮率**（compressibility）という。また，β の逆数を K としたとき

$$K = \frac{1}{\beta} = -V\frac{dp}{dV} \tag{1.13}$$

となり，これを**体積弾性係数**（bulk modulus）と呼ぶ。気体の場合，比体積 v を用いると，式(1.13)より K は次式となる。

$$K = -v\frac{dp}{dv} = \rho\frac{dp}{d\rho}^{\dagger} \tag{1.14}$$

なお，K の値は流体の種類によって異なり，同一の流体であっても圧力，温度によって変化する。

　表 1.8 に，水の体積弾性係数，**表 1.9** に，おもな液体の体積弾性係数を示す。

　また，気体の状態変化がポリトロープ変化の場合は，$pv^n = p\rho^{-n} = C$（一定）より $p = C\rho^n$，ゆえに $dp/d\rho = Cn\rho^{n-1}$ を得る。これと式(1.14)とから

$$K = np \tag{1.15}$$

---

† $v = 1/\rho$ の関係から，これを微分すると $-dv/v = d\rho/\rho$ となる。

表1.8 水の体積弾性係数〔MPa〕

圧力範囲〔MPa〕 \ 温度〔℃〕	0	10	20
0.1013 ～ 2.533	1.93×10^3	2.03×10^3	2.06×10^3
2.533 ～ 5.066	1.97×10^3	2.06×10^3	2.13×10^3
5.066 ～ 7.599	1.99×10^3	2.14×10^3	2.22×10^3
7.599 ～10.133	2.02×10^3	2.16×10^3	2.24×10^3

（「機械工学便覧」より抜粋）

表1.9 おもな液体の体積弾性係数

物質	温度〔℃〕	圧力範囲〔MPa（ゲージ）〕	体積弾性係数〔MPa〕
海水	10	0.1～15	2.23×10^3
水銀	20	0.1～10	25.0×10^3
グリセリン	14.8	0.1～ 1	4.4×10^3
エチルアルコール	14	0.9～ 3.7	0.97×10^3
メチルアルコール	14.7	0.8～ 3.6	0.94×10^3
ベンゾール	16	0.8～ 3.6	1.1×10^3

（「機械工学便覧」より抜粋）

を得る。また，断熱変化の場合は $n=\kappa$ であるから次式となる。

$$K=\kappa p \tag{1.16}$$

1.7 表面張力

　液体は，**自由表面**（free surface）では液面をできるだけ小さくしようとする性質をもっている。このため，自由表面上に張力の作用する膜が形成される。このような張力を**表面張力**（surface tension）と呼び，σ で表す。この表面張力 σ は，液面上の曲面の一部を ds とし，液表面に沿って，この ds の部分に垂直に作用する力を dF とすると

$$\sigma=\frac{dF}{ds} \tag{1.17}$$

で表され，単位は N/m である。表面張力は，相接する2流体の種類と温度によって異なる。いま，**図1.3** に示すように，表面張力が作用している三次元曲面の曲率半径 R_1, R_2 をもつ微小曲面 dx, dy について考える。

　曲面の内側および外側から作用する圧力をそれぞれ p_1, p_2 とすると，力の釣

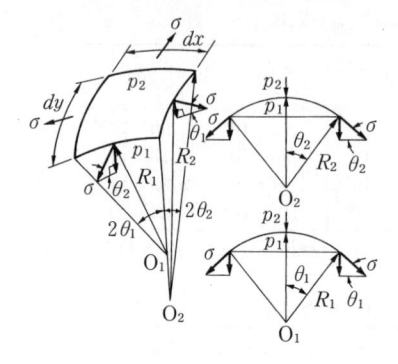

図1.3　曲面に働く表面張力

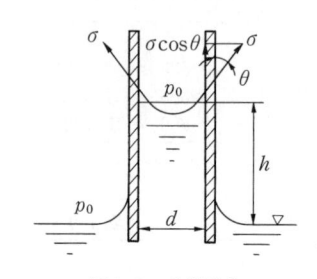

図1.4　毛管現象

合いから

$$\sum F = (p_2 - p_1)dxdy + 2\sigma dy \sin\theta_1 + 2\sigma dx \sin\theta_2 = 0$$

したがって，内外の圧力差 Δp は

$$p_1 - p_2 = \Delta p = \sigma\left(\frac{2\sin\theta_1}{dx} + \frac{2\sin\theta_2}{dy}\right) \tag{1.18}$$

ここで，図より $dx \fallingdotseq 2R_1\sin\theta_1$, $dy \fallingdotseq 2R_2\sin\theta_2$ であるから，これらを式(1.18)に代入すると次式となる。

$$\Delta p = \sigma\left(\frac{1}{R_1} + \frac{1}{R_2}\right) \tag{1.19}$$

液体の自由表面に細管を立てると，細管の液面は表面張力のために自由表面よりわずかに上昇（または下降）する。このような現象を**毛管現象**（capillarity）という。

いま，**図1.4**に示すように，細管の直径を d，液体の密度を ρ，管内の液面と管壁内面の交わりに沿って働く表面張力を σ，σ の働く方向と管壁とのなす角，すなわち**接触角**（angle of contact）を θ，液体が毛管現象によって自由表面より管中を上昇する高さの平均値を h とし，液の上側の流体を空気とすると，その密度は無視できる。

したがって，表面張力による力の鉛直方向の分力は $\pi d\sigma \cos\theta$ となり，この力により液は上方に引き上げられる。この力は上昇した液体の重量（$\pi d^2/4$）

$\rho g h$ に等しいから，次式で表される。

$$h = \frac{4\sigma \cos \theta}{\rho g d} \tag{1.20}$$

表1.10に，20°Cにおける各種液体の表面張力，表1.11に，管壁と液面との接触角を示す。

表1.10 各種液体の表面張力 (20°C)

液体	接触流体	表面張力 σ 〔mN/m〕
水	空気	72.75
水銀	空気	513.0
水銀	水	392.0
エチルアルコール	空気	22.3
スピンドル油	空気	30.5

(「機械工学便覧」より抜粋)

表1.11 管壁と液面との接触角 (表面は空気)

液体と固体の種類	接触角 θ
水とガラス	8〜9°
水とよく磨かれたガラス	0°
水銀とガラス	130°〜150°

(「機械工学便覧」より抜粋)

1.8 飽和蒸気圧

　液体には分子運動のために，液体分子が液面から飛び出す性質，すなわち蒸発する性質がある。いま，少量の液体を閉じた真空容器中に入れると，液体分子が液面から蒸発して容器を満たし，ある圧力を示す。この圧力をそのときの**蒸気圧**（vapor pressure）という。

　さらに，液体を注入すると蒸発が止まって平衡状態になる。このときの蒸気圧をその温度における**飽和蒸気圧**（saturated vapor pressure）という。分子運動は温度の上昇とともに活発になるから，飽和蒸気圧も温度の上昇に伴って高くなる。また，液体の種類により異なった値を示す。したがって，ある液体の絶対圧力が，その液体の温度における飽和蒸気圧以下になると，液体は蒸発する。

　一般に，水などの液体中には空気などの気体が溶けており，液体の流れの中において，その温度における飽和蒸気圧に近い低圧のところができると，気体が遊離して気泡となる。また，液中には小さい気泡の核なども存在するから，この核を基にして蒸気が発生して気泡が生じる。この現象を**キャビテーション**

(cavitation) という。

表 1.12 に，水の飽和蒸気圧を示す。

表 1.12 水の飽和蒸気圧

温度〔℃〕	飽和蒸気圧〔kPa(abs)〕	温度〔℃〕	飽和蒸気圧〔kPa(abs)〕
0	0.610 8	40	7.375
5	0.871 8	50	12.335
10	1.227 0	60	19.920
15	1.703 9	70	31.16
20	2.337	80	47.36
25	3.166	90	70.11
30	4.241	100	101.33

(「機械工学便覧」より抜粋)

演習問題

【1.1】 水銀の比重を 13.6 とするとき，水銀の密度および比体積を求めよ。

〔解〕 比重 s と密度 ρ の関係は式(1.4)より $\rho = s\rho_w$，また，比体積 v と ρ との関係は $v = 1/\rho$ であるから，比重 $s = 13.6$，水の密度 $\rho_w = 1\,000\,\text{kg/m}^3$ を代入すると，密度は

$$\rho = s\rho_w = 13.6 \times 1\,000 = 13\,600\,\text{kg/m}^3$$

また，比体積は

$$v = \frac{1}{\rho} = \frac{1}{13\,600} = 7.35 \times 10^{-5}\,\text{m}^3/\text{kg}$$

【1.2】 容積 $0.1\,\text{m}^3$ の油の重量が 882 N であった。この油の質量，密度，比重を求めよ。

〔解〕 この油の重量，質量，重力の加速度，容積，密度，比重を，それぞれ W，m，g，V，ρ，s とすると，$W = 882\,\text{N} = 882\,\text{kgm/s}^2$，$g = 9.8\,\text{m/s}^2$ より

質量は，$m = \dfrac{W}{g} = \dfrac{882}{9.8} = 90\,\text{kg}$

$V = 0.1\,\text{m}^3$ より密度は，$\rho = \dfrac{m}{V} = \dfrac{90}{0.1} = 900\,\text{kg/m}^3$

$\rho_w = 1\,000\,\text{kg/m}^3$ より比重は，$s = \dfrac{\rho}{\rho_w} = \dfrac{900}{1\,000} = 0.9$

【**1.3**】 ある液体の比重 s が 0.860 で，その動粘度 ν が 34.0 cSt であった。この液体の粘度 μ を SI 単位で求めよ。

〔**解**〕 粘度と動粘度との関係式は，$\nu=\mu/\rho$ より $\mu=\rho\nu$ となる。ここで，密度は $\rho=s\rho_w=0.860\times 10^3$ kg/m³ となる。

また，1 cSt＝0.01 St＝0.01 cm²/s＝10^{-6} m²/s であるから，動粘度は $\nu=34.0\times 10^{-6}$ m²/s となる。ゆえに，粘度は

$$\mu=\rho\nu=0.860\times 10^3\times 34.0\times 10^{-6}=2.92\times 10^{-2}\text{ kg/(m·s)}=2.92\times 10^{-2}\text{ Pa·s}$$

【**1.4**】 ある油の粘度が 7.8 P（ポアズ）である。これを SI 単位および工学単位で表せ。

〔**解**〕 SI 単位は，表 1.3 より 1P＝10^{-1} Pa·s であるから

$$\mu=7.8\text{ P}=7.8\times 10^{-1}\text{ Pa·s}$$

工学単位は，表 1.3 より 1 kgf·s/m²＝9.8 Pa·s，1P＝10^{-1} Pa·s であるから

$$1\text{ Pa·s}=\frac{1}{9.8}\text{ kgf·s/m}^2=10\text{ P}$$

ゆえに，1 P＝$\frac{1}{98}$ kgf·s/m² の関係が得られ，したがって

$$\mu=7.8\text{ P}=\frac{7.8}{98}\text{ kgf·s/m}^2=7.96\times 10^{-2}\text{ kgf·s/m}^2$$

【**1.5**】 式(1.10)に示すように，一般ガス定数（モルガス定数）R_0 は $R_0=MR=8\,314.8$ J/(kmol·K) となることを示せ。

〔**解**〕 アボガドロ（Avogadro）の法則より，すべての気体の 1 kmol の占める体積は同温，同圧のもとでは等しく，0℃＝273.15 K，101.325 kPa では $V=22.415$ m³/kmol（一定）となる。

ゆえに，気体の分子量 M の 1 kmol の質量を M〔kg/kmol〕とすると，比体積は $v=V/M$〔m³/kg〕であるから $pv=pV/M=RT$ となる。ゆえに，$R_0=MR=pV/T$ より R_0 が求まる。

ここで，$p=101.325$ kPa＝101.325×10^3 Pa，$V=22.415$ m³/kmol，$T=273.15$ K であるから

$$R_0=\frac{pV}{T}=\frac{101.325\times 10^3\times 22.415}{273.15}=8\,314.8\text{ N·m/(kmol·K)}$$
$$=8\,314.8\text{ J/(kmol·K)}$$

【**1.6**】 ある気体の圧力 p が 0.2 MPa，温度 t が 45℃における比体積 v が 0.480 m³/kg であるとき，そのガス定数 R および分子量 M を求めよ。ただし，この気体は完全気体の関係式が成立するものとする。

14   1. 流体の物理的性質

〔解〕 この気体は完全気体と見なせるから $pv=RT$，これより $R=pv/T$。

ここで，$p=0.2$ MPa $=0.2\times10^6$ Pa $=0.2\times10^6$ N/m², $v=0.480$ m³/kg, $T=273.15+45=318.15$ K であるから

$$\text{ガス定数 } R=\frac{0.2\times10^6\times0.48}{318.15}=301.74 \text{ N}\cdot\text{m}/(\text{kg}\cdot\text{K})=301.74 \text{ J}/(\text{kg}\cdot\text{K})$$

つぎに，式(1.10)より

$$R_0=MR=8\,314.8 \text{ J}/(\text{kmol}\cdot\text{K})$$

であるから，1 kmol あたりの質量 M は

$$M=\frac{R_0}{R}=\frac{8\,314.8}{301.74}=27.56 \text{ kg/kmol}$$

ゆえに，分子量は 27.56 となる。

【1.7】 圧力 200 kPa，温度 20 ℃における炭酸ガス（二酸化炭素）の密度 ρ と比体積 v を求めよ。

〔解〕 炭酸ガスの分子量は，表 1.7 より 44 である。すなわち，1 kmol あたりの質量は $M=44$ kg/kmol である。

炭酸ガスのガス定数は，式(1.10)より

$$R=\frac{R_0}{M}=\frac{8\,314.8}{44}=188.97 \text{ J}/(\text{kg}\cdot\text{K})$$

したがって，炭酸ガスの密度 ρ は，式(1.9)を変形して $\rho=p/RT$ より求める。

ここで，$p=200\times10^3$ Pa $=200\times10^3$ N/m², $T=273.15+20=293.15$ K より

$$\rho=\frac{p}{RT}=\frac{200\times10^3}{188.97\times293.15}=3.61 \text{ kg/m}^3$$

よって，比体積 v は

$$v=\frac{1}{\rho}=0.277 \text{ m}^3/\text{kg}$$

【1.8】 車のタイヤ内の空気の温度および圧力が 20 ℃，275 kPa (gauge)† であった。走行によってタイヤ内温度が上昇し，50 ℃になった場合，タイヤ内の圧力(gauge) はいくらになるか。ただし，タイヤの膨張はないものとする。

〔解〕 式(1.9)より $p_1v_1=RT_1$, $p_2v_2=RT_2$。ここで，添字 1, 2 はそれぞれ温度上昇の前後の値を示す。これより

$$v_1=\frac{RT_1}{p_1}, v_2=\frac{RT_2}{p_2}$$

タイヤは膨張しないので，タイヤ内の空気の体積は一定で，$V_1=V_2$。また，質量も一定で $m_1=m_2$ である。ゆえに比体積 $v_1=V_1/m_1=V_2/m_2=v_2$ となるので，上式

---

† ゲージ圧力 (gauge) については第 2 章に示す。

よりつぎの関係式が得られ p_2 が求まる。ただし，圧力 p_1, p_2 は絶対圧力（abs）[†]である。

$$\frac{p_2}{p_1} = \frac{T_2}{T_1}$$

ここで，$p_1 = (275+101.3) \times 10^3 = 376.3 \times 10^3$ Pa (abs), $T_1 = 273.15+20 = 293.15$ K, $T_2 = 273.15+50 = 323.15$ K であるので

$$p_2 = \frac{T_2}{T_1} p_1 = \frac{323.15}{293.15} \times 376.3 \times 10^3 = 414.8 \times 10^3 \text{ Pa} = 414.8 \text{ kPa (abs)}$$

ゆえに，タイヤ内のゲージ圧力は

$$414.8 - 101.3 = 313.5 \text{ kPa (gauge)}$$

【1.9】 温度 30 ℃，圧力 0.4 MPa (abs) の窒素ガス 10 m³ を，等温的に 2 m³ に圧縮するときの圧力を求めよ。また，圧縮前後における体積弾性係数を求めよ。

〔解〕 体積 V，質量 m，比体積 v との関係は $v = V/m$ であり，等温変化では $p_1 v_1 = p_2 v_2 = p_1 V_1/m_1 = p_2 V_2/m_2$ となり，$m_1 = m_2$ より $p_2 = V_1 p_1/V_2$ を得る。

ここで，圧縮前と圧縮後の添字をそれぞれ 1, 2 としている。

$V_1 = 10$ m³, $V_2 = 2$ m³, $p_1 = 0.4$ MPa (abs) を代入して

$$p_2 = \frac{V_1}{V_2} p_1 = \frac{10}{2} \times 0.4 = 2 \text{ MPa (abs)}$$

つぎに，圧縮前と圧縮後の体積弾性係数 K_1, K_2 は，式(1.15)の $K = np$ において，等温変化では $n = 1$ であるから，それぞれつぎのとおり求まる。

$$K_1 = p_1 = 0.4 \text{ MPa}, \quad K_2 = p_2 = 2 \text{ MPa}$$

【1.10】 体積 10 m³，温度 30 ℃，圧力 150 kPa (abs) の窒素ガスが，等温変化によって 25 m³ の体積になったときの圧力および断熱変化した場合の圧力と温度を求めよ。

〔解〕 等温変化の場合：前問で得られた式 $p_2 = V_1 p_1/V_2$ を用いて求める。

ここで，$V_1 = 10$ m³, $V_2 = 25$ m³, $p_1 = 150$ kPa であるから

$$p_2 = \frac{V_1}{V_2} p_1 = \frac{10}{25} \times 150 = 60 \text{ kPa (abs)}$$

断熱変化の場合：断熱変化は $p_1 v_1^\kappa$ で表されるから

$$p_1 \left(\frac{V_1}{m_1}\right)^\kappa = p_2 \left(\frac{V_2}{m_2}\right)^\kappa$$

ここで，$m_1 = m_2$ であるから $p_1 V_1^\kappa = p_2 V_2^\kappa$。

窒素ガスの比熱比は表1.7より $\kappa = 1.4$ であり，$p_1 = 150$ kPa, $V_1 = 10$ m³, $V_2 = 25$ m³ を代入して

[†] 絶対圧力（abs）については第2章に示す。

$$p_2 = \left(\frac{V_1}{V_2}\right)^\kappa p_1 = \left(\frac{10}{25}\right)^{1.40} \times 150 = 41.6 \text{ kPa (abs)}$$

つぎに，断熱変化における温度は，$p_1 v_1 = RT_1$, $p_2 v_2 = RT_2$ と $p_1 v_1^\kappa = p_2 v_2^\kappa$ との関係より得られる次式を用いて求める．

$$T_2 = \left(\frac{p_2}{p_1}\right)^{\frac{\kappa-1}{\kappa}} T_1 \tag{1}$$

ここで，$p_1 = 150$ kPa, $p_2 = 41.6$ kPa, $\kappa = 1.4$, $T_1 = (273.15 + 30)$ K を代入すると

$$T_2 = \left(\frac{p_2}{p_1}\right)^{\frac{\kappa-1}{\kappa}} T_1 = \left(\frac{41.6}{150}\right)^{\frac{1.4-1}{1.4}} \times (273.15 + 30) = 210.1 \text{ K}$$

【1.11】 標準大気圧における空気の密度を求めよ．

〔解〕 気体の密度 ρ は，式(1.9)を変形して $\rho = p/(R \cdot T)$ より求める．

ここで，標準状態での大気圧 p は 101.3×10^3 Pa(abs)，温度 T は $(15 + 273.15)$ K であり，空気のガス定数 R は，表1.7 より 287.03 J/(kg·K) であるから

$$\rho = \frac{p}{RT} = \frac{101.3 \times 10^3}{287.03 \times (15 + 273.15)} = 1.225 \text{ kg/m}^3$$

【1.12】 温度 20 ℃，体積 8.2 m³ の水がある．この水に 8 MPa の圧力を加えたときの体積はいくらか．

〔解〕 水の体積弾性係数は，表1.8 より圧力が 8 MPa，水温が 20 ℃においては，$K = 2.24 \times 10^3$ MPa $= 2.24 \times 10^9$ Pa である．式(1.13)の $K = -Vdp/dV$ において，dp を Δp, dV を ΔV とすると，減少した体積 ΔV は

$$\Delta V = -\frac{V \Delta p}{K}$$

で求まる．ここで，圧力の変化量は $\Delta p = 8$ MPa $= 8 \times 10^6$ Pa であり，最初の体積は $V = 8.2$ m³ であるから

$$\Delta V = -\frac{V \Delta p}{K} = -\frac{8.2 \times 8 \times 10^6}{2.24 \times 10^9} = -29.29 \times 10^{-3} \text{ m}^3 = -0.029\,29 \text{ m}^3$$

ゆえに，求める加圧後の体積 V' は

$$V' = V + \Delta V = 8.2 - 0.029\,29 = 8.17 \text{ m}^3$$

【1.13】 ある流体に 600 kPa の圧力を加えたとき，体積の変化率が -2×10^{-4} であった．この流体の圧縮率を求めよ．

〔解〕 式(1.13)より，流体の圧縮率は次式で表される．

$$\beta = -\frac{1}{V}\frac{dV}{dp}$$

ここで，前問同様に dp を Δp, dV を ΔV とおくと，加えた圧力は $\Delta p = 600$ kPa

$=600\times10^3$ Pa であり，体積の変化率は $\Delta V/V=-2\times10^{-4}$ であるから，圧縮率 β は

$$\beta=-\frac{1}{V}\frac{\Delta V}{\Delta p}=\frac{2\times10^{-4}}{600\times10^3}=3.33\times10^{-6}\,\text{Pa}^{-1}$$

【1.14】 体積弾性係数 $K=2\,065$ MPa の液体の体積を3％減少させるには，圧力をいくら増せばよいか。

〔解〕 前問と同様に，式(1.13)より得られる式 $dp=-KdV/V$ を $\Delta p=-K\Delta V/V$ とおく。ここで，$K=2\,065\times10^6$ Pa であり，元の体積 V の3％に相当する体積は $\Delta V=0.03V$ で，これだけ減少させるのであるから $\Delta V=-0.03V$ となる。ゆえに，$\Delta V/V=-0.03$ を上式に代入すると，増加すべき圧力 Δp は

$$\Delta p=-\frac{K\Delta V}{V}=-2\,065\times10^6\times(-0.03)=61.95\times10^6\,\text{Pa}=61.95\,\text{MPa}$$

【1.15】 図1.5に示すような水平面に対して30°の角度をもった傾斜板上においた重量400 N の平板（1 m×1 m）が，0.5 m/s の一定速度で液体膜の上を滑り落ちている。このときの傾斜板ブロックと平板とのすき間は 0.254 mm であった。この液体の粘度 μ を求めよ。ただし，すき間の速度こう配は直線的である。

〔解〕 平板の重量の傾斜面方向の分力 F_1 は

$$F_1=F\sin\theta=400\times\sin 30°=200\,\text{N}$$

摩擦による力を F_2，平板の表面積を A とすると，せん断応力は $\tau=F_2/A$ であり，この式と，式(1.5)の $\tau=\mu du/dy$ とから次式を得る。

$$F_2=A\mu\frac{du}{dy} \tag{1}$$

ここで，$F_1=F_2$ とおくと，$F_1=F\sin\theta=A\mu du/dy=F_2$ より

$$\mu=\frac{F\sin\theta}{A\dfrac{du}{dy}} \tag{2}$$

また，速度こう配は直線的であるから $du/dy=u/y$ とおける。ゆえに，$F\sin\theta=200$ N，$A=1\,\text{m}^2$，$u=0.5\,\text{m/s}$，$y=0.254\times10^{-3}\,\text{m}$ を式(2)に代入すると

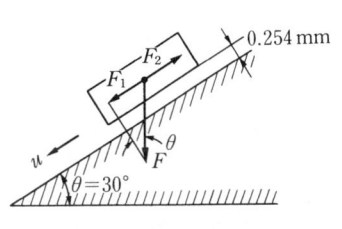

図1.5

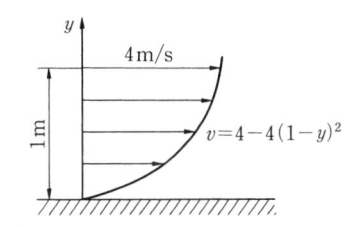

図1.6

18   1. 流体の物理的性質

粘度 μ は

$$\mu = \frac{F\sin\theta}{A\dfrac{u}{y}} = \frac{200}{1\times\dfrac{0.5}{0.254\times 10^{-3}}} = 0.10\,\text{Pa·s}$$

【1.16】 速度分布が図1.6に示すような二次曲線 $v=4-4(1-y)^2$ で表されるとき，$y=0$ m，0.5 m，1 m におけるせん断応力を求めよ。ただし，粘度 $\mu=1.5$ Pa·s とする。

〔解〕 v を y で微分すると，速度こう配は次式となる。

$$\frac{dv}{dy}=8(1-y)\quad [\text{s}^{-1}]$$

ゆえに，せん断応力は $\tau=\mu dv/dy=8\mu(1-y)$ で表される。$\mu=1.5$ Pa·s であるから，$y=0$ m でのせん断応力 τ は

$$\tau=\mu\frac{dv}{dy}=1.5\times 8\times(1-0)=12\,\text{Pa}$$

$y=0.5$ m でのせん断応力 τ は

$$\tau=\mu\frac{dv}{dy}=1.5\times 8\times(1-0.5)=6\,\text{Pa}$$

$y=1$ m でのせん断応力 τ は

$$\tau=\mu\frac{dv}{dy}=1.5\times 8\times(1-1)=0\,\text{Pa}$$

【1.17】 図1.7に示すように，6 m/s の速度でピストンが動いている。ピストンとシリンダの間は油膜で覆われており，その速度こう配は直線的であるとし，油の粘度は $\mu=0.958$ Pa·s である。ピストンの接触面に作用する粘性による力を求めよ。

〔解〕 ピストンの接触面におけるせん断応力は，式(1.5)の $\tau=\mu du/dy$ において，速度こう配が直線的であるので $\tau=\mu u/y$ と表せる。

接触面積を A とすると，粘性による力は $F=\tau A$ より求まる。ここで，$\mu=$

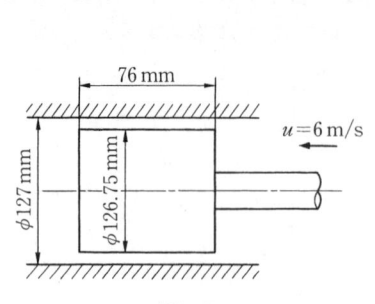

図1.7

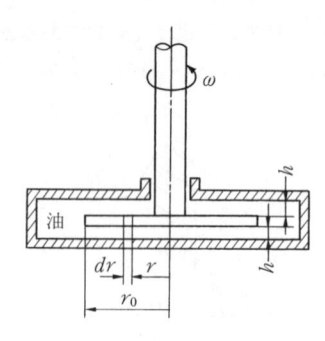

図1.8

0.958 Pa·s, $u=6$ m/s, $y=(127-126.75)/2$ mm $=0.125\times10^{-3}$ m, $A=\pi\times126.75\times10^{-3}\times76\times10^{-3}$ m² $=3.026\times10^{-2}$ m² であるから，これらを次式に代入すると

$$F=\tau A=\mu\frac{u}{y}A=0.958\times\frac{6}{0.125\times10^{-3}}\times3.026\times10^{-2}=1\,391\text{ N}$$

【1.18】 図1.8に示すように，半径 r_0 の円板が油中を角速度 ω で回転している。円板と容器内壁面とのすき間を h，粘度を μ としたとき，抵抗モーメント T を求めよ。ただし，円板の厚さおよび回転軸の直径は無視し，すき間の速度こう配は直線的とする。

〔解〕 円板の任意の半径 r における周速度は $u=r\omega$，すき間は h，速度こう配は直線的であるから，式(1.5)を適用して，半径 r におけるせん断応力は $\tau=\mu(r\omega/h)$ となる。また，半径 r における dr の部分の微小面積は $dA=2\pi rdr$ であり，この dA の面積に作用する粘性による力（抵抗）dF は，円板の上面，下面に作用するから

$$dF=2\tau dA=4\pi\mu\frac{r^2\omega}{h}dr \tag{1}$$

ゆえに，抵抗モーメント dT は

$$dT=rdF=4\pi\mu\frac{r^3\omega}{h}dr \tag{2}$$

ゆえに，円板の上面，下面に作用する全抵抗モーメント T は，$r=0$ から r_0 まで積分することにより得られ

$$T=\frac{4\pi\mu\omega}{h}\int_0^{r_0}r^3dr=\frac{4\pi\mu\omega}{h}\left[\frac{r^4}{4}\right]_0^{r_0}=\frac{\pi\mu\omega\,r_0^4}{h} \tag{3}$$

【1.19】 図1.9に示すように，直径80 mmの軸が内径80.5 mm，長さ100 mmのスリーブ内で回転しており，その内部は油で満たされている。油の粘度は $\mu=0.11$ Pa·s である。軸が 120 rpm で回転するときの損失動力を求めよ。ただし，軸とスリーブのすき間の速度こう配は直線的であるとする。

〔解〕 軸の毎分回転数を n，半径を r_0 とすると，r_0 における周速度は $u=2\pi r_0 n/60$ であり，すき間を h とすると，せん断応力 τ は式(1.5)を適用するが，ここで，速度こう配は直線的であるから，$du/dy=u/h$ として求める。

$$\tau=\mu\frac{du}{dy}=\mu\frac{u}{h}=\mu\frac{\dfrac{2\pi r_0 n}{60}}{h} \tag{1}$$

ここで，$\mu=0.11$ Pa·s, $h=(80.3-80)\times10^{-3}/2$ m $=1.5\times10^{-4}$ m, $r_0=4\times10^{-2}$ m, $n=120$ rpm を式(1)に代入すると

1. 流体の物理的性質

$$\tau = 0.11 \times \frac{2 \times \pi \times 120 \times 4 \times 10^{-2}}{\frac{60}{1.5 \times 10^{-4}}} = 368.6 \text{ Pa}$$

つぎに，スリーブと軸の接触面積は $A = 2\pi r_0 l = 2 \times \pi \times 0.04 \times 0.1 \text{ m}^2$ であるから粘性による摩擦力は，$F = \tau A = 368.6 \times 8 \times \pi \times 10^{-3} = 9.264$ N となる。したがって，損失動力 L は

$$L = Fu = F \times \frac{2\pi r_0 n}{60} = 9.264 \times \frac{2 \times \pi \times 0.04 \times 120}{60} = 4.66 \text{ W}$$

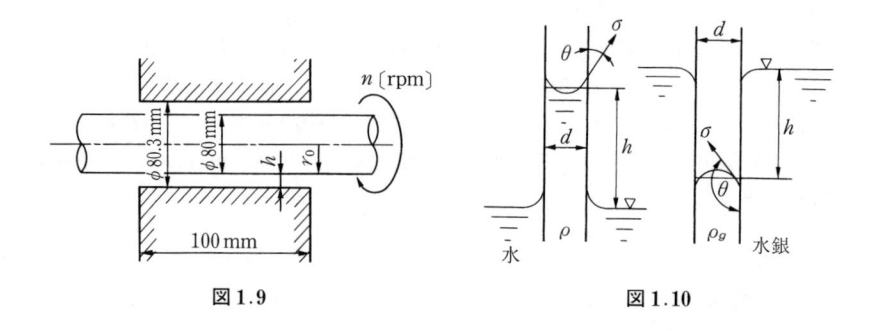

図 1.9

図 1.10

【1.20】 図 1.10 に示すように，水中に内径 $d = 1$ mm のガラス管を垂直に立てた場合，管内を上昇する水の高さ h を求めよ。また，水銀の場合はどうか。ただし，温度はともに 20 ℃とし，液面には空気が接しているものとする。

〔解〕 水の場合，20 ℃の表面張力は，表 1.10 より $\sigma = 72.75 \times 10^{-3}$ N/m，接触角は表 1.11 より，よく磨かれたガラス管とすると $\theta = 0°$ であり，$\rho = 998.2$ kg/m³，$g = 9.8$ m/s²，$d = 1 \times 10^{-3}$ m であるから，上昇高さ h は式(1.20)より

$$h = \frac{4\sigma \cos \theta}{\rho g d} = \frac{4 \times 72.75 \times 10^{-3} \times \cos 0°}{998.2 \times 9.8 \times 1 \times 10^{-3}} = 29.75 \times 10^{-3} \text{ m} = 29.75 \text{ mm}$$

また，接触角 $\theta = (8°+9°)/2 = 8.5°$ とした場合は

$$h = 29.75 \times \cos 8.5° = 29.75 \times 0.989 = 29.37 \text{ mm}$$

水銀の場合，20 ℃の表面張力，接触角はそれぞれ $\sigma = 513.0 \times 10^{-3}$ N/m，$\theta = (130°+150°)/2 = 140°$ であり，水銀の密度 $\rho_g = 13\,600$ kg/m³ を用いると

$$h = \frac{4\sigma \cos \theta}{\rho_g g d} = \frac{4 \times 513.0 \times 10^{-3} \times \cos 140°}{13\,600 \times 9.8 \times 1 \times 10^{-3}} = -11.8 \times 10^{-3} \text{ m} = -11.8 \text{ mm}$$

すなわち，水の場合は液面より 29.37 mm 上昇するのに対して，水銀の場合は 11.8 mm 下降する。

【1.21】 図 1.11 に示すように，タンク内の水面に作用する圧力 p を内径 1 mm のガラス管で測定したとき，タンクの液面より $H = 20$ cm 上昇した。もし，毛管現

象の影響がないとしたときの実際の高さ H' はいくらか。また，実際の高さに対する誤差は何％か。水温は 20 ℃とする。

〔解〕 毛管現象により吸い上げられた高さ h は，式(1.20)より求められる。表(1.10)と表(1.11)より，水の表面張力 $\sigma=72.75\times10^{-3}$ N/m，接触角 $\theta=0°$（磨かれたガラス管）であり，密度 $\rho=998.2$ kg/m³，重力の加速度 $g=9.8$ m/s²，管内径 $d=1\times10^{-3}$ m を代入すると

$$h=\frac{4\sigma\cos\theta}{\rho g d}=\frac{4\times72.75\times10^{-3}\times\cos 0°}{998.2\times9.8\times1\times10^{-3}}=0.0297\text{ m}=2.97\text{ cm}$$

ゆえに，実際の高さは $H'=H-h=20-2.97=17.03$ cm となる。これより H' に対する誤差 e は，$e=2.97/17.03=0.1744$ より 17.44 ％となる。

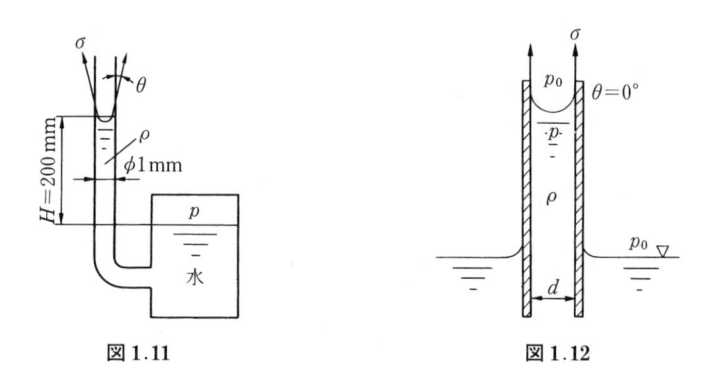

図 1.11

図 1.12

【1.22】 図 1.12 に示すように，内径 1 mm のガラス管が温度 20 ℃の水中に垂直に立てられている。表面張力により管内の水は上昇する。このとき，大気圧 p_0 と管内の圧力 p との圧力差はいくらか。ただし，水とガラス管との接触角は 0° とし，表面張力は $\sigma=0.0728$ N/m とする。

〔解〕 管内の圧力を p，大気圧を p_0，管の内径を d，表面張力を σ，接触角を θ とすると，垂直方向の力の釣合いからつぎの式が成り立つ。

$$\pi d\sigma\cos\theta=\frac{(p_0-p)\pi d^2}{4} \tag{1}$$

ゆえに，圧力差は

$$p_0-p=\frac{4\pi d\sigma\cos\theta}{\pi d^2}=\frac{4\sigma\cos\theta}{d} \tag{2}$$

となる。ここで，$\sigma=0.0728$ N/m, $\cos\theta=1$, $d=1\times10^{-3}$ m を上式に代入すると

$$p_0-p=\frac{4\times0.0728\times1}{1\times10^{-3}}=291.2\text{ Pa}$$

【1.23】 図 1.13 に示すような同心二重円管が，密度 ρ の液中に垂直に立てられている。半径はそれぞれ r_1, r_0，接触角 θ，表面張力を σ とすると，液の上昇高さ h はいくらか。ただし，液体に接する流体は空気とする。

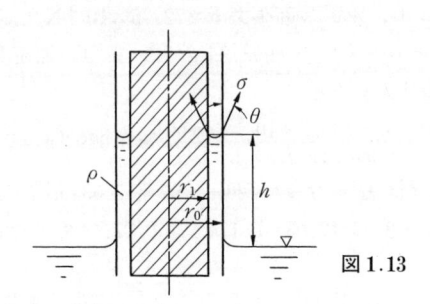

図 1.13

〔解〕 液体に接する流体は空気であるので，その密度は小さいとして省略すると，表面張力による鉛直方向の分力は，$\sigma(2\pi r_1 + 2\pi r_0)\cos\theta$ であり，二重円管内を上昇した液体の重量は $\rho g h(\pi r_0^2 - \pi r_1^2)$ である。

この力は釣り合うから次式を得る。

$$\rho g h(\pi r_0^2 - \pi r_1^2) = \sigma(2\pi r_1 + 2\pi r_0)\cos\theta \tag{1}$$

ゆえに，求める液の上昇高さ h は

$$h = \frac{2\sigma\pi(r_1 + r_0)\cos\theta}{\rho g \pi(r_0^2 - r_1^2)} = \frac{2\sigma\cos\theta}{\rho g(r_0 - r_1)} \tag{2}$$

2 流体静力学

2.1 圧力の定義

図 2.1 に示すように，静止流体中にある微小平面を考え，その面積を $\varDelta A$，それに垂直に作用する力を $\varDelta F$ とすると，**圧力**（pressure）p は次式で定義される．

$$p = \lim_{\varDelta A \to 0} \frac{\varDelta F}{\varDelta A} = \frac{dF}{dA} \tag{2.1}$$

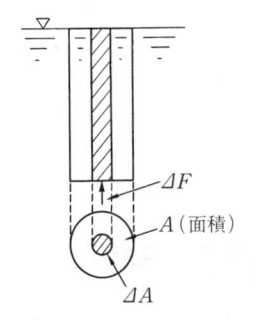

図 2.1 流体の圧力

流体の圧力は面に垂直に働き，その大きさは位置のみによって定まり，方向には無関係である．面積 A の平面上に圧力が均一に分布するとき，A に作用する全体の力を F とすると，圧力 p は単位面積あたりに作用する力であるから

$$p = \frac{F}{A} \tag{2.2}$$

で表すことができる．ここで，F を**全圧力**（total pressure）という．

2.2 圧力の単位と換算

圧力の単位は SI 単位では，1 m² あたり 1 N の力が作用する場合を基本として，下記のとおり Pa を用いる。

$$\text{圧力} = \frac{\text{力}}{\text{面積}} = \frac{\text{kg·m/s}^2}{\text{m}^2} = \frac{\text{N}}{\text{m}^2} = \text{Pa}$$

ただし，ほとんどの場合 10^3 倍を表す k（キロ），または 10^6 倍を表す M（メガ）の接頭語を付けて，kPa，MPa で表す。わが国では従来より圧力の単位として，kgf/cm²，mAq=mH₂O（水柱），mmHg（水銀柱），atm（標準気圧），at（工学気圧），bar が用いられてきた経緯がある。

このうちのおもなものについて，**表 2.1** にこれらの関係を示す。

表 2.1 圧力の単位とその換算

	Pa	kgf/cm²	atm	mH₂O	mHg
圧力	1	1.0197×10^{-5}	0.9869×10^{-5}	1.0197×10^{-4}	7.501×10^{-6}
	0.980665×10^5	1	0.9678	10.000	0.7356
	1.01325×10^5	1.0332	1	10.33	0.760
	9.80665×10^3	0.1000	0.09678	1	0.7355
	1.3332×10^5	1.3595	1.3158	13.60	1

2.3 ゲージ圧力と絶対圧力

圧力を表すのに**ゲージ圧力**（gauge pressure）と**絶対圧力**（absolute pressure）がある。すなわち，**図 2.2** に示すように，完全真空（絶対零圧力）を基準として圧力の強さを表す場合を絶対圧力といい，何 Pa(abs) と記す。またゲージ圧力は，大気圧（その時点での）を基準とし，それより高い場合は何 Pa(gauge)，低い場合は真空圧といい，-何 Pa(gauge) のように表す。しかし，一般に圧力といえばゲージ圧力を指すことが多い。

標準大気圧（standard atmospheric pressure）は，$p_0 = 101.325$ kPa(abs) = 0 kPa(gauge) である。ただし，完全真空は不変であるが，大気圧は場所，時間によって変化する。

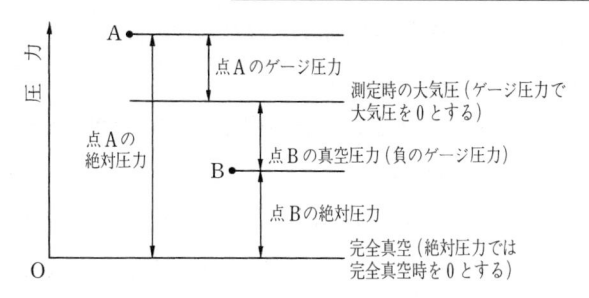

図2.2 ゲージ圧力と絶対圧力との関係

2.4 静止流体の深さと圧力の関係

図2.3に示すように，大気圧をp_0(abs)としたとき，液面より深さhの点Aの絶対圧力p_A(abs)は，ρを液体の密度とすると次式で表される[†1]。

$$p_A = \rho g h + p_0 \text{(abs)} \tag{2.3}$$

また，点Aのゲージ圧力はp_A(gauge)$= p_A$(abs)$- p_0$(abs)であるので，次式で表される。

$$p_A(\text{gauge}) = \rho g h \tag{2.4}$$

図2.4には，トリチェリの水銀気圧計を示している。上部を閉じたガラス管内の水銀上部が真空であるとして，絶対圧力零と考えると[†2]，水銀槽の液面に

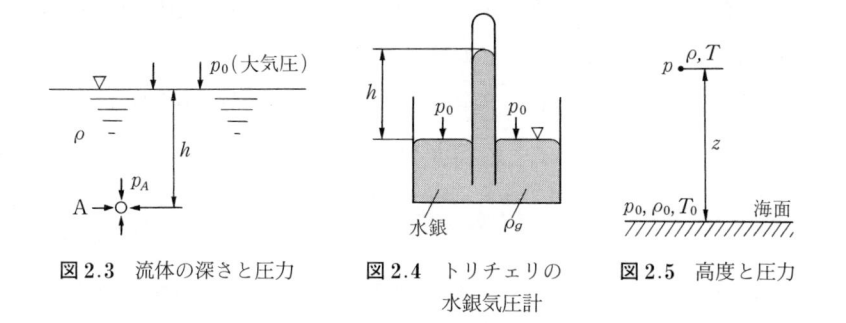

図2.3 流体の深さと圧力

図2.4 トリチェリの水銀気圧計

図2.5 高度と圧力

[†1] この関係は問題2.2で示す。
[†2] 厳密には，水銀が蒸発してその温度における飽和蒸気圧となるが，ごく小さい圧力なので無視する。

作用する標準状態における大気圧（abs）は水銀柱の高さ h に相当する圧力だけ真空より高く，その値は 760 mmHg である。

これを圧力の単位に換算すると，水銀の密度 ρ_g は 13 600 kg/m³ であるから $p_0 = \rho_g g h = 101.3$ kPa(abs) となる。

地球を取り囲む大気中において，高度が上昇すると密度が変化する。いま，図 2.5 に示すように，海面における大気の圧力，密度，温度をそれぞれ p_0, ρ_0, T_0，高度 z における値を p, ρ, T とすると，圧力 p は次式で表される（問題 2.4 参照）。

$$p = p_0 \left\{ 1 - \frac{\rho_0 g}{p_0} \left(\frac{n-1}{n} \right) z \right\}^{\frac{n}{n-1}} \tag{2.5}$$

また，高度 z における温度 T は次式で表される。

$$T = T_0 \left\{ 1 - \frac{\rho_0 g}{p_0} \left(\frac{n-1}{n} \right) z \right\} \tag{2.6}$$

ここで，n はポリトロープ指数である（問題 2.5 参照）。

2.5 マノメータ

マノメータ（manometer）は，液柱の高さを測定して圧力を求める圧力計である。管路内の圧力計にはつぎのようなものがある。

2.5.1 通常マノメータ

（1） ピエゾメータ 図 2.6 に示すように，管 A 内の液体の圧力を測定するために，ガラス管 B, C を垂直に立てて管 A に連結したとき，管内の圧力が大気圧より高い場合は，B, C の管内に h の高さまで液体が上昇する。このようなマノメータを**ピエゾメータ**（piezometer）という。

B, C のガラス管内の液面には大気圧 p_0 が作用し，液体の密度を ρ とすると点 A の管内の圧力 p は

$$p = p_0 + \rho g h$$

したがって，大気圧との差は

$$p - p_0 = \rho g h \tag{2.7}$$

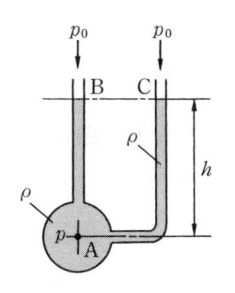

図 2.6　ピエゾメータ 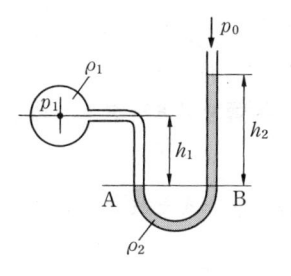　　　図 2.7　U 字管マノメータ

（2） U 字管マノメータ　　図 2.7 に示すような圧力計を **U 字管マノメータ** (U-tube manometer) という。ここで, U 字管内の液体の密度 ρ_2 は, 測定しようとする液体の密度 ρ_1 より大きく, たがいに混じり合わない液体を用いる。管内の圧力を p_1 とすると, A-B 面上の圧力は等しいので, $p_1 + \rho_1 g h_1 = p_0 + \rho_2 g h_2$ より

$$p_1 - p_0 = \rho_2 g h_2 - \rho_1 g h_1 \tag{2.8}$$

（3） 示差マノメータ　　図 2.8, 図 2.9 に示すように, 2 点間の圧力差を求めるために用いるマノメータを**示差マノメータ** (differential manometer) という。

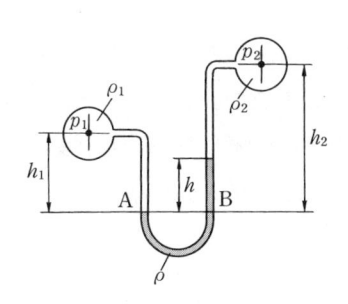

図 2.8　示差マノメータ（U 字管形） 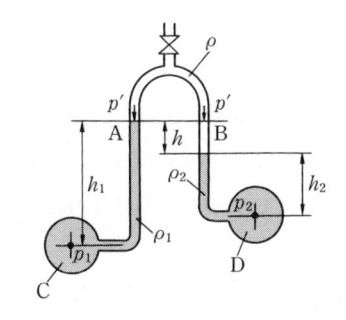　　　図 2.9　示差マノメータ（逆 U 字管形）

図 2.8 の場合の圧力差 $p_1 - p_2$ は, $p_1 + \rho_1 g h_1 = p_2 + \rho_2 g (h_2 - h) + \rho g h$ より

$$p_1 - p_2 = \rho_2 g (h_2 - h) + \rho g h - \rho_1 g h_1$$

ここで, $\rho_1 = \rho_2$ の場合, $\rho_1 = \rho_2 = \rho_0$ とすると

$$\begin{aligned} p_1 - p_2 &= \rho_0 g (h_2 - h) - \rho_0 g h_1 + \rho g h \\ &= \rho_0 g (h_2 - h_1) + (\rho - \rho_0) g h \end{aligned} \tag{2.9}$$

さらに，$h_1=h_2$ とすると
$$p_1-p_2=(\rho-\rho_0)gh \tag{2.9}'$$

（4） **逆 U 字管マノメータ**　図 2.9 に示すような示差マノメータの場合は，逆 U 字管マノメータと呼ばれている。水平面 A-B 上の管内の圧力を p' とし，管 C, D の圧力をそれぞれ p_1, p_2 とすると

$$p_1=p'+\rho_1gh_1$$

$$p_2=p'+\rho gh+\rho_2gh_2$$

これより，管内の圧力差 p_1-p_2 は

$$p_1-p_2=\rho_1gh_1-\rho gh-\rho_2gh_2 \tag{2.10}$$

ここで，$\rho_1=\rho_2=\rho_0$, $h_1=h+h_2$ とした場合は

$$p_1-p_2=(\rho_0-\rho)gh \tag{2.10}'$$

2.5.2 微　圧　計

これは，圧力差がきわめて小さいときに用いる圧力計である。

（1） **二液マノメータ**　図 2.10 に示すように，U 字管の上部面積 A を大きくし，その中に比重の差の小さい 2 種の液体を入れて，気体の圧力差を精密に測定する圧力計である。

図において，p_1 と p_2 が等しいとき，密度 ρ_1 と ρ_2 の液体の境界線が B-C 線上にあるとすると，$\rho_1gH_1=\rho_2gH_2$ の関係式が成り立つ。また，p_1 と p_2 に圧力差が生じたとき，境界線が B-C 線より下方 H の距離 D-E 線上に移動したとすると，図より $aH=A\varDelta h$ の関係と，$p_1+\rho_1g(H_1+H-\varDelta h)=p_2+\rho_2g(H_2+H$

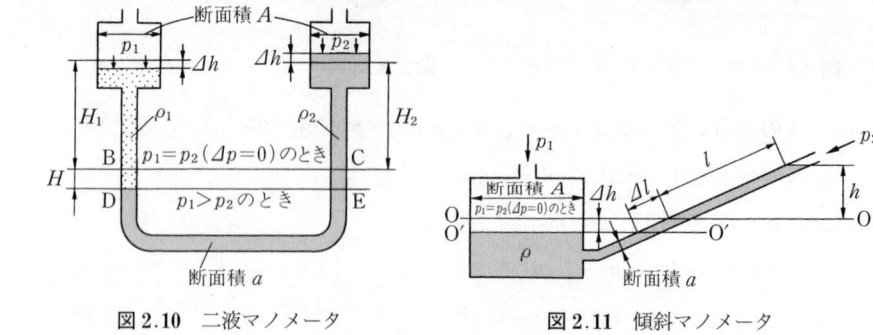

図 2.10　二液マノメータ

図 2.11　傾斜マノメータ

$+\Delta h$) の関係式が成り立つ。

これらより，圧力差 Δp は次式で求められる。

$$\Delta p = p_1 - p_2 = g\Delta h(\rho_1 + \rho_2) + gH(\rho_2 - \rho_1)$$
$$= \left\{(\rho_1 + \rho_2)\frac{a}{A} + (\rho_2 - \rho_1)\right\}gH \tag{2.11}$$

（2） **傾斜マノメータ**　図 2.11 に示すように，ガラス管を傾斜させて気体の微圧を測定するのに用いられる。図より，$p_1 = p_2 + \rho g(h + \Delta h)$，$A\Delta h = al$ の関係が得られ，これより p_1 と p_2 の圧力差 Δp は次式で求められる。

$$\Delta p = p_1 - p_2 = \left(\sin\theta + \frac{a}{A}\right)\rho g l \tag{2.12}$$

ここで，一般に $a \ll A$ であるので $a/A \fallingdotseq 0$ としてよい。

2.6　全圧力と圧力の中心

図 2.12 に示すように，液中に面積 $b \times h$ の長方形板が鉛直におかれている場合，板に作用する圧力は，深さに比例して高くなる。この圧力によって板全面に作用する力，すなわち全圧力 F は，液体の密度を ρ，板の重心 G までの深さを h_G，板の面積を $A = b \cdot h$ とすれば次式で求まる。

$$F = \rho g h_G A = \rho g h_G b h \tag{2.13}$$

また，この全圧力の作用点を**圧力の中心**（center of pressure）という。

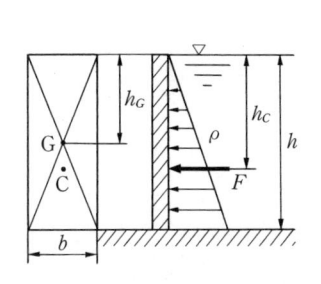

図 2.12　鉛直な平面に働く全圧力 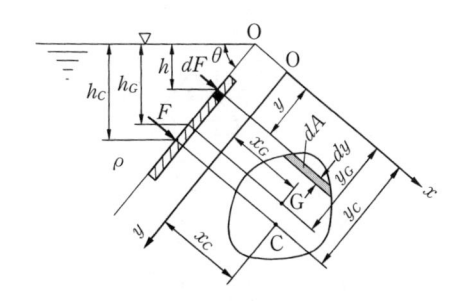　　図 2.13　平面上の全圧力と作用点

つぎに，図 2.13 に示すように，液面と角度 θ の傾斜した面積 A の平面に作用する全圧力 F は次式

$$F = \rho g h_G A \tag{2.14}$$

で求まり(問題2.19参照),圧力の中心の y 軸座標 y_c は次式で求まる(問題2.20参照).

$$y_c = y_G + \frac{I_{xG}}{y_G A} \tag{2.15}$$

ここで,I_{xG} は重心を通り x 軸に平行な軸まわりの断面二次モーメント,y_G は重心の y 軸座標である.また,圧力の中心の x 軸座標 x_c は次式で求まる(問題2.20参照).

$$x_c = x_G + \frac{I_{xyG}}{y_G A} \tag{2.16}$$

ここで,I_{xyG} は平板の重心まわりの断面相乗モーメント,x_G は重心の x 軸座標である.もし,y 軸に平行で重心を通る軸に関して左右対称な平面であれば $I_{xyG}=0$ であり,$x_c=x_G$ となる.

表2.2に,各種図形の面積,重心位置および断面二次モーメントの値を示す.

表2.2 各種図形の面積,重心位置,断面二次モーメント

図形の種類	形 状	面積	重心の位置	X-X' 軸まわりの断面二次モーメント
長方形		bh	$y_G = \dfrac{h}{2}$	$I_{XG} = \dfrac{bh^3}{12}$
三角形		$\dfrac{bh}{2}$	$y_G = \dfrac{h}{3}$	$I_{XG} = \dfrac{bh^3}{36}$
円 形		$\dfrac{\pi d^2}{4}$	$y_G = \dfrac{d}{2}$	$I_{XG} = \dfrac{\pi d^4}{64}$
半円形		$\dfrac{\pi d^2}{8}$	$y_G = \dfrac{2d}{3\pi}$	$I_{XG} = \dfrac{d^4}{16}\left(\dfrac{\pi}{8} - \dfrac{8}{9\pi}\right)$
楕円形		$\dfrac{\pi bh}{4}$	$y_G = \dfrac{h}{2}$	$I_{XG} = \dfrac{\pi bh^3}{64}$

2.7 曲面に働く力

二次元的な曲面の場合を述べる。

図 2.14 に示すような曲面 MN の単位幅 1 に作用する全圧力 F の水平分力 F_H は

$$F_H = \rho g h'_G A_H \tag{2.17}$$

ここで，A_H は曲面 MN を F_H に垂直な鉛直面上に投影した面積，h_G' は AB 面から A_H の重心 G′ までの距離である。鉛直下向き方向の力 F_V は，曲面 MN の上にある液体の重さに等しいから

$$F_V = \rho g \times (図形 BMNAB の面積) \times 1 = \rho g V \tag{2.18}$$

ここで，V は曲面 MN 上にある液体の体積である。

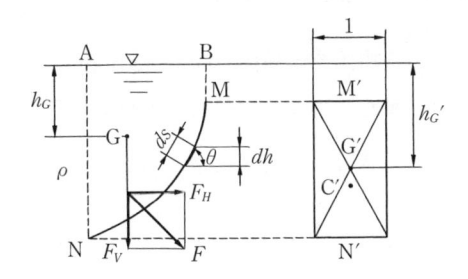

図 2.14 曲面に働く全圧力

二次元的な曲面の場合は，F_H と F_V が同一平面上にあるから，合力 F は合成することができ

$$F = \sqrt{F_H^2 + F_V^2} \tag{2.19}$$

2.8 浮　　力

図 2.15 に示すように，体積 V の物体が密度 ρ の静止した液体中にある物体は鉛直上向きの力，すなわち，**浮力**（bouyancy）F を受ける。この F は

$$F = \rho g V \tag{2.20}$$

で表せる。ここで，V は物体の体積である。これより，浮力は物体が排除した体積の液体の重さに等しいことがわかる。すなわち，流体中の物体は，浮力

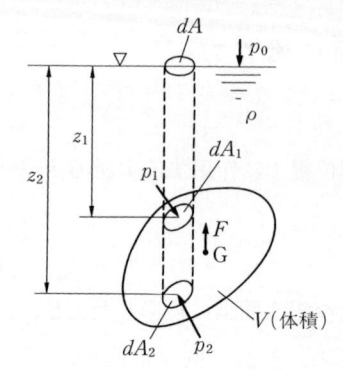

図2.15 液体中の物体に働く力

の分だけ重さが軽くなる．これを**アルキメデスの原理**（Archimedes' principle）という（問題2.29参照）．

2.9 浮　揚　体

浮力によって液体中に浮かんでいる物体を**浮揚体**（floating body）といい，物体の重さ W と浮力 F は等しい．また，物体が排除した液体の体積を V' とすれば

$$W = F = \rho g V' \tag{2.21}$$

この V' を**排水量**（displacement volume）という．

重心 G と浮力の中心 C を結ぶ鉛直線を浮揚軸，液面による浮揚体の切断面を浮揚面という．また，浮揚面から物体の最下部までの深さを**喫水**（draft）という．

浮揚体が釣合い状態から，**図2.16** のように角度 θ だけ傾斜すると，浮力の

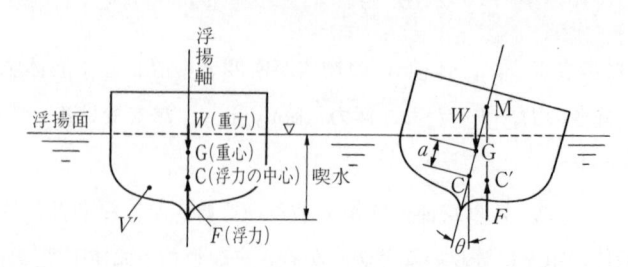

図2.16 船体の安定性

作用点はCからC′に移るので，浮力と重量によってモーメントが働く。この場合，新しい浮力の作用線が浮揚軸と交わる点Mを**メタセンタ**(metacenter)，GとMの距離$\overline{\text{GM}}$を**メタセンタの高さ**(metacentric height)という（問題2.31参照）。モーメントは$M = W \cdot \overline{\text{GM}} \sin\theta \fallingdotseq mg\overline{\text{GM}}\theta$である（ただし，$m$は浮揚体の質量である）。メタセンタの高さが正，すなわち$\overline{\text{GM}} > 0$の場合は安定で，元の釣合い状態にもどる**復元偶力**(restoring couple)が生じ，この浮揚体は安定である。また，MがGの下にくるとき，すなわち$\overline{\text{GM}} < 0$の場合は，傾きが増大して不安定となる。また，MとGとが一致するとき，すなわち，$\overline{\text{GM}} = 0$のときは，そのままの状態で静止するから中立となる。

演習問題

【2.1】 流体が静止している場合の釣合いの基礎式を導け。

〔解〕 図2.17に示すような微小直方体の粒子（dx, dy, dz）に作用する力を考える。その一つは各面に作用する圧力による力であり，いま一つは，流体粒子に働く外力である。この力を体積力という。この体積力は粒子の質量に比例し，体積力の単位質量あたりのx, y, z方向の成分をそれぞれX, Y, Zとする。

ここで，x方向の力の釣合いを考える。

流体は静止しているから，x方向の力の総和は0であり，次式を得る。

$$\left\{p - \left(p + \frac{\partial p}{\partial x}dx\right)\right\}dydz + (\rho dxdydz)X = 0$$

上式を整理すると

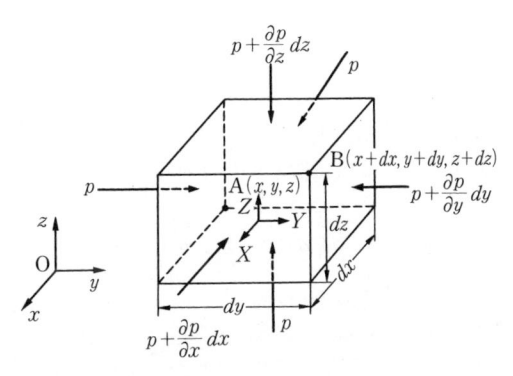

図2.17

$$\frac{\partial p}{\partial x} = \rho X \tag{1}$$

同様に，y 方向，z 方向についてもそれぞれ

$$\frac{\partial p}{\partial y} = \rho Y, \quad \frac{\partial p}{\partial z} = \rho Z \tag{2}$$

これらの式を流体静力学の基礎式という。

【2.2】 静止流体中の圧力変化の式を求めよ。

〔解〕 図 2.17 に示すような微小直方体を考える。点 A (x, y, z) における圧力を p とすると，微小距離離れた点 B $(x+dx, y+dy, z+dz)$ における圧力 $(p+dp)$ は，3個の変数をテイラー展開することにより次式を得る。

$$\begin{aligned} p+dp &= p(x+dx, y+dy, z+dz) \\ &= p(x, y, z) + \left(dx\frac{\partial}{\partial x} + dy\frac{\partial}{\partial y} + dz\frac{\partial}{\partial z} \right) p(x, y, z) \\ &\quad + \frac{1}{2!}\left(dx\frac{\partial}{\partial x} + dy\frac{\partial}{\partial y} + dz\frac{\partial}{\partial z} \right)^2 p(x, y, z) + \cdots \end{aligned} \tag{1}$$

上式において，高次の項は微小であるとして省略すると

$$dp = \frac{\partial p}{\partial x}dx + \frac{\partial p}{\partial y}dy + \frac{\partial p}{\partial z}dz \tag{2}$$

上式に前問で得られた関係式

$$\frac{\partial p}{\partial x} = \rho X, \quad \frac{\partial p}{\partial y} = \rho Y, \quad \frac{\partial p}{\partial z} = \rho Z$$

を代入すると

$$dp = \rho(Xdx + Ydy + Zdz) \tag{3}$$

静止流体中の流体粒子に作用する外力は，重力の加速度だけであるので $X=0$，$Y=0$，$Z=-g$ となる。ゆえに，圧力変化 dp は

$$dp = -\rho g dz \tag{4}$$

流体が液体の場合は，$\rho =$ 一定として積分できるから

$$p = -\rho g \int dz = -\rho g z + C \tag{5}$$

ここで，C は積分定数である。

図 2.18 に示すように，$z = z_0$（液面）における圧力を p_0 とすると，C は $C = p_0 + \rho g z_0$ となり，基準面より上方 z の位置，または液面より h の深さにおける圧力 $p(\text{abs})$ は

$$p(\text{abs}) = -\rho g z + p_0 + \rho g z_0 = p_0 + \rho g (z_0 - z) = p_0 + \rho g h \tag{6}$$

また，液面の大気圧 p_0 を 0 とすると

$$p(\text{gauge}) = \rho g h \tag{7}$$

図 2.18

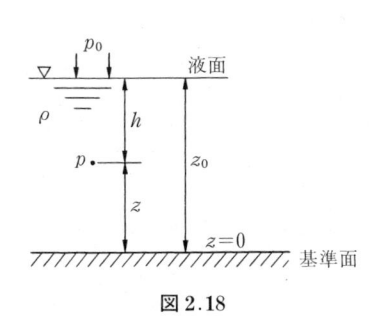

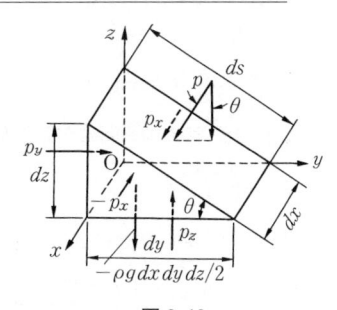

図 2.19

【2.3】 静止流体中の任意の1点における圧力は，すべての方向に等しいことを証明せよ．

〔解〕 図 2.19 のような微小三角柱に作用する力は，各面に垂直に作用する圧力による力と重力による力である．この三角柱は静止しているので，x, y, z 方向のそれぞれの力は釣り合わなければならない．したがって，各方向に対してつぎのようになる．

x 方向は，大きさが等しく方向は反対であるから $p_x - p_x = 0$ で釣り合っている．
y 方向は，$p_y dz dx - p ds dx \sin \theta = 0$
ここで，$ds \sin \theta = dz$ であるので

$$p_y = p \tag{1}$$

z 方向は，この部分には重力による力が z 軸の負の方向に働く．ゆえに

$$p_z dy dx - p dx ds \cos \theta - \frac{\rho g dx dy dz}{2} = 0$$

ここで，$ds \cos \theta = dy$ であるので

$$p_z - p - \frac{\rho g dz}{2} = 0$$

dz は十分小さいので $\rho g dz/2$ を省略すると

$$p_z = p \tag{2}$$

したがって，dx, dy, dz が 0 に近づいた極限では，式(1)，(2) より $p = p_y = p_z$ が成り立ち，静止流体中の1点の圧力は，すべての方向に等しいことがわかる．

【2.4】 気体がポリトロープ変化をすると考えて，式(2.5)を誘導せよ．

〔解〕 気体の場合には，密度 ρ は一定ではなく圧力 p や位置 z により変化するので，ρ を p の関数として表す必要がある．

題意より，式(1.11)を適用して，気体の圧力と密度との関係がポリトロープ変

化すると考えられるから

$$\frac{p}{\rho^n}=\frac{p_0}{\rho_0^n}=\text{const.} \qquad (1)$$

ここで，0の添字は基準面における値である．上式より

$$\rho^{-1}=\left(\frac{p_0}{\rho_0^n}\right)^{\frac{1}{n}}p^{-\frac{1}{n}} \qquad (2)$$

この関係を前問で得た式 $dp=-\rho g dz$ を変形した $dz=-dp/\rho g$ に代入すると

$$dz=-\frac{dp}{\rho g}=-\frac{1}{g}\left(\frac{p_0}{\rho_0^n}\right)^{\frac{1}{n}}p^{-\frac{1}{n}}dp \qquad (3)$$

積分すると

$$z=-\frac{1}{g}\left(\frac{p_0}{\rho_0^n}\right)^{\frac{1}{n}}\left(\frac{n}{n-1}\right)\rho^{\frac{n-1}{n}}+C \qquad (4)$$

となり，C は積分定数である．$z=0$ において，$p=p_0$, $\rho=\rho_0$ の境界条件より

$$C=\left(\frac{p_0}{\rho_0}\right)^{\frac{1}{n}}\left(\frac{n}{n-1}\right)p_0^{\frac{n-1}{n}}\frac{1}{g} \qquad (5)$$

ゆえに

$$z=\left(\frac{p_0}{\rho_0^n}\right)^{\frac{1}{n}}\frac{1}{g}\left(\frac{n}{n-1}\right)\left(p_0^{\frac{n-1}{n}}-p^{\frac{n-1}{n}}\right) \qquad (6)$$

上式を圧力 p に関して整理すると

$$p=p_0\left\{1-\frac{\rho_0 g}{p_0}\left(\frac{n-1}{n}\right)z\right\}^{\frac{n}{n-1}} \qquad (7)=\text{式}(2.5)$$

【2.5】 気体の状態変化が前問と同じであるとして，式(2.6)を誘導せよ．

〔解〕 前問における式(1)を変形すると，$\rho/\rho_0=(p/p_0)^{1/n}$ となり，これと式(2.5)とから

$$\frac{\rho}{\rho_0}=\left(\frac{p}{p_0}\right)^{\frac{1}{n}}=\left\{1-\left(\frac{n-1}{n}\right)\frac{\rho_0 g z}{p_0}\right\}^{\frac{1}{n-1}}$$

の関係式が得られるので

$$\rho=\rho_0\left\{1-\left(\frac{n-1}{n}\right)\frac{\rho_0 g z}{p_0}\right\}^{\frac{1}{n-1}} \qquad (1)$$

この気体に完全気体の状態方程式が適用できるとすると

$$\frac{p}{\rho T}=\frac{p_0}{\rho_0 T_0}=R \qquad (2)$$

これより

$$\frac{T}{T_0}=\frac{p}{p_0}\cdot\frac{\rho_0}{\rho} \qquad (3)$$

ここで，T, T_0 は絶対温度，R はガス定数である．

上式に先に得られた p/p_0, ρ/ρ_0 の関係式を代入すると

$$\frac{T}{T_0} = \frac{p\rho_0}{p_0\rho} = \left\{1-\left(\frac{n-1}{n}\right)\frac{\rho_0 gz}{p_0}\right\}^{\frac{n}{n-1}} \left\{1-\left(\frac{n-1}{n}\right)\frac{\rho_0 gz}{p_0}\right\}^{-\frac{1}{n-1}}$$

$$= \left\{1-\left(\frac{n-1}{n}\right)\left(\frac{\rho_0 gz}{p_0}\right)\right\}^{\frac{n-1}{n-1}} = \left\{1-\left(\frac{n-1}{n}\right)\frac{\rho_0 gz}{p_0}\right\} \tag{4}$$

ゆえに

$$T = T_0\left\{1-\left(\frac{n-1}{n}\right)\frac{\rho_0 gz}{p_0}\right\} \tag{5} = \text{式}(2.6)$$

【2.6】 水銀柱 50 mm は何 Pa か。また，水柱ではいくらか。

〔解〕 水銀柱の高さを h_g，密度を ρ_g，水柱の高さを h_w，密度を ρ_w，水銀の比重を 13.595 とすると，圧力 p は次式で表せる。

$$p = \rho_w g h_w = \rho_g \rho h_g$$

上式に $\rho_g = 13\,595$ kg/m³, $g = 9.8$ m/s², $h_g = 0.05$ m を代入して，p を SI 単位で求めると

$$p = 13\,595 \times 9.8 \times 0.05 = 6\,661.5 \text{ Pa}$$

また, h_w は $\rho_w = 1\,000$ kg/m³ より

$$h_w = \frac{\rho_g}{\rho_w} h_g = \frac{13\,595}{1\,000} \times 0.05 = 0.680 \text{ m}$$

【2.7】 工学単位で 1 kgf/cm² の圧力は，水銀柱および水柱で何 m か。水銀の比重は 13.595 とする。

〔解〕 まず，工学単位の圧力を SI 単位に換算すると，表 2.1 より 1 kgf/cm² = 9.8×10^4 kg·m/(s²·m²) = 9.8×10^4 N/m² = 9.8×10^4 Pa となる。

つぎに，式 $p = \rho_w g h_w = \rho_g g h_g$ において $p = 9.8 \times 10^4$ Pa, $g = 9.8$ m/s², $\rho_g = 13\,595$ kg/m³, $\rho_w = 1\,000$ kg/m³ を代入すると，h_g, h_w はそれぞれ

$$h_g = \frac{p}{\rho_g g} = \frac{9.8 \times 10^4}{13\,595 \times 9.8} = 0.735\,6 \text{ mHg}$$

$$h_w = \frac{p}{\rho_w g} = \frac{9.8 \times 10^4}{1\,000 \times 9.8} = 10 \text{ mAq(H}_2\text{O)}$$

【2.8】 真空度が水銀柱で 60 mm であった。絶対圧力は何 Pa か。また，水柱で何 m か。ただし，大気圧は 101.3 kPa，水銀の比重は 13.6 とする（**図 2.20**）。

〔解〕 絶対圧力を p，大気圧を p_0，水銀柱の高さを h_g，水銀の比重を s，水の密度を ρ_w，水柱の高さを h_w とすると，絶対圧力とゲージ圧力の関係より点 A の圧力 p は次式で表される。

$$p(\text{abs}) = p_0 - \rho_g g h_g$$

ここで，$p_0 = 101.3 \times 10^3$ Pa, $\rho_g = s \cdot \rho_w = 13.6 \times 1\,000 = 13\,600$ kg/m³, $g = 9.8$ m/s², $h_g = 0.06$ m を代入すると

$$p = 101.3 \times 10^3 - 13\,600 \times 9.8 \times 0.06 = 93.30 \text{ kPa[abs]}$$

つぎに，式 $p(\text{abs}) = \rho_w g h_w$ を用いて $\rho_w = 1\,000$ kg/m³ を代入すると

$$h_w = \frac{p}{\rho_w g} = \frac{93.3 \times 10^3}{1\,000 \times 9.8} = 9.520 \text{ m}$$

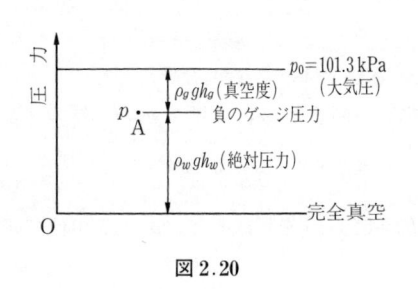

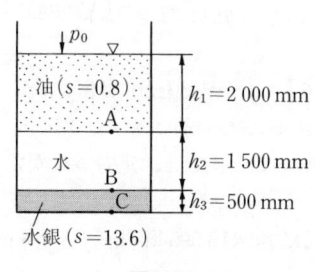

図 2.20

図 2.21

【2.9】 図 2.21 に示すような容器に，油 ($s=0.8$)，水，水銀 ($s=13.6$) が入っている。それらの高さは，それぞれ $h_1 = 2$ m, $h_2 = 1.5$ m, $h_3 = 0.5$ m である。点 A, B, C のゲージ圧力を求めよ。ただし，油の上には大気圧が作用しているものとする。

〔解〕 大気圧を p_0，点 A, B, C の絶対圧力を p_A, p_B, p_C とし，油，水，水銀の密度をそれぞれ ρ_o, ρ_w, ρ_g とすると，$p_A = \rho_o g h_1 + p_0$ より点 A のゲージ圧力は

$$p_A - p_0 = \rho_o g h_1 = 0.8 \times 10^3 \times 9.8 \times 2 = 15\,680 \text{ Pa} = 15.68 \text{ kPa(gauge)}$$

$p_B = p_A + \rho_w g h_2 + p_0$ より点 B のゲージ圧力は

$$p_B - p_0 = 15\,680 + 1 \times 10^3 \times 9.8 \times 1.5 = 30\,380 \text{ Pa} = 30.38 \text{ kPa(gauge)}$$

$p_C = p_B + \rho_g g h_3 + p_0$ より点 C のゲージ圧力は

$$p_C - p_0 = p_B + \rho_g g h_3 = 30\,380 + 13.6 \times 10^3 \times 9.8 \times 0.5$$
$$= 97\,020 \text{ Pa} = 97.02 \text{ kPa(gauge)}$$

【2.10】 図 2.22 に示すようなタンク内に，下面より高さ $h_1 = 4$ m の水が入っている。水の上は空気で，そこでの圧力を水銀マノメータで測定したところ，大気圧 p_0 との差が 250 mmHg であった。タンク下面 A でのゲージ圧力はいくらか。

〔解〕 タンク内の圧力を p，タンク下面での絶対圧力を p_A とすると

$$p_A = p + \rho_w g h_1$$

一方，マノメータの釣合いから

$$p = \rho_g g h_2 + p_0$$

これら二つの式より

$$p_A = \rho_g g h_2 + \rho_w g h_1 + p_0$$

ゆえに，点 A でのゲージ圧力は次式で得られる。

$$p_A - p_0 = g(\rho_g h_2 + \rho_w h_1)$$

ここで，$g = 9.8 \text{ m/s}^2$, $\rho_g = 13\,600 \text{ kg/m}^3$, $\rho_w = 1\,000 \text{ kg/m}^3$, $h_1 = 4 \text{ m}$, $h_2 = 0.250 \text{ m}$ を代入すると

$$p_A - p_0 = 9.8 \times (13\,600 \times 0.250 + 1\,000 \times 4) = 72\,520 \text{ Pa} = 72.52 \text{ kPa}$$

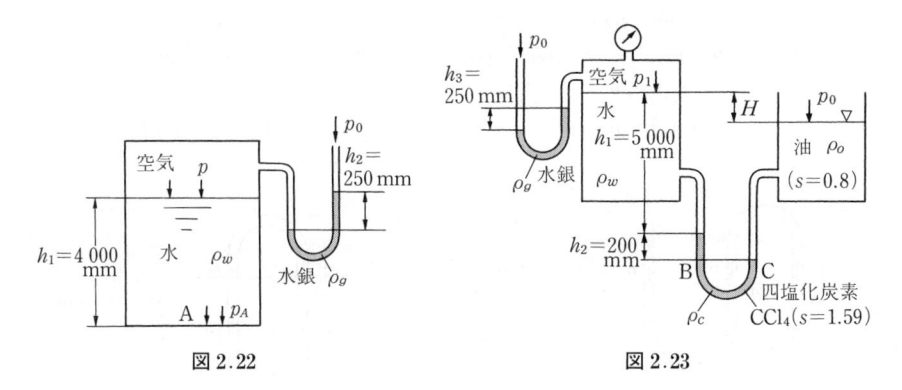

図 2.22   図 2.23

【2.11】 図 2.23 に示すように二つのタンクがある。一つには水，他方には油が入っている。二つの U 字管マノメータの読み h_2, h_3 は，図に示す値を示した。この二つの液面間の差 H はいくらか。ただし，油の密度 $\rho_o = 800 \text{ kg/m}^3$，四塩化炭素 (CCl$_4$) の密度 $\rho_c = 1\,590 \text{ kg/m}^3$，水銀の密度 $\rho_g = 13\,600 \text{ kg/m}^3$ とし，p_0 は大気圧とする。

〔解〕 水の入ったタンクの液面に作用する圧力 p_1 は，$p_0 = p_1 + \rho_g g h_3$ より

$$p_1 = p_0 - \rho_g g h_3 \tag{1}$$

また，四塩化炭素の入ったマノメータの点 B と点 C の圧力は等しいので

$$p_1 + \rho_w g h_1 + \rho_c g h_2 = p_0 + \rho_o g \{(h_1 + h_2) - H\} \tag{2}$$

これら二つの式 (1)，(2) を用いて整理すると

$$p_0 - \rho_g g h_3 + \rho_w g h_1 + \rho_c g h_2 = p_0 + \rho_o g (h_1 + h_2) - \rho_o g H$$

$$\rho_o g (h_1 + h_2) - \rho_o g H = \rho_c g h_2 + \rho_w g h_1 - \rho_g g h_3$$

ゆえに

$$H = h_1 + h_2 + \frac{1}{\rho_o}(\rho_g h_3 - \rho_w h_1 - \rho_c h_2) \tag{3}$$

ここで，$h_1 = 5 \text{ m}$, $h_2 = 0.2 \text{ m}$, $h_3 = 0.25 \text{ m}$, $\rho_o = 800 \text{ kg/m}^3$, $\rho_g = 13\,600 \text{ kg/m}^3$, $\rho_w = 1\,000 \text{ kg/m}^3$, $\rho_c = 1\,590 \text{ kg/m}^3$ を式 (3) に代入すると

$$H = 5 + 0.2 + \frac{1}{800} \times (13\,600 \times 0.25 - 1\,000 \times 5 - 1\,590 \times 0.2) = 2.802 \text{ m}$$

【2.12】 図2.24に示すような状態における管内圧力 p を求めよ。ただし，水銀の密度 $\rho_g = 13\,600$ kg/m³ とする。

〔解〕 点 A, B, C の圧力は等しく，その圧力を p' とすると，$p' = p - \rho_w g h_1$ および $p' = p_0 + \rho_g g h_2$ が成り立つ。これら二つの式より

$$p - p_0 = \rho_g g h_2 + \rho_w g h_1 = g(\rho_g h_2 + \rho_w h_1)$$

ここで，$g = 9.8$ m/s², $\rho_g = 13\,600$ kg/m³, $\rho_w = 1\,000$ kg/m³, $h_1 = 1.0$ m, $h_2 = 0.3$ m を代入すると，管内のゲージ圧力は

$$p - p_0 = 9.8(13\,600 \times 0.3 + 1\,000 \times 1.0) = 49.78 \times 10^3 \text{ Pa} = 49.78 \text{ kPa (gauge)}$$

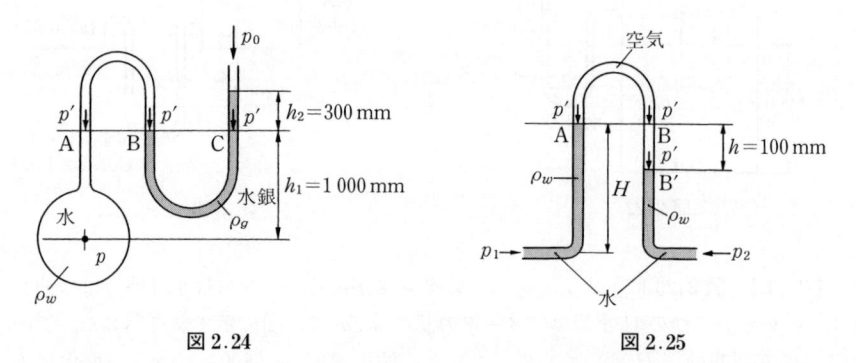

図 2.24

図 2.25

【2.13】 図2.25に示すような状態における圧力差 $p_1 - p_2$ を求めよ。

〔解〕 点 A, B の圧力は等しく，その圧力を p' とすると

$$p_1 = p' + \rho_w g H$$

空気の密度は無視できるので，点 B′ での圧力も p' である。ゆえに

$$p_2 = p' + \rho_w g(H - h)$$

これら二つの式より

$$p_1 - p_2 = \rho_w g H - \rho_w g(H - h) = \rho_w g h$$

ここで，$g = 9.8$ m/s², $\rho_w = 1\,000$ kg/m³, $h = 0.1$ m を代入すると

$$p_1 - p_2 = 1\,000 \times 9.8 \times 0.1 = 980 \text{ Pa}$$

【2.14】 図2.26に示すような状態におけるタンク内の水面に作用するゲージ圧力 p を求めよ。ただし，マノメータには密度 $\rho_g = 13\,600$ kg/m³ の水銀が入っているものとする。

〔解〕 点 C, D の圧力は等しく p' とする。また，点 A, B における圧力および点

E, F の圧力もそれぞれ等しいので，つぎの式が成り立つ．
$$p+\rho_w g(h_1+h_2)=p'+\rho_g g h_1$$
また
$$p'+\rho_w g h_3=p_0+\rho_g g h_4$$
これら二つの式から $p-p_0$ を求める．
$$p+\rho_w g(h_1+h_2)-\rho_g g h_1=p_0+\rho_g g h_4-\rho_w g h_3$$
ゆえに
$$p-p_0=\rho_g g h_4-\rho_w g h_3+\rho_g g h_1-\rho_w g(h_1+h_2)$$
$$=\rho_g g(h_1+h_4)-\rho_w g(h_1+h_2+h_3)$$
ここで，$\rho_g=13\,600\,\mathrm{kg/m^3}$，$\rho_w=1\,000\,\mathrm{kg/m^3}$，$g=9.8\,\mathrm{m/s^2}$，$h_1+h_4=1.47\,\mathrm{m}$，$h_1+h_2+h_3=2.3\,\mathrm{m}$ を代入すると
$$p-p_0=13\,600\times 9.8\times 1.47-1\,000\times 9.8\times 2.3=173.4\times 10^3\,\mathrm{Pa}$$
$$=173.4\,\mathrm{kPa(gauge)}$$

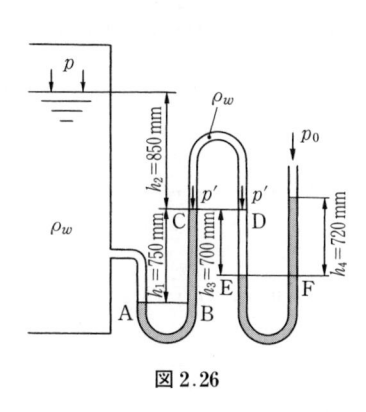

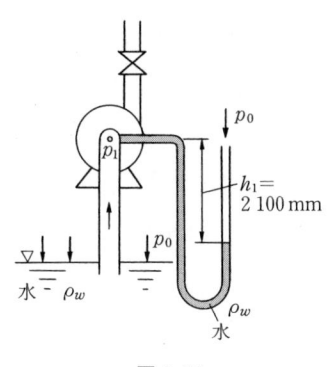

図 2.26　　　　　図 2.27

【2.15】 図 2.27 に示すように，ポンプ入口のゲージ圧力 p_1 が水柱で $h_1=-2.1\,\mathrm{m}$ 真空であった．絶対圧力はいくらか．このときの大気圧は水銀柱で $h_g=752\,\mathrm{mm}$ であり，水銀の比重は $s=13.6$ とする．

〔解〕 絶対圧力＝大気圧＋ゲージ圧力の関係より求める．
　まず，大気圧を水柱 h_0 に換算すると $h_0(水柱)=13.6\times 0.752=10.227\,\mathrm{m}$．
　ゆえに，ポンプ入口の絶対圧力は水柱の単位では
$$h_1(\mathrm{abs})=h_0+h_1=10.227-2.1=8.127\,\mathrm{m}$$
これを圧力の単位に換算すると
$$p_1(\mathrm{abs})=\rho_w g h_1=1\,000\times 9.8\times 8.127=79.64\times 10^3\,\mathrm{Pa}=79.64\,\mathrm{kPa}$$

【2.16】 図2.28のような装置において、シリンダとパイプが油($s_o=0.92$)で満たされ、ピストンの上に5 000 Nの力を加えたとき、小タンク内の圧力p_1はいくらとなるか。ただし、ピストンの質量は10 kgとする。

図2.28

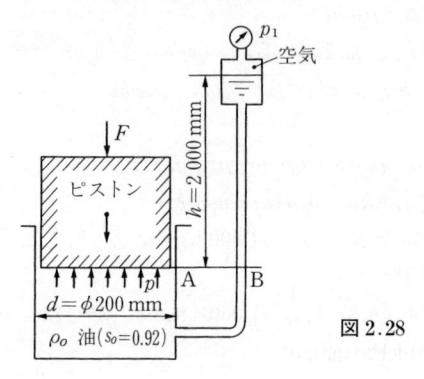

〔解〕 ピストン下面に作用する圧力をp、小タンク内の圧力をp_1、力をFとすると、点A, Bでの圧力は等しいので次式が成り立つ。

$$p=\frac{F+mg}{\frac{\pi}{4}d^2}=p_1+\rho_o gh$$

これより

$$p_1=\frac{4(F+mg)}{\pi d^2}-\rho_o gh$$

ここで、$F=5\,000$ N, $m=10$ kg, $g=9.8$ m/s^2, $d=0.2$ m, $\rho_o=920$ kg/m^3, $h=2$ m を代入すると

$$p_1=\frac{4\times(5\,000+10\times 9.8)}{3.14\times 0.2^2}-920\times 9.8\times 2=144.3\text{ kPa}$$

【2.17】 図2.11に示すような傾斜マノメータで微圧を測定したときの読みは$l=50$ mmであった。このときのp_1とp_2の圧力差Δpおよび拡大率$1/n$を求めよ。ただし、大きいほうのタンクの直径は10 cm、小さいガラス管の直径は0.5 cm、タンク内には密度$\rho_{al}=800$ kg/m^{3}のアルコールが入っており、ガラス管の傾斜角度$\theta=30°$とする。ただし毛管現象は生じていないものとする。

〔解〕 式(2.12)より圧力差は

$$\Delta p=\rho_{al}gl\left(\sin\alpha+\frac{a}{A}\right)$$

で求まる。上式において$a/A=(0.005)^2/(0.1)^2=0.002\,5$であるので、この項は小さいとして省略し、$\rho_{al}=800$ kg/m^3, $g=9.8$ m/s^2, $l=0.05$ m, $\sin 30°=0.5$を代入

すると
$$\Delta p = 800 \times 9.8 \times 0.05 \times 0.5 = 196 \text{ Pa}$$
となる．また，拡大率 $1/n$ は
$$\frac{1}{n} = \frac{l + \Delta l}{h + \Delta h} = \frac{1}{\sin \theta}$$
より求まり
$$\frac{1}{n} = \frac{1}{\sin 30°} = \frac{1}{0.5} = 2$$

【2.18】 図 2.29 に示すような油圧ジャッキ内は，油で満たされている．直径 30 mm のピストンの上部で 30 kN の荷重を支えるためには，ハンドルに加わる力 F はいくらにすればよいか．ピストンの自重および摩擦抵抗は無視する．

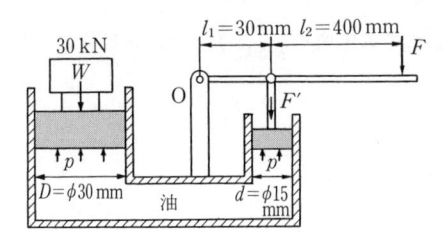

図 2.29

〔解〕 パスカルの原理より，ジャッキ内の圧力 p は
$$p = \frac{W}{A} = \frac{F'}{a}$$
これより小シリンダに加わる力 F' は
$$F' = \frac{a}{A} W$$
ここで，A は大ピストンの断面積 $= \pi/4 \times (0.03)^2 \text{ m}^2$，$a$ は小シリンダの断面積 $= \pi/4 \times (0.015)^2 \text{ m}^2$，$W$ は大ピストン上のおもりの重さ $= 30\,000$ N であるから
$$F' = \frac{(0.015)^2}{(0.03)^2} \times 30\,000 = 7\,500 \text{ N}$$
つぎに，ハンドルに加える力 F と小シリンダに加わる力 F' の支点 O まわりのモーメントは等しいことから
$$l_1 F' = (l_1 + l_2) F$$
これより，求める力 F は次式で求まる．
$$F = \frac{l_1}{l_1 + l_2} F'$$
ここで，$l_1 = 0.03$ m，$l_1 + l_2 = 0.43$ m，$F' = 7\,500$ N を代入すると

$$F = \frac{0.03}{0.43} \times 7\,500 = 523.3\,\text{N}$$

【2.19】 静止液体中の平面壁に作用する全圧力を求める式(2.14)の $F = \rho g h_G A$ を導け。

〔解〕 図 2.13 に示すように，静止液体中で水平面に対し θ だけ傾斜している場合を考える。図形中に微小面積 dA をとり，そこまでの深さを h とする。

dA に作用する圧力 $p = \rho g h$ は，深さ h が一定であるので，全圧力 dF は

$$dF = p dA = \rho g h dA \tag{1}$$

そこで，平面壁に作用する全圧力 F は，面積 A について積分すると求まる。y 軸を図に示すようにとると，$h = y \sin \theta$ の関係があるから

$$F = \int_A \rho g h dA = \int_A \rho g (y \sin \theta) dA = \rho g \sin \theta \int_A y dA \tag{2}$$

Ox 軸から y 方向の重心までの距離を y_G とすると，物理学における重心の定義より

$$\int_A y dA = y_G A \tag{3}$$

であるので，これを上式に代入すると

$$F = \rho g y_G A \sin \theta \tag{4}$$

また，$y_G \sin \theta = h_G$ より

$$F = \rho g h_G A \qquad (5) = 式(2.14)$$

【2.20】 静止液体中にある水平面と θ の角度をなす平面壁に作用する圧力の中心を求める式(2.15)および式(2.16)を導け。

〔解〕 図 2.13 において，Ox 軸から y の距離にある微小面積 dA 上の，全圧力 dF の Ox 軸まわりのモーメント ydF の総和と，全圧力 F が圧力中心に集中して作用するときの Ox 軸まわりのモーメントは等しいから，次式が成立する。ここで，y_c は圧力の中心の y 座標である。

$$\int_A y dF = F \cdot y_c$$

また，前の問題より

$$dF = \rho g h dA = \rho g (y \sin \theta) dA$$
$$F = (\rho g \sin \theta) y_G A = \rho g h_G A$$

を得ているので，これらを上式に代入すると

$$\rho g \sin \theta \int_A y^2 dA = (\rho g \sin \theta)(y_G A) y_c \tag{1}$$

上式において，$\int_A y^2 dA = I_x$，すなわち，図形 A の Ox 軸まわりの断面二次モーメ

ント（慣性モーメント）であるので，y 座標の圧力の中心 y_c は

$$y_c = \frac{\int_A y^2 dA}{y_G A} = \frac{I_x}{y_G A} \tag{2}$$

また，図形の重心 G を通り Ox 軸に平行な軸まわりの断面二次モーメントを I_{xG} とすると，物理学の平行軸の定理より

$$I_x = y_G^2 A + I_{xG} \tag{3}$$

であるから

$$y_c = \frac{y_G^2 A + I_{xG}}{y_G A} = y_G + \frac{I_{xG}}{y_G A} \tag{4} = 式(2.15)$$

すなわち，圧力の中心の y 座標は，つねに図形の重心 G より $I_{xG}/(y_G A)$ だけ下方にある。

同様に，Oy 軸まわりの力のモーメントを考えると

$$\int_A x dF = F \cdot x_c \tag{5}$$

ここで，x_c は圧力の中心の x 座標である。先の dF, F の値を上式に代入すると

$$\rho g \sin\theta \int_A xy dA = (\rho g \sin\theta)(y_G A) x_c \tag{6}$$

上式において，$\int_A xy dA = I_{xy}$ は図形の Ox 軸に関する断面相乗モーメントであるので，x 座標の圧力の中心 x_c は

$$x_c = \frac{\int_A xy dA}{y_G A} = \frac{I_{xy}}{y_G A} \tag{7}$$

また，平板の重心まわりの断面相乗モーメントを I_{xyG} とすると，物理学の平行軸の定理より $I_{xy} = x_G y_G A + I_{xyG}$ であるので，上式は

$$x_c = \frac{I_{xy}}{y_G A} = x_G + \frac{I_{xyG}}{y_G A} \tag{8} = 式(2.16)$$

図形 A が，円や長方形のように Ox 軸に垂直な対称軸をもっている場合，Oy 軸を対称軸にとれば $I_{xy} = 0$ であるから $x_c = 0$ となって，座標の圧力中心は $(0, y_c)$ にあるので，G を通る Oy 軸上にあることがわかる。

【2.21】 図2.12に示すように，長方形の平板が液体の密度 ρ の中に垂直におかれている。全圧力およびその作用点までの距離を求めよ。

〔解〕 液中にある長方形板の面積を $A = bh$，その重心までの距離を液面から $h_G = h/2$ とすると，式(2.13)より全圧力 F は次式で求まる。

$$F = \rho g h_G A = \rho g \frac{h}{2} hb = \rho g b \frac{h^2}{2} \tag{1}$$

つぎに,平板は液面に垂直であるから,式(2.15)において,$y_c=h_c$, $y_G=h_G$ とおき,$I_{xG}=bh^3/12$ を用いると,h_c は次式で求まる。

$$h_c=h_G+\frac{I_{xG}}{h_G A}=\frac{h}{2}+\frac{\frac{bh^3}{12}}{\frac{h}{2}bh}=\frac{h}{2}+\frac{h}{6}=\frac{3h+h}{6}=\frac{2}{3}h \qquad (2)$$

【2.22】 図2.30に示すような正方形（2×2 m）のゲートが,水面と60°の角度で取り付けられている。ゲートの上縁が $y=2$ m にあるとき,このゲートにかかる全圧力 F と圧力の中心までの距離 h_c を求めよ。ただし,水の密度は1 000 kg/m³ とする。

〔解〕 式(2.14)において,$h_G=y_G \sin\theta$ であるから,全圧力 F は
$$F=\rho g h_G A=\rho g A y_G \sin\theta$$
ここで,$\rho=1\,000$ kg/m³,$g=9.8$ m/s²,$A=2\times 2$ m²,$y_G=(2+1)$ m,$\theta=60°$ を代入すると
$$F=1\,000\times 9.8\times 4\times 3\times \sin 60°=101.8\times 10^3 \text{ N}=101.8 \text{ kN}$$

つぎに,正方形板に沿う圧力の中心までの距離 y_c は,式(2.15)を用いて $y_G=3$ m, $A=4$ m², $I_{xG}=2\times 2^3/12$ を代入すると
$$y_c=y_G+\frac{I_{xG}}{y_G A}=3+\frac{\frac{2^4}{12}}{3\times 4}=3.111 \text{ m}$$

また,水面下垂直方向の圧力の中心までの距離 h_c は,$h_c=y_c \sin\theta=3.11\times 0.866\,0=2.694$ m となる。

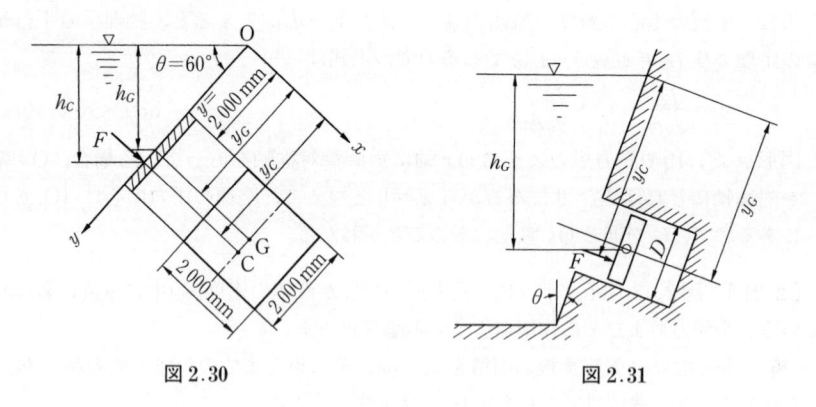

図2.30

図2.31

【2.23】 図2.31に示すような直径 D のちょう形弁を開くために必要なモーメントを求めよ。

〔解〕 式(2.14)および式(2.15)において，$h_G = y_G \cos\theta$，$A = (\pi/4)D^2$，$I_{xG} = (\pi D^4/64)$ を代入すると，全圧力 F は $F = \rho g h_G A = \rho g (\pi/4) D^2 y_G \cos\theta$ となり，液面より圧力中心までの距離 y_c は

$$y_c = y_G + \frac{I_{xG}}{y_G A} = y_G + \frac{\dfrac{\pi D^4}{64}}{y_G \dfrac{\pi D^2}{4}} = y_G + \frac{D^2}{16} \cdot \frac{1}{y_G}$$

ゆえに，ちょう形弁の中心まわりのモーメント M は

$$M = F(y_c - y_G) = \left(\rho g \frac{\pi}{4} D^2 y_G \cos\theta\right) \frac{D^2}{16 y_G} = \rho g \frac{\pi D^4}{64} \cos\theta$$

【2.24】 図2.32 に示すような底面の形状が二等辺三角形の油タンクがある。三角形の板は油面と 30°の傾斜をしているとき，この板に作用する水平方向の力 F_H およびその作用点 h_c を求めよ。ただし，油の比重を 0.8 とする。

〔解〕 二等辺三角形に作用する全圧力 F は $F = \rho g h_G A$ であるから，水平方向の力 F_H は $F_H = \rho g h_G A \sin\theta$ で求まる。

ここで，$\rho = 800 \text{ kg/m}^3$，$g = 9.8 \text{ m/s}^2$，$h_G = 9 \text{ m}$，$A = (6 \times 12)/2 = 36 \text{ m}^2$，$\sin 30° = 1/2$ を代入すると，F_H は

$$F_H = 800 \times 9.8 \times 9 \times 36 \times \frac{1}{2} = 1\,270.1 \times 10^3 \text{ N} = 1\,270.1 \text{ kN}$$

つぎに，重心を通る底辺に平行な軸まわりの断面二次モーメント I_{yG} は

$$I_{yG} = \frac{bh^3}{36} = \frac{6 \times (8+4)^3}{36} = 288 \text{ m}^4$$

また，$y_G = h_G/\sin\theta = 9/0.5 = 18 \text{ m}$ であるので

$$y_c = y_G + \frac{I_{yG}}{y_G A} = 18 + \frac{288}{18 \times 36} = 18.444 \text{ m}$$

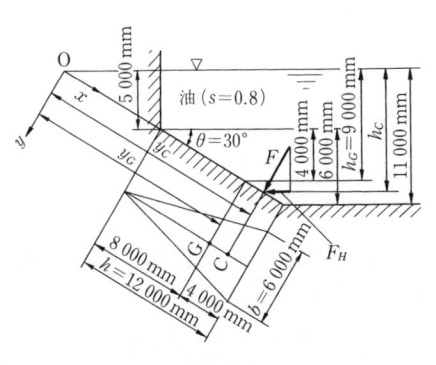

図 2.32

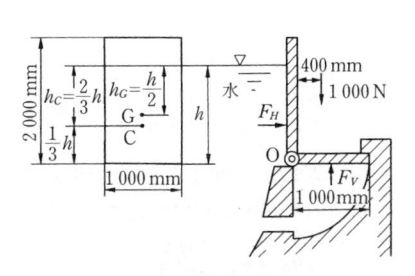

図 2.33

ゆえに，油面から圧力中心までの距離 h_C は
$$h_C = y_C \sin 30° = 18.444 \times 0.5 = 9.222 \text{ m}$$

【2.25】 図2.33に示すような水門を開くのに必要な水深 h を求めよ。ただし，水門の重さ F は1 kN，その作用点はゲート左面より 0.4 m とする。

〔解〕 ゲートの圧力中心 C に作用する水平分力 F_H は
$$F_H = \rho_w g h_G A$$

ここで，$\rho_w = 1\,000 \text{ kg/m}^3$，$g = 9.8 \text{ m/s}^2$，$h_G = h/2 \text{ m}$，$A = h \times 1 \text{ m}^2$ を代入すると
$$F_H = 1\,000 \times 9.8 \times \frac{h}{2} \times h \times 1 = 4.90 h^2 \text{ 〔kN〕}$$

鉛直分力 F_V は
$$F_V = \rho_w g h A'$$

ここで，$A' = 1 \text{ m}^2$ であるから
$$F_V = 1\,000 \times 9.8 \times 1 \times h = 9.80 h \text{ 〔kN〕}$$

力の平衡状態，すなわち点 O まわりのモーメント $M_o = 0$ の条件を考える。点 O から点 C までの距離は $h/3$ 〔m〕，F_V の作用点は点 O より 0.5 m の位置にあるから
$$M_o = 0.4 F + \frac{h}{3} \times F_H - 0.5 F_V$$
$$= 0.40 \times 1\,000 + \frac{4.90}{3} \times 10^3 h^3 - 9.8 h \times 10^3 \times 0.5 = 0$$

これを整理すると，つぎの三次元方程式を得る。
$$1.63 h^3 - 4.9 h + 0.4 = 0$$

これより求める水深 h は
$$h = 1.692 \text{ m}$$

【2.26】 図2.34に示すような半径 $R = 500$ mm の球に作用する水圧による力の水平分力 F_H，鉛直分力 F_V およびそれらの作用点を求めよ。

〔解〕 水平方向の力 F_H は，式(2.17)より
$$F_H = \rho_w g h_G' A_H$$

ここで，$\rho_w = 1\,000 \text{ kg/m}^3$，$g = 9.8 \text{ m/s}^2$，$h_G' = 1.5 \text{ m}$，$A_H = \frac{\pi}{4} \times 1 \text{ m}^2$ より
$$F_H = 1\,000 \times 9.8 \times 1.5 \times \frac{\pi}{4} \times 1^2 = 11.54 \times 10^3 \text{ N} = 11.54 \text{ kN}$$

つぎに，水面より圧力の中心までの距離，すなわち F_H の作用点 h_C' は，式(2.15)を適用すれば次式で求まる。
$$h_C' = h_G' + \frac{I_{xG'}}{h_G' A_H}$$

ここで，$h_G'=1.5$ m, $A_H=\pi D^2/4=\pi/4$ 〔m²〕, $I_{xG}'=\pi D^4/64=\pi/64$ 〔m⁴〕より

$$h_C'=1.5+\frac{\dfrac{\pi}{64}}{1.5\times\dfrac{\pi}{4}}=1.5+\frac{1}{1.5\times 16}=1.542 \text{ m}$$

つぎに，鉛直方向の力 F_V は，つぎの関係がある。

$F_V=$（曲面 AB 上の上向きの力）－（曲面 BC 上の下向きの力）
　　$=$（半球の体積に相当する水の重さ）

したがって，式(2.18)を適用して $F_V=\rho_w g V$ より求める。ここで，V は半球の体積 $2\pi r^3/3=2\pi\times(0.5)^3/3$ であるから

$$F_V=1\,000\times 9.8\times(2/3)\times\pi\times 0.5^3=2.564\times 10^3 \text{ N}=2.564 \text{ kN}$$

F_V の作用点は，O 点まわりのモーメントの釣合いから次式を得る。

$$F_H(h_C'-h_G')=F_V x$$

これより，F_V の作用点 x は

$$x=\frac{F_H(h_C'-h_G')}{F_V}=\frac{11.54\times 10^3\times(1.54-1.5)}{2.564\times 10^3}=0.180 \text{ m}$$

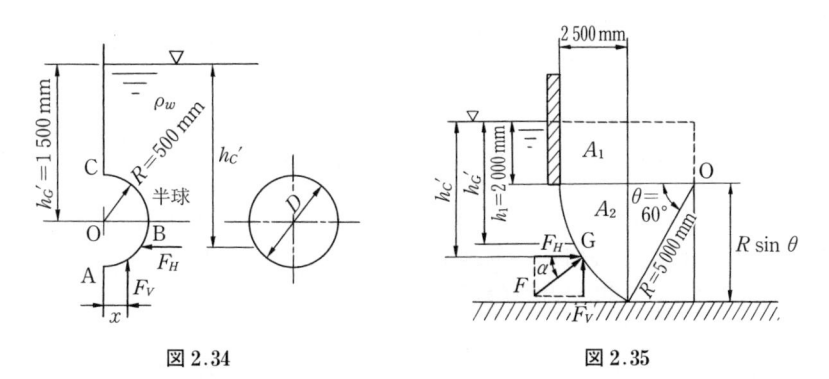

図 2.34

図 2.35

【2.27】 図 2.35 に示すような半径 5 m，奥行き 1 m のテンダーゲートに作用する水圧による全圧力 F およびその水平面とのなす角 α を求めよ。

〔解〕 幅 1 m について考える。円弧状ゲートに作用する水平分力 F_H は，次式で求まる。

$$F_H=\rho_w g h_G' A_H$$

ここで，$\rho_w=1\,000$ kg/m³, $g=9.8$ m/s² である。

$$h_G'=2+\frac{R\sin\theta}{2}=2+\frac{5\times\sin 60°}{2}=\left(2+\frac{4.33}{2}\right) \text{ m}$$

$$A_H=R\sin\theta\times 1=5\sin 60°\times 1=4.33\times 1 \text{ m}^2$$

を代入すると

$$F_H = 1\,000 \times 9.8 \times \left(2 + \frac{4.33}{2}\right) \times 4.33 \times 1 = 176.7\,\text{kN}$$

となる．つぎに，F_H の作用点 h'_c は次式で求まる．

$$h'_c = h'_G + \frac{I_{xG}}{h'_G A_H}$$

ここで，$h'_G = 4.165\,\text{m}$, $I_{xG} = 1 \times 4.33^3/12\,\text{m}^4$, $A_H = 4.33\,\text{m}^2$ を代入すると

$$h'_c = 4.165 + \frac{4.33^3/12}{4.165 \times 4.33} = 4.165 + 0.375 = 4.540\,\text{m}$$

つぎに，鉛直方向分力 F_V は，体積 $(A_1 + A_2) \times 1 = V$ の水の重量に等しいから $F_V = \rho_w g V$ で求まる．ここで，$A_1 = 2 \times 2.5 = 5\,\text{m}^2$, $A_2 = \pi R^2/6 - (2.5 R \sin 60°)/2 = \pi \times 5^2/6 - 2.5 \times 5 \times 0.8660/2 = 7.68\,\text{m}^2$ であるから，$V = (5 + 7.67) \times 1 = 12.68\,\text{m}^3$ となる．これを代入すると

$$F_V = 1\,000 \times 9.8 \times 12.68 = 124.3\,\text{kN}$$

ゆえに，ゲートに作用する全圧力 F は式(2.19)より

$$F = \sqrt{F_H^2 + F_V^2} = \sqrt{176.7^2 + 124.3^2} = 216.0\,\text{kN}$$

となる．また，F の水平面とのなす角度 α は

$$\tan\alpha = \frac{F_V}{F_H} = \frac{124.3}{176.7} = 0.703\,4$$

より，$\alpha = 35.1°$ となる．

なお，F は曲面に直角に作用するから F は中心 O に向かう．

【2.28】 図2.36のように，半径 $R = D/2 = 2.4\,\text{m}$，奥行き $b = 2\,\text{m}$，重さ1.16 kN の円柱によって，左側の水と右側の油（$s_o = 0.8$）に分けられている．この円柱に働く水平分力および鉛直分力を求めよ．

〔解〕 水平分力 F_H は

$F_H = $（曲面BCEに働く左向きの水平分力）$-$（曲面ABに働く右向きの水平分力）
$= \rho_o g (D/2) \times bD - \rho_w g (h_1/2) \times b h_1$

より求まる．ここで，$\rho_o = 800\,\text{kg/m}^3$, $\rho_w = 1\,000\,\text{kg/m}^3$, $g = 9.8\,\text{m/s}^2$, $D = 4.8\,\text{m}$,

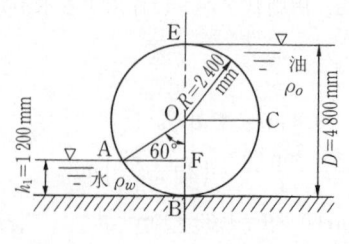

図2.36

$b=2$ m を代入すると

$$F_H = 800 \times 9.8 \times (4.8^2/2) \times 2 - 1\,000 \times 9.8 \times (1.2^2/2) \times 2$$
$$= 166.5 \text{ kN (左向きに作用する)}$$

鉛直方向の分力 F_V は

$F_V = ($曲面 BCE に働く上向きの力$+$曲面 AB に働く上向きの力$)-($円柱の重さ$)$
　　$= \{\rho_o g \times ($半円 BCEB の面積$) \times b + \rho_w g \times ($扇形 OAB の面積$-\triangle$ OAF の面積$)$
　　　$\times b\} - ($円柱の重さ$)$

より求まる。ゆえに

$$F_V = 800 \times 9.8 \times \pi \times (2.4^2/2) \times 2 + 1\,000 \times 9.8 \times \{\pi \times 2.4^2 \times (60/360)$$
$$-(1/2) \times (2.4-1.2) \times 2.4 \sin 60°\} \times 2 - 1.16 \times 10^3$$
$$= 175.28 \text{ kN (上向きに作用する)}$$

したがって，円柱は浮き上がらないように点 B で固定させなければならないことがわかる。

【2.29】 静止した液体中にある物体に働く浮力は，その物体が排除した液体の重量に等しい。すなわち，アルキメデスの原理〔式(2.20)〕を証明せよ。

〔解〕 図 2.15 に示すような密度 ρ の液体中にある物体において，それを貫く微小な液柱を考える。物体の上部，下部の断面積を dA_1, dA_2 とし，その水平面への投影面積を dA とすると，微小液柱に働く圧力による力の鉛直上向きの力は

$$dF = \{(p_0 + \rho g z_2) - (p_0 + \rho g z_1)\} dA = \rho g (z_2 - z_1) dA \qquad (1)$$

$(z_2 - z_1) dA$ は，円柱が物体を貫いた部分の体積 dV に等しいから，上式は

$$dF = \rho g dV \qquad (2)$$

物体全体については

$$F = \int_V dF = \rho g \int_V dV = \rho g V \qquad (3) = \text{式}(2.20)$$

$z_2 > z_1$ であるから，上向きに F の力が働く。これが浮力である。浮力は，物体が排除した液体の重心に働く。これをアルキメデスの原理という。

【2.30】 ボーメの比重計において，その重さが $W = 19.62 \times 10^{-3}$ N，ステムの直径が 4.0 mm であった。比重 1.0 の水と未知の液体に浮かべたときの差は，図 2.37 に示すように $h=20$ mm であった。未知の液体の比重はいくらか。

〔解〕 一般に浮力は，$F = \rho g V$ で表される。ここで，V は物体が排除した液体の体積である。また，比重計が浮いているから $F = W$ が成り立つ。

水の場合，比重計が排除した水の体積を V [m³] とし，密度を $\rho_w = 1\,000$ kg/m³ とすると，$W = F = \rho_w g V$ より $19.62 \times 10^{-3} = 1\,000 \times 9.8 \times V$

ゆえに

$$V = \frac{19.62 \times 10^{-3}}{1\,000 \times 9.8} = 2.00 \times 10^{-6}\,\text{m}^3 = 2.00\,\text{cm}^3$$

つぎに,ステムの断面積を $a = \pi d^2/4\,[\text{m}^2]$,未知の液体の密度を $\rho_x\,[\text{kg/m}^3]$ とすると,比重計が排除した液体の体積は $(V + ah)\,[\text{m}^3]$ であるから,$F = \rho_x g(V + ah)$ より

$$19.62 \times 10^{-3} = \rho_x \times 9.8 \times (V + ah)$$

これより ρ_x は

$$\rho_x = \frac{19.62 \times 10^{-3}}{9.8(V + ah)} = \frac{19.62 \times 10^{-3}}{9.8\left\{(2.00 \times 10^{-6}) + \dfrac{\pi}{4}(4 \times 10^{-3})^2 \times 20 \times 10^{-3}\right\}}$$

$$= 889\,\text{kg/m}^3$$

よって比重 s_x は

$$s_x = \frac{889}{1\,000} = 0.889$$

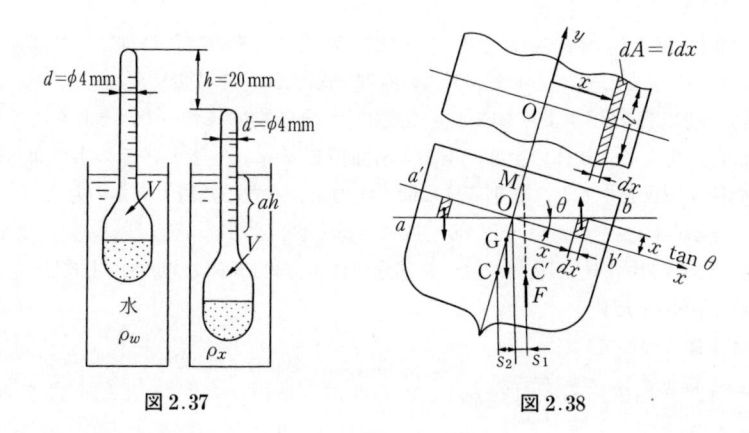

図 2.37

図 2.38

【2.31】 図 2.38 に示すような船のメタセンタの高さ $\overline{\text{GM}}$ は,傾き角 θ が比較的小さいとき $\overline{\text{GM}} = (I_y/V) - \overline{\text{GC}}$ で表されることを証明せよ。ただし,I_y は浮揚面の Oy 軸まわりの断面二次モーメント,V は船が排除した液体の体積である。

〔解〕 図において,傾き角 θ を微小角とすると,$\tan\theta \fallingdotseq \sin\theta \fallingdotseq \theta$ と考えてよい。船が θ だけ傾いたとき,左側のくさび形部分は浮き上がり,右側のくさび形部分は沈む。すなわち,浮いたほうは浮力を失い,沈んだほうは浮力を得る。ここで,くさび形部分に微小な体積 $x\theta \cdot l dx$(l:船の長さ)をとり,点 O を通り紙面に垂直な軸(y 軸)まわりのモーメントについて考える。右半分の水に沈んだ部分と,左半分の水から出た部分の浮力によるモーメントの和は

$$\int_0^{b'} \rho g(x\theta ldx)x + \int_{a'}^0 \rho g(-x\theta \cdot ldx)(-x) = \rho g \theta \int_{a'}^{b'} x^2 ldx \qquad (1)$$

であり，反時計まわりのモーメントを正とする。

このモーメントと初め点Cに作用していた浮力FのO軸まわりのモーメント$-Fs_2$の和は，船が傾いたとき点C′に作用する浮力によるモーメントFs_1に等しく，$F=\rho gV$であるから次式を得る。

$$-\rho g V s_2 + \rho g \theta \int_{a'}^{b'} x^2 \times ldx = \rho g V s_1$$

$$\rho g \theta \int_{a'}^{b'} x^2 ldx = \rho g V(s_1 + s_2) \qquad (2)$$

上式中 $\int_{a'}^{b'} x^2 ldx$ は，浮揚面のOy軸に関する断面二次モーメントI_yであるから，式（2）は

$$V(s_1 + s_2) = \theta I_y \qquad (3)$$

また

$$s_1 + s_2 = \overline{\mathrm{MC}} \sin\theta \fallingdotseq \overline{\mathrm{MC}}\,\theta = (\overline{\mathrm{GM}} + \overline{\mathrm{GC}})\theta \qquad (4)$$

であるから，メタセンタの高さ$\overline{\mathrm{GM}}$は，式（3），（4）より

$$\overline{\mathrm{GM}} = \frac{I_y}{V} - \overline{\mathrm{GC}} \qquad (5)$$

【2.32】 図2.39に示すような形状の直方体（$s=0.8$）が水に浮かんでいる。この浮揚体の安定を調べよ。また，長さ方向の中心線まわりに5°傾けたときの復元偶力を求めよ。

〔解〕 W（浮揚体の重量）=F（浮力）=浮揚体が排除した水の重さであるから，喫水をdとすると $W=F=1\,000\,sgbhl=\rho_w gbdl$ より，d は

$$d = \frac{1\,000 sh}{\rho_w} = \frac{800}{1\,000} \times 3 = 2.4\ \mathrm{m}$$

浮力の中心Cと浮揚体の重心Gとの距離$\overline{\mathrm{GC}}$ は

$$\overline{\mathrm{GC}} = \frac{h}{2} - \frac{d}{2} = \frac{3}{2} - \frac{2.4}{2} = 0.3\ \mathrm{m}$$

Ox軸に関する断面二次モーメントI_xは

$$I_x = \frac{lb^3}{12} = \frac{10 \times 5^3}{12} = 104.17\ \mathrm{m}^4$$

ゆえに，メタセンタの高さ$\overline{\mathrm{GM}}$は

$$\overline{\mathrm{GM}} = \frac{I_x}{V} - \overline{\mathrm{GC}} = \frac{\frac{lb^3}{12}}{bld} - \overline{\mathrm{GC}} = \frac{104.17}{5 \times 10 \times 2.4} - 0.3 = 0.568\ \mathrm{m} > 0$$

ゆえに，この浮揚体は安定である。

浮揚体が5°傾いたときの復元偶力 T は，浮揚体の質量を m とすると
$$T = m g \overline{\mathrm{GM}} \sin \theta$$
で求まるから
$$T = 0.8 \times 1\,000 \times (5 \times 3 \times 10) \times 9.8 \times 0.568 \times \sin 5° = 58.22 \text{ kN·m}$$

図 2.39　　　　　　　　図 2.40

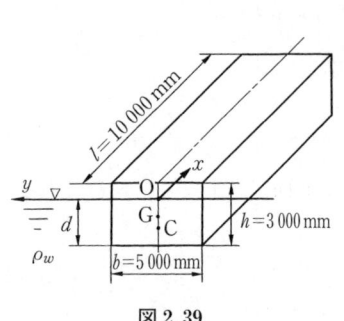

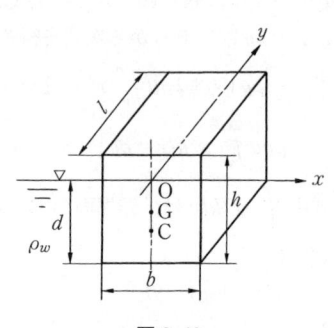

【2.33】 図 2.40 に示すような幅 b，高さ h，長さ l，比重 s の均質な角柱が水に浮かんでいるとき，角柱が安定であるための条件を求めよ．

〔解〕 喫水 d は角柱の比重を s とすると，F(浮力)$=W$(物体の重さ) であるから $\rho_w g d b l = g b l h (s \rho_w)$ より
$$d = hs$$

浮力の中心 C は底面より $d/2 = hs/2$，重心 G は底面より $h/2$ にあるから
$$\overline{\mathrm{GC}} = \frac{h-d}{2} = \frac{h}{2} - \frac{hs}{2} = \frac{h}{2}(1-s)$$

メタセンタの高さ $\overline{\mathrm{MG}}$ は
$$\overline{\mathrm{MG}} = \frac{I}{V} - \overline{\mathrm{GC}} = \frac{lb^3}{12} \frac{1}{bld} - \frac{h}{2}(1-s)$$
$$= \frac{lb^3}{12} \frac{1}{bl(hs)} - \frac{h}{2}(1-s) = \frac{b^2}{12hs} - \frac{h}{2}(1-s)$$

安定条件は $\overline{\mathrm{MG}} > 0$ であるから
$$\frac{b^2}{12hs} - \frac{h}{2}(1-s) > 0$$

これを整理して
$$\frac{b^2}{h^2} > 6s(1-s), \quad \text{または} \quad \frac{b}{h} > \sqrt{6s(1-s)}$$

の条件を満足すれば安定となる．

【2.34】 図 2.41 に示すような半径 R の円筒容器に密度 ρ の液体を入れ，鉛直軸

まわりに一定の角速度 ω で回転させた場合，容器底面からの高さ z は次式で表されることを示せ。ただし，液面上の任意の点aにおける半径を r，深さを z，また，中心部の深さを z_0 とする。

$$z = \frac{\omega^2}{2g} r^2 + z_0$$

〔**解**〕 任意の半径 r（点a）における液体は質量 m〔kg〕あたり，鉛直下方には mg〔kg·m/s²〕の重力，また半径方向には $m\omega^2 r$〔kg·m/s²〕の遠心力の作用を受ける。したがって，液面はこの合力 N の方向に垂直である。

いま，回転軸を含む平面内で，点aから微小距離離れた点をa′とし，a-a′間の水平距離を dr，鉛直距離を dz とすれば，図からわかるように，$dz/dr = \tan\theta = \omega^2 r/g$ である。

ゆえに，$dz = \omega^2 r dr/g$ を積分すれば，液面の形を表す式が求まる。

$$z = \frac{\omega^2 r^2}{2g} + C \tag{1}$$

ここで，$r=0$ において $z=z_0$ とすると $C=z_0$，ゆえに

$$z = \frac{\omega^2 r^2}{2g} + z_0 \tag{2}$$

これは r と z の軸に対する放物線であり，液体は容器とともに回転するから液面の形状は**回転放物体**（paraboloid of revolution）となる。なおこの式は流体の密度には無関係であることがわかる。

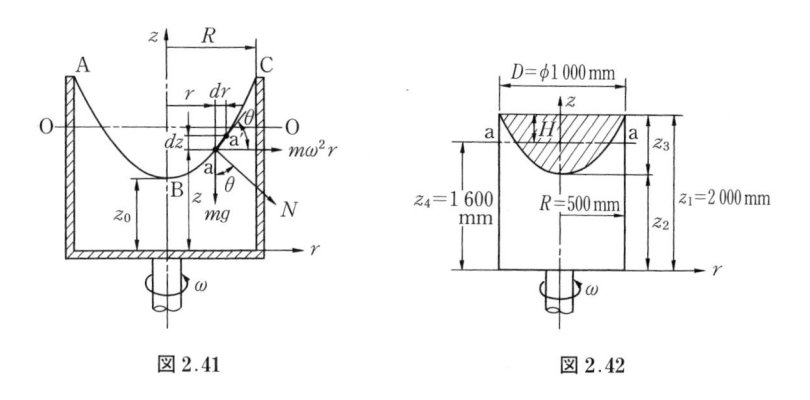

図 2.41　　　　　図 2.42

【**2.35**】 図2.42に示すような内径1m，高さ2mの円筒形タンクに，比重0.85の油を底面より1.6mの高さまで満たした後，中心軸のまわりに一定の角速度 ω で回転させた。油があふれ出ないようにするためには，毎分回転数 n をいくらまでにすればよいか。回転放物面体の体積は，これに外接する円筒の体積の1/2とする。

〔解〕 斜線を施した回転放物面体の体積 V は，題意より次式で表される。ただし，H は容器上端から静止しているときの液面 a-a までの距離とする。

$$V=\frac{1}{2}\left(\frac{\pi}{4}D^2 z_3\right)=\frac{\pi}{4}D^2 H$$

これより

$$\frac{1}{2}z_3=H$$

ここで，$H=z_1-z_4=2-1.6=0.4$ m であるから

$$z_3=2H=2\times 0.4=0.8 \text{ m}$$

つぎに，前問における式 $z=\omega^2 r^2/(2g)+z_0$ を用いる。$r=R$ において，$z=z_1=z_2+z_3$，また，$r=0$ において $z=z_2$ であるから $z_3=R^2\omega^2/(2g)$ となる。これより

$$\omega=\sqrt{\frac{2gz_3}{R^2}}$$

ここで，$g=9.8$ m/s^2, $z_3=0.8$ m, $R=0.5$ m を代入すると

$$\omega=\sqrt{\frac{2\times 9.8\times 0.8}{0.5^2}}=7.919 \text{ rad/s}$$

角速度ωと毎分回転数 n の関係は $\omega=2\pi n/60$ であるので，油があふれ出ない最大の回転数 n は

$$n=\frac{60\omega}{2\pi}=\frac{60\times 7.919}{2\times 3.14}=75.66 \text{ rpm}$$

【2.36】 図2.43に示すような半径 R のタンクに油を上縁まで満たし，その中心軸まわりに角速度 ω で回転させたとき，容器よりあふれ出す油の量 V を求めよ。

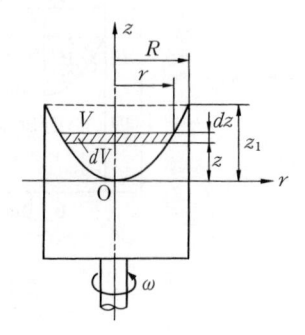

図2.43

〔解〕 タンクよりあふれ出す油の体積 V は，図に示した回転放物面体の体積に等しい。ゆえに，図において，任意の半径 r における斜線部分の微小体積は $dV=\pi r^2 dz$ で表されるから，求める体積 V は次式で表される。

$$V = \int_0^{z_1} \pi r^2 dz \tag{1}$$

また，油面高さ z は問題 2.34 から $z = \omega^2 r^2/(2g)$ で表されるから（ここでは $z_0 = 0$）

$$r^2 = \frac{2gz}{\omega^2} \tag{2}$$

式(2)を式(1)に代入し，積分すると

$$V = \int_0^{z_1} \frac{2\pi g z}{\omega^2} dz = \frac{2\pi g}{\omega^2} \int_0^{z_1} z dz = \frac{2\pi g}{\omega^2} \left[\frac{z^2}{2} \right]_0^{z_1} = \frac{\pi g z_1^2}{\omega^2} \tag{3}$$

また，z_1 は半径 R における水位であるから，式(2)より

$$z_1 = \frac{R^2 \omega^2}{2g} \tag{4}$$

したがって，あふれ出る体積 V は次式で求まる。

$$V = \frac{\pi g}{\omega^2} \left(\frac{R^2 \omega^2}{2g} \right)^2 = \frac{\pi R^4 \omega^2}{4g} \tag{5}$$

3 流体運動の基礎

3.1 定常流と非定常流

　流れの中の任意の点での速度や圧力などの流れの状態が，時間的に変化しない流れを**定常流**（steady flow）といい，時間的に変化する流れを**非定常流**（unsteady flow）という。

3.2 層流と乱流

　実在する流体，すなわち粘性流体の流れは，大別すると**層流**（laminar flow）と**乱流**（turbulent flow）がある。ガラスの円管内に水を流し，その中に流れを乱さないように，細い管から色素溶液を線状にして流すと，流速の遅い場合には，図3.1(a)に示すような管軸に平行な一筋の線となる。このような流れを層流という。

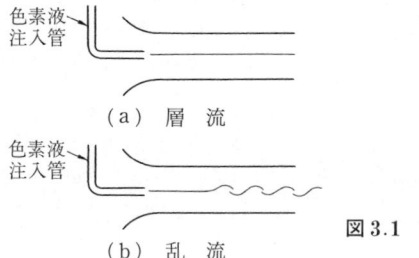

```
色素液
注入管
         (a) 層　流

色素液
注入管
         (b) 乱　流
```
図3.1　層流と乱流

　一方，流速が速い場合には，図(b)に示すような渦が発生し，不規則な流れとなる。このような流れを乱流という。

　層流と乱流との中間の流れを遷移状態といい，層流から乱流になるときの速度を**臨界速度**（critical velocity）という。この層流と乱流を区別するのに，次式に示す**レイノルズ数**（Reynolds number）Re が用いられる。

$$Re = \frac{vd}{\nu} \tag{3.1}$$

ここに，v は管内平均流速(m/s)，d は管内径(m)，ν は作動流体の動粘度 (m²/s)，$Re < 2\,300$ は層流，$Re > 2\,300$ は乱流である。

3.3 流線，流跡線，流管

図3.2に示すような流れの場において，流れに沿って一つの曲線を考え，その接線の方向が速度ベクトルの方向と一致するような曲線を**流線**（stream line）という。したがって，流線上の速度ベクトルは流線に直角方向の成分はない。すなわち，流線を横切る流れはない。定常流においては，流体粒子の軌跡は流線と一致するが，非定常流においては，流れの形状が時間の変化につれて変わるので，流体粒子の軌跡は流線と一致しない。

この流体粒子の軌跡を**流跡線**（path line）という。なお，流線を表す微分方程式は次式で与えられる（問題3.1参照）。

$$\frac{dx}{u} = \frac{dy}{v} = \frac{dz}{w} = \frac{ds}{V} \tag{3.2}$$

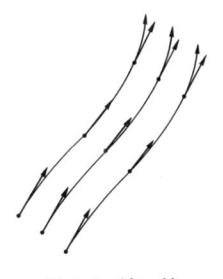

図3.2 流　線 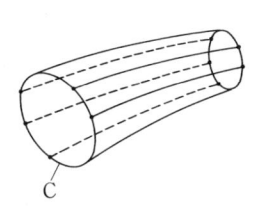　　　　　図3.3 流　管

図3.3に示すように，流体中に任意の閉曲線Cを考え，その曲線上の各点を通る流線で仮想される流体の管を**流管**（stream tube）という。

3.4 連 続 の 式

図3.4に示すような流管を考える。流れは非定常流とし，その任意の断面積を A，流速を v，密度を ρ，中心線に沿って測った弧の長さを ds とすれば，

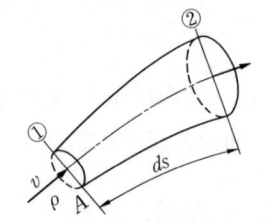

図 3.4 連続の式

つぎの関係が成立する。

$$\frac{\partial}{\partial t}(\rho A) + \frac{\partial}{\partial s}(\rho v A) = 0 \tag{3.3}$$

この式を**連続の式**（equation of continuity）という（問題 3.2 参照）。

定常流の場合は時間に関係なく一定であるので，式(3.3)の第1項は省略され

$$\frac{\partial}{\partial s}(\rho v A) = 0$$

s について積分すると

$$\rho v A = \text{const.} \tag{3.4}$$

また，非圧縮流体では $\rho = \text{const.}$ であるので

$$Q = Av = \text{const.} \tag{3.5}$$

Q は単位時間に流れる流体の体積であって，これを**流量**（flow rate）という。単位は，一般に m³/s, m³/min が用いられる。

3.5 オイラーの運動方程式

図 3.5 に示すような非定常な流れの道筋 s に沿って，長さ ds，断面積 dA の微小な円柱状の流体を考え，この流体にニュートンの運動の第2法則を適用すると

$$\frac{1}{\rho}\frac{\partial p}{\partial s} + \frac{\partial v}{\partial t} + \frac{1}{2}\frac{\partial (v^2)}{\partial s} + g\frac{\partial z}{\partial s} = 0 \tag{3.6}$$

ここで，ρ は流体の密度，v は平均流速，dz は ds の z 方向成分，t は時間である。式(3.6)を**オイラーの運動方程式**（Euler's equation of motion）という（問題 3.7 参照）。

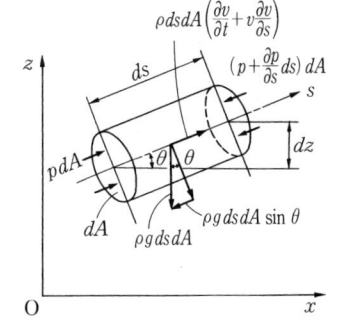

図 3.5 微小流体に働く力の釣合い

定常流では，$\partial v/\partial t = 0$ であり，また，v, p, z は時間 t には関係なく s のみの関数となるから次式となる（問題 3.7 参照）．

$$\frac{1}{\rho}\frac{dp}{ds} + \frac{1}{2}\frac{d(v^2)}{ds} + g\frac{dz}{ds} = \frac{1}{\rho}\frac{dp}{ds} + v\frac{dv}{ds} + g\frac{dz}{ds} = 0 \tag{3.7}$$

3.6 ベルヌーイの式

式(3.6)に示す非定常流のオイラーの運動方程式を流れ方向 s に沿って積分すると，非圧縮性流体では

$$\frac{p}{\rho} + \frac{v^2}{2} + gz + \int_0^s \frac{\partial v}{\partial t}ds = \text{const.} \tag{3.8}$$

また，非圧縮性流体の定常流では，式(3.7)を s に沿って積分すると

$$\frac{p}{\rho} + \frac{v^2}{2} + gz = \text{const.} \tag{3.9}$$

または次式を得る〔式(3.9)は，問題 3.7 参照〕．

$$\frac{p}{\rho g} + \frac{v^2}{2g} + z = H = \text{const.} \tag{3.10}$$

式(3.9)の左辺の第1項は，単位質量の流体のもつ圧力によって伝えられるエネルギー，すなわち，**圧力エネルギー**（pressure energy），第2項は単位質量のもつ流体の**運動エネルギー**（kinematic energy），第3項は単位質量のもつ**位置エネルギー**（potential energy）であり，これらの流線に沿う和は一定である．

また，式(3.10)は長さの単位をもち，$p/(\rho g)$ を**圧力ヘッド**（pressure head），$v^2/(2g)$ を**速度ヘッド**（velocity head），z を**位置ヘッド**（potential head) といい,その和を**全ヘッド** (total head) という。

ゆえに,**図3.6**に示すように,流線上に点①と点②をとり,それぞれ全ヘッドの和を求めると等しい値を示し,式で示すと

$$\frac{p_1}{\rho g}+\frac{v_1^2}{2g}+z_1=\frac{p_2}{\rho g}+\frac{v_2^2}{2g}+z_2=H=\text{const.} \tag{3.11}$$

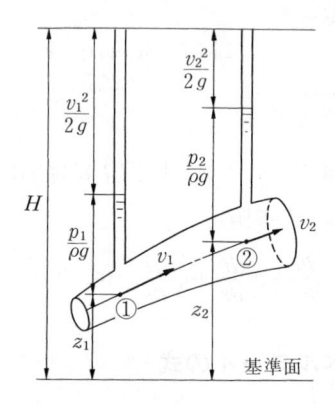

図3.6 ベルヌーイの式

式(3.9),(3.10),(3.11)を,損失を考えない場合の**ベルヌーイの式** (Bernoulli's equation) といい,非圧縮性流体の定常流の場合に成り立つ。また,式(3.9),(3.10)において,zが小さく無視できるものとして,これを圧力の単位で表すと

$$p+\frac{\rho v^2}{2}=p_t=\text{const.} \tag{3.12}$$

と表すことができる。ここで,pを**静圧** (static pressure),$\rho v^2/2$を**動圧** (dynamic pressure),p_tを**全圧** (total pressure) という。

3.7 ベルヌーイの式の応用

3.7.1 ピ ト ー 管

図3.7に示すように,密度 ρ の流体中に直角に曲げられた細い管を流れに平行におくと,流体は管内をある高さ H まで上昇する。その後は点Bの流速は零となる。この高さ H を読みとることにより,点Bより十分離れた上流の点Aの流速を求めることができる。この管を**ピトー管** (Pitot tube) という。

流速 v_A は

$$v_A = \sqrt{\frac{2(p_B - p_A)}{\rho}} = \sqrt{2g(H-h)} \tag{3.13}$$

で与えられる（問題 3.16 参照）．ここで，p_A は点 A での静圧，p_B は全圧，h は点 A での圧力ヘッド，H は全圧ヘッドである．

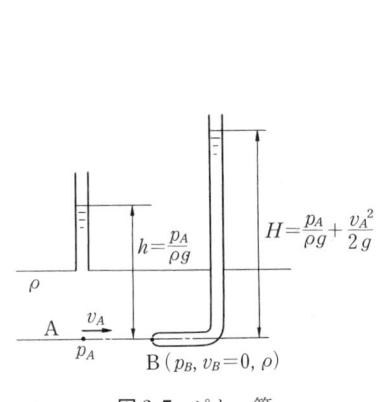

図 3.7 ピトー管

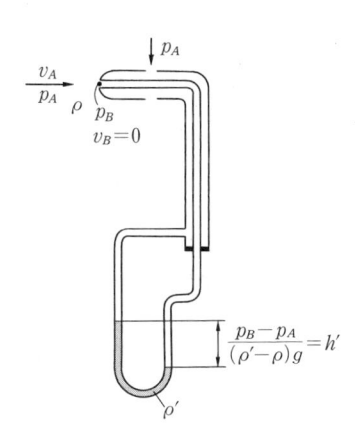

図 3.8 ピトー管（一体形）

一般に，流速を測定する場合には，図 3.8 に示すような静圧管と全圧管が一体となったピトー管が用いられ，全圧と静圧の差を示差マノメータで計測する．この場合の流速 v_A は次式で表される．

$$v_A = k\sqrt{\frac{2(p_B - p_A)}{\rho}} = k\sqrt{2g\left(\frac{\rho'}{\rho} - 1\right)h'} \tag{3.14}$$

ここで，ρ' はマノメータの液の密度，h' はマノメータの液面の差である．また，k を**ピトー管係数**（coefficient of Pitot tube）といい，その値はできるだけ 1 となるように製作されている．

3.7.2 トリチェリの定理

図 3.9 に示すようなタンクの側壁に設けた穴を**オリフィス**（orifice）という．このオリフィスから大気中に噴出する液体の理論流速は，タンク上面とオリフィス出口にベルヌーイの式と連続の式を適用すると

$$v = \sqrt{2gh} \tag{3.15}$$

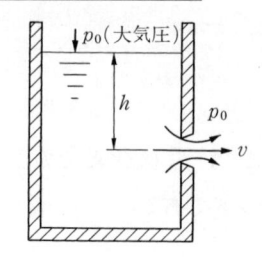

図 3.9 オリフィス

で表され，h はオリフィス中心より液面までの高さである．この式を**トリチェリの定理**（Torricelli's formula）という．

3.7.3 ベンチュリ管

図 3.10 に示すように，管の一部を絞り，わずかな平行部分を設けた後，緩やかに元の管断面積まで広げた管を**ベンチュリ管**（Venturi tube）という．

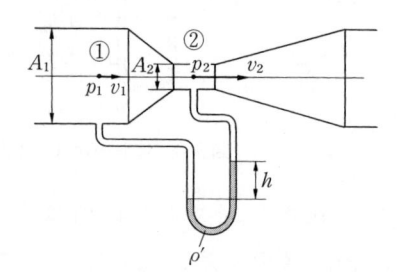

図 3.10 ベンチュリ管

これは絞り部の上流側 ① と，のど部 ② の圧力差を知ることにより，管内の流量を求めることができる計器である．断面 ① での圧力，断面積をそれぞれ p_1, A_1，断面 ② でのものを p_2, A_2 として，断面 ① と断面 ② に定常流におけるベルヌーイの式と連続の式を適用すると，管内を流れる理論流量 Q は

$$Q = \frac{A_2}{\sqrt{1-\left(\frac{A_2}{A_1}\right)^2}}\sqrt{\frac{2}{\rho}(p_1-p_2)} \tag{3.16}$$

$$= \frac{A_2}{\sqrt{1-\left(\frac{A_2}{A_1}\right)^2}}\sqrt{2gh\left(\frac{\rho'}{\rho}-1\right)} \tag{3.17}$$

で与えられる．ここで，ρ は管内を流れる流体の密度，ρ' はマノメータの液の密度，h は示差マノメータの液面の差である．

3.8 渦

3.8.1 強制渦

図 3.11 に示すように，容器内に液体を入れ，鉛直軸まわりに一定の角速度 ω で回転させた場合，半径 r における円周方向速度 v が，$v=r\omega$ で表されるような運動を強制渦運動といい，この回転する流体の現象を **強制渦**（forced vortex）という。この場合，半径 r における圧力 p は次式で表される。

$$p = p_0 + \frac{1}{2}\rho r^2 \omega^2 \tag{3.18}$$

ここで，p_0 は $r=0$ における圧力である。

3.8.2 自由渦

大きな水槽内の水をその底にあけた小さい穴から流出させた場合，水は旋回運動を示し，この流速 v と r との間にはつぎの関係がある（問題 3.25 参照）。

$$v = \frac{C}{r} \quad (C：定数) \tag{3.19}$$

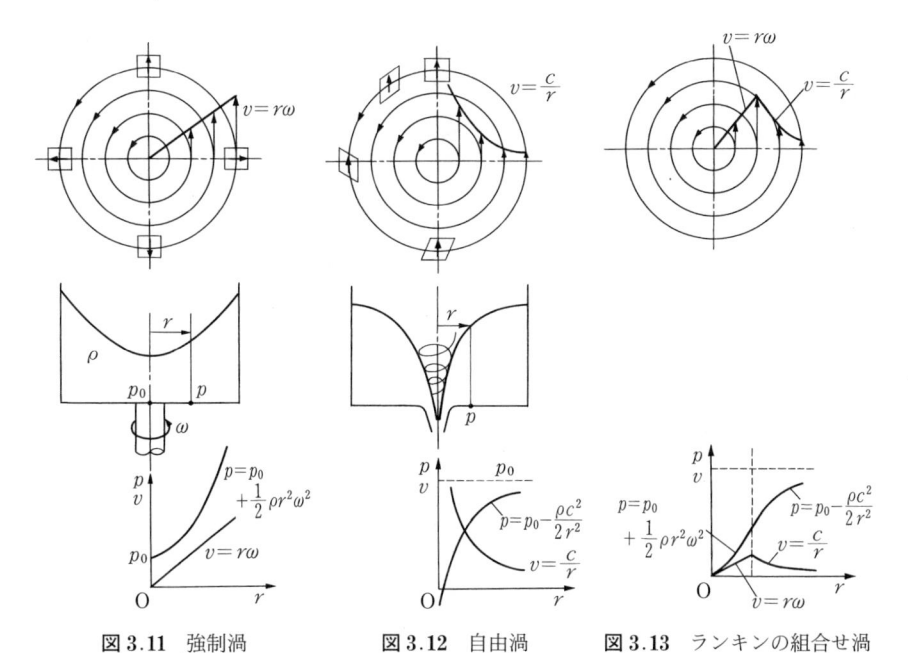

図 3.11 強制渦 　　図 3.12 自由渦 　　図 3.13 ランキンの組合せ渦

このような運動を自由渦運動といい，この旋回する流体の現象を**自由渦**（free vortex）という．この場合，半径 r における圧力 p は

$$p = p_0 - \frac{1}{2}\frac{\rho C^2}{r^2} \tag{3.20}$$

で表される（問題 3.25 参照）．

図 3.12 のように，圧力 p_0 は $r=\infty$ における圧力である．また，$r=0$ の中心では理論的には $v=\infty$ となるが，実際には，粘性の作用で渦中心部分は自由渦運動ではなく，強制渦運動に近い流れとなる．

3.8.3 ランキンの組合せ渦

強制渦と自然渦を組み合せたものを**ランキンの組合せ渦**（Rankine's compound vortex）という．自然界に発生する台風などの渦運動は，この形態をなすことが多い（図 3.13）．

演習問題

【3.1】 二次元流れにおける流線の式が，$dx/u = dy/v = ds/V$〔式(3.2)〕で与えられることを示せ．

〔解〕 図 3.14 に示すような二次元流れにおける流線 s 上の流体粒子の微小変位を ds，その点の速度を V とし，それらの x, y 方向の成分をそれぞれ dx, dy および u, v とする．ds と V は方向が等しく，V の方向余弦を $\cos \alpha, \cos \beta$ とすると

$$dx = ds \cos \alpha, \quad dy = ds \cos \beta \tag{1}$$
$$u = V \cos \alpha, \quad v = V \cos \beta \tag{2}$$

式(1)，(2)より

$$\cos \alpha = \frac{dx}{ds} = \frac{u}{V}, \quad \cos \beta = \frac{dy}{ds} = \frac{v}{V}$$

したがって

$$\frac{ds}{V} = \frac{dx}{u}, \quad \frac{ds}{V} = \frac{dy}{v}$$

ゆえに，流線の方程式は

$$\frac{dx}{u} = \frac{dy}{v} = \frac{ds}{V} \tag{3}=式(3.2)$$

演　習　問　題　67

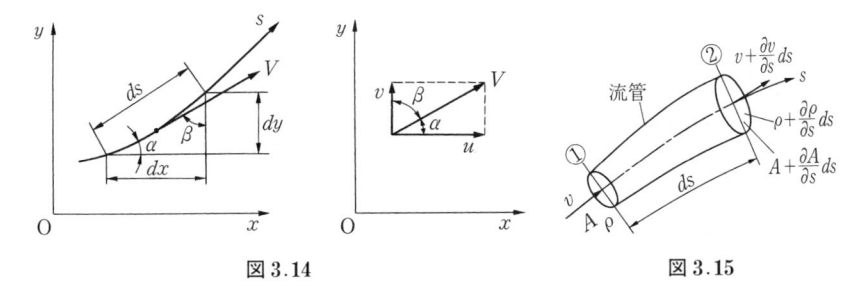

図 3.14　　　　　　　　　図 3.15

【3.2】 一次元流れでの連続の式を求めよ。

〔解〕 図 3.15 に示すような微小距離 ds だけ離れた任意の二つの断面を①，②とした流管を考える。断面①の断面積を A，平均流速を v，密度を ρ とすると，断面①を通って dt 時間に流管に流入する流体の質量は $\rho v A \cdot dt$ である。断面②における密度，平均流速，断面積はそれぞれ

$$\rho + \frac{\partial \rho}{\partial s}ds, \quad v + \frac{\partial v}{\partial s}ds, \quad A + \frac{\partial A}{\partial s}ds$$

で表されるから，断面②から dt 時間に流出する流体の質量は

$$\left(\rho + \frac{\partial \rho}{\partial s}ds\right)\left(v + \frac{\partial v}{\partial s}ds\right)\left(A + \frac{\partial A}{\partial s}ds\right)dt \tag{1}$$

式(1)で ds の2乗以上の微小項を省略すると，次式となる。

$$\left(\rho v A + A\rho \frac{\partial v}{\partial s}ds + v A \frac{\partial \rho}{\partial s}ds + \rho v \frac{\partial A}{\partial s}ds\right)dt$$

$$= \left\{\rho v A + \frac{\partial (\rho v A)}{\partial s}ds\right\}dt \tag{2}$$

ゆえに，微小流管に dt 時間に蓄えられる質量は，差をとって

$$\rho v A dt - \left\{\rho v A + \frac{\partial (\rho v A)}{\partial s}ds\right\}dt = -\frac{\partial (\rho v A)}{\partial s}dsdt \tag{3}$$

一方微小流管内の流体の質量は，初め $\rho A ds$ であったものが dt 時間後に変化して

$$\rho A ds + \frac{\partial (\rho A ds)}{\partial t}dt \tag{4}$$

ゆえに，dt 時間における微小流管内の質量の増加量は

$$\left\{\rho A ds + \frac{\partial (\rho A ds)}{\partial t}dt\right\} - \rho A ds = \frac{\partial (\rho A ds)}{\partial t}dt \tag{5}$$

微小流管内で流体の生成や消滅がなく，流体が連続的に流れていることから，質量不変の法則が成り立ち，式(3)と式(5)は等しいとおける。

$$\frac{\partial (\rho A ds)}{\partial t}dt = -\frac{\partial (\rho v A)}{\partial s}dsdt \tag{6}$$

これより

$$\frac{\partial(\rho A)}{\partial t}+\frac{\partial(\rho vA)}{\partial s}=0 \qquad (7)=\text{式}(3.3)$$

これが一次元流れの連続の式である。定常流では，$\partial(\rho A/dt)=0$ であるから

$$\frac{\partial(\rho Av)}{\partial s}=0 \qquad (8)$$

ρ が一定の場合は，式(8)を s で積分して

$$Av=\text{一定}=Q \qquad (9)$$

【3.3】 吐出口の直径が 200 mm の管内を流れる流体の流量が $2.5\,\text{m}^3/\text{min}$ であるとき，管内を流れる平均流速を求めよ。ただし，流れは定常流で非圧縮性流体とする。

〔解〕 連続の式 $Q=Av$ より流速は $v=Q/A$ より求まる。ここで，$Q=2.5/60\,\text{m}^3/\text{s}$，$A=\pi(0.2)^2/4\,\text{m}^2$ を代入すると

$$v=\frac{Q}{A}=\frac{4\times 2.5}{60\times \pi\times 0.2^2}=1.327\,\text{m/s}$$

【3.4】 図 3.16 に示すように，内径 300 mm の主管が Y 字形に分かれている。一方は，内径 $d_1=200\,\text{mm}$，他方は $d_2=150\,\text{mm}$ である。主管の流量が $Q=8.5\,\text{m}^3/\text{min}$，分岐管 200 mm のほうの流量が $Q_1=6.3\,\text{m}^3/\text{min}$ のとき，分岐管 150 mm における流量と流速を求めよ。

〔解〕 主管の流量を Q，内径 200 mm における流量を Q_1，内径 150 mm における流量を Q_2 とすると，$Q=Q_1+Q_2$ の関係より

$$Q_2=Q-Q_1=8.5-6.3=2.2\,\text{m}^3/\text{min}$$

つぎに，内径 150 mm における流速 v_2 は，連続の式 $A_2v_2=Q_2$ を用いて，$v_2=Q_2/A_2$ より求まる。ここで，断面積 $A_2=(\pi/4)d_2^2=(\pi/4)\times 0.15^2\,\text{m}^2$，流量 $Q_2=2.2/60\,\text{m}^3/\text{s}$ であるから

$$v_2=\frac{Q_2}{A_2}=\frac{4Q_2}{\pi d_2^2}=\frac{4\times 2.2}{\pi\times 0.15^2\times 60}=2.07\,\text{m/s}$$

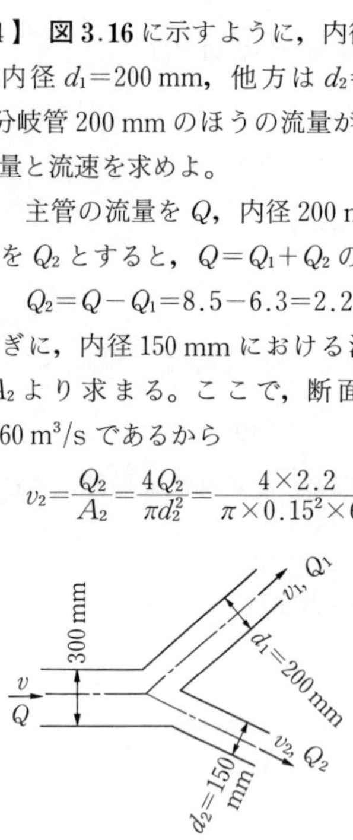

図 3.16 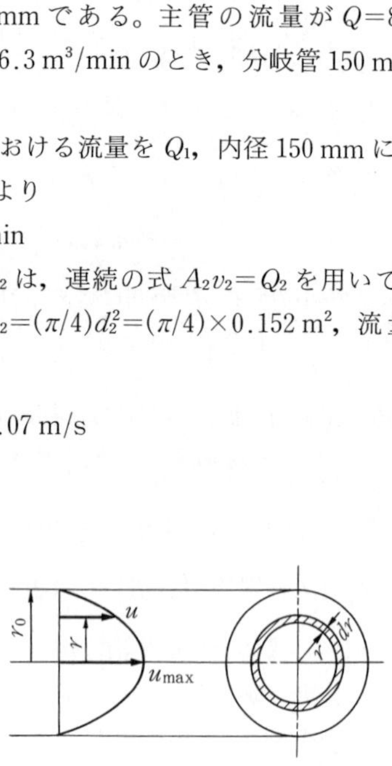 　　　　　　　　　図 3.17

【3.5】 直径 50 mm の水平管内を 30 ℃の水が流量 $Q=0.01\ \mathrm{m^3/min}$ で流れている。水の代わりに 30 ℃の空気を流して，流動状態を力学的に相似にするには，空気の流速をいくらにすればよいか。

〔解〕 連続の式 $Q=Av$ より水の場合の流速 v は，$Q=0.01\ \mathrm{m^3/min}=\dfrac{0.01}{60}\ \mathrm{m^3/s}$, $A=\dfrac{\pi}{4}d^2=\dfrac{\pi}{4}(0.05)^2\ \mathrm{m^2}$ の値を用いて

$$v=\frac{4Q}{\pi d^2}=\frac{4\times 0.01}{60\times \pi \times 0.05^2}=0.084\ 9\ \mathrm{m/s}$$

つぎに，このときのレイノルズ数 Re を求める。30 ℃の水の動粘度は表 1.4 より $\nu=0.800\ 8\times 10^{-6}\ \mathrm{m^2/s}$ であるので

$$Re=\frac{vd}{\nu}=\frac{0.084\ 9\times 0.05\times 10^6}{0.800\ 8}=5.301\times 10^3$$

Re 数を等しくすることによって流れは力学的に相似になるので，空気の流速 v_a は空気の動粘度を ν_a とすると，表 1.5 より $16.08\times 10^{-6}\ \mathrm{m^2/s}$ であるので，式 (3.1) より

$$v_a=\frac{Re\nu_a}{d}=\frac{5.301\times 10^3\times 16.08\times 10^{-6}}{0.05}=1.705\ \mathrm{m/s}$$

【3.6】 図 3.17 に示すように，円管内の流れが層流の場合，管内を流れる流量および平均流速を求めよ。

〔解〕 層流であるので，管内の速度分布は放物線を描く。したがって，半径 r における流速 u は，式 (5.22) より

$$u=u_{\max}\left\{1-\left(\frac{r}{r_0}\right)^2\right\}$$

で表される。ここで，r_0 は管半径，$u_{\max}$ は管中心における流速である。ゆえに，半径 r における微小円環の断面積 $dA=2\pi r dr$ を流れる流量を dQ とすると

$$dQ=udA=u_{\max}\left\{1-\left(\frac{r}{r_0}\right)^2\right\}\times 2\pi r dr$$

となるから，円管を流れる流量 Q は $r=0$ から r_0 まで積分すれば求まる。すなわち

$$Q=\int_0^{r_0}udA=2\pi u_{\max}\int_0^{r_0}\left\{1-\left(\frac{r}{r_0}\right)^2\right\}r dr$$

$$=2\pi u_{\max}\left[\frac{r^2}{2}-\frac{r^4}{4r_0^2}\right]_0^{r_0}=2\pi u_{\max}\left(\frac{r_0^2}{2}-\frac{r_0^2}{4}\right)=u_{\max}\left(\frac{\pi r_0^2}{2}\right)$$

したがって，平均流速 u_{mean} は

$$u_{\mathrm{mean}}=\frac{Q}{A}=\frac{u_{\max}(\pi r_0^2/2)}{\pi r_0^2}=\frac{u_{\max}}{2}$$

となり，管中心の最大流速の 1/2 となる。

【3.7】 流れ方向 s に沿う非定常流ならびに定常流におけるオイラーの運動方程式(3.6),(3.7),およびベルヌーイの式(3.9)を導け。

〔解〕 図3.5に示すような微小流体要素に働く力を考える。流線 s 方向の圧力による力は

$$pdA - \left(p + \frac{\partial p}{\partial s}ds\right)dA = -\frac{\partial p}{\partial s}dsdA \tag{1}$$

重力による力の s 方向成分は

$$-\rho g dsdA \sin\theta = -\rho g dsdA \frac{\partial z}{\partial s} \tag{2}$$

一方,s 方向の加速度は

$$v\frac{\partial v}{\partial s} + \frac{\partial v}{\partial t} = \frac{1}{2}\frac{\partial (v^2)}{\partial s} + \frac{\partial v}{\partial t}$$

であるから,慣性力は

$$\left\{\frac{1}{2}\frac{\partial (v^2)}{\partial s} + \frac{\partial v}{\partial t}\right\}\rho dsdA \tag{3}$$

よって,ニュートンの運動の第2法則を適用すると式(1)+式(2)=式(3)であるので

$$-\frac{\partial p}{\partial s}dsdA - \rho g dsdA \frac{\partial z}{\partial s} = \rho dsdA \left\{\frac{1}{2}\frac{\partial (v^2)}{\partial s} + \frac{\partial v}{\partial t}\right\}$$

ゆえに,単位質量あたりでは

$$-\frac{1}{\rho}\frac{\partial p}{\partial s} - g\frac{\partial z}{\partial s} = \frac{1}{2}\frac{\partial (v^2)}{\partial s} + \frac{\partial v}{\partial t} \tag{4}$$

または

$$\frac{1}{\rho}\frac{\partial p}{\partial s} + \frac{1}{2}\frac{\partial (v^2)}{\partial s} + \frac{\partial v}{\partial t} + g\frac{\partial z}{\partial s} = 0 \qquad (5)=式(3.6)$$

これがオイラーの運動方程式である。

定常流では $\frac{\partial v}{\partial t}=0$ であり,p, v, z は時間 t に関係なく,s のみの関数となるから,定常流でのオイラーの運動方程式は

$$\frac{1}{\rho}\frac{dp}{ds} + \frac{1}{2}\frac{d(v^2)}{ds} + g\frac{dz}{ds} = 0 \qquad (6)=式(3.7)$$

これを s について積分すると

$$\frac{p}{\rho} + \frac{1}{2}v^2 + gz = \text{const.} \qquad (7)=式(3.9)$$

これが定常流におけるベルヌーイの式である。

【3.8】 図3.18に示すような曲がる定常流において,流線 s に垂直な n 方向のオイラーの運動方程式を導け。

〔解〕 図に示すように，流線 s に垂直方向に長さ dn，断面積 dA の微小円柱の流体について考える。ここで，法線 n は曲がりの内側に向かう方向を正とする。この微小円柱の n 方向に沿ってニュートンの運動の第2法則を適用する。

まず，微小円柱の上下に作用する圧力差による力は

$$\left(p+\frac{dp}{dn}dn\right)dA - pdA = \frac{dp}{dn}dndA \tag{1}$$

であり，重力による力の法線方向の成分は，n 方向と鉛直方向のなす角を θ とすると，$\cos\theta = dz/ds$ より

$$\rho g dn dA \cos\theta = \rho g dn dA \left(\frac{dz}{dn}\right) \tag{2}$$

つぎに，慣性力は s 方向については考える必要がなく，n 方向について考える。曲がる流れの角速度を ω，曲率半径を r とすると，定常流における求心力は

$$\rho dn dA (r\omega^2) = \frac{v^2}{r} \rho dn dA \tag{3}$$

ここで，$v = r\omega$ で s 方向の速度である。ゆえに，微小円柱に作用する外力の n 方向の総和，式（1）＋式（2）は式（3）と等しいから

$$\frac{dp}{dn}dndA + \rho g dn dA \left(\frac{dz}{dn}\right) = \frac{v^2}{r} \rho dn dA$$

となり，単位質量あたりでは

$$\frac{1}{\rho}\frac{\partial p}{\partial n} + g\frac{dz}{\partial n} - \frac{v^2}{r} = 0 \tag{4}$$

これが，定常流での流線に垂直な方向のオイラーの運動方程式であり，流体が円運動をする場合は上式の dn を dr とおくことができる。

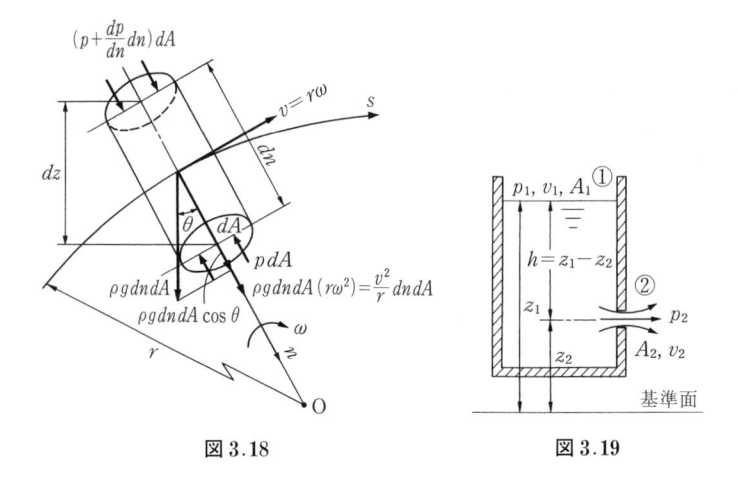

図 3.18

図 3.19

【3.9】 図 3.19 に示すようなタンクの側壁に設けた小さい穴から噴出する液体の理論流速は，次式で表せることを示せ。

$$v_2 = \frac{1}{\sqrt{1-(A_2/A_1)^2}} \sqrt{2g\left(h+\frac{p_1-p_2}{\rho g}\right)}$$

ただし，液面はつねに一定の高さに保たれているとする。

〔解〕 液面①と②に基準面に対して，ベルヌーイの式を適用して整理すると，式（1）が得られる。

$$\frac{p_1}{\rho g} + \frac{v_1^2}{2g} + z_1 = \frac{p_2}{\rho g} + \frac{v_2^2}{2g} + z_2$$

$$\frac{v_2^2 - v_1^2}{2g} = \frac{p_1-p_2}{\rho g} + z_1 - z_2 \qquad (1)$$

つぎに，連続の式 $Q=A_1 v_1 = A_2 v_2$ より，式（2）が得られる。

$$v_1 = \frac{A_2}{A_1} v_2 \qquad (2)$$

式（2）を式（1）に代入し，$z_1 - z_2 = h$ とおくと，v_2 は式（4）で表せる。

$$\frac{v_2^2 \left\{1-\left(\frac{A_2}{A_1}\right)^2\right\}}{2g} = \frac{p_1-p_2}{\rho g} + h \qquad (3)$$

$$v_2 = \frac{1}{\sqrt{1-\left(\frac{A_2}{A_1}\right)^2}} \sqrt{2g\left(h+\frac{p_1-p_2}{\rho g}\right)} \qquad (4)$$

液面が大気圧に解放されている場合は，$p_1 = p_2 =$ 大気圧であり，また，A_2/A_1 の値が小さい場合は，これを0と見なしてもよいから

$$v_2 = \sqrt{2gh} \qquad (5) = 式(3.15)$$

これはトリチェリの定理であり，位置のエネルギーがすべて運動のエネルギーに変換されることがわかる。

【3.10】 図 3.20 に示すように，噴流がノズルから水平面と $\theta = 45°$ の方向に v_B の速度で大気中に噴出している。噴流の最高点Cにおける速度が 13 m/s であるとき，点Aの圧力を求めよ。ただし，抵抗損失はすべて無視するものとし，点Aの管径 $D=150$ mm，点Bのノズル径 $d=7.5$ mm，点Aより点Cまでの高さ $H=20$ m とする。

〔解〕 空気抵抗がないとすれば，噴流は放物線の形状を描き，点Cの速度 v_C は点Bの水平方向の分速度と同じである。ゆえに，$v_C = v_B \cos 45°$ より

$$v_B = \frac{v_C}{\cos 45°} = \frac{13}{\cos 45°} = 18.38 \text{ m/s}$$

$Q = A_A v_A = A_B v_B$ より

演 習 問 題   73

$$v_A = \frac{A_B}{A_A} v_B = \left(\frac{7.5}{150}\right)^2 \times 18.38 = 4.595 \times 10^{-2} \text{ m/s}$$

流体粒子がノズルを通り，t 秒後の鉛直および水平方向の位置は次式で表される．

$$z = v_B t \sin \theta - \frac{1}{2} g t^2 \tag{1}$$

$$x = v_B t \cos \theta \tag{2}$$

式(1)，(2)より t を消去すると，噴流の経路が得られる．

$$z = x \tan \theta - \frac{g}{2 v_B^2 \cos^2 \theta} x^2 \tag{3}$$

最高位置は上式を x で微分し，0 とおけばよいから

$$\frac{dz}{dx} = \tan \theta - \frac{gx}{v_B^2 \cos^2 \theta} = 0$$

これより

$$x = \frac{v_B^2 \sin \theta \cos \theta}{g} \tag{4}$$

式(4)を式(3)に代入すると，最高位置 z_C が求まる．

$$z_C = \frac{v_B^2}{2g} \sin^2 \theta \tag{5}$$

この式に $v_B = 18.38$ m/s, $g = 9.8$ m/s^2, $\theta = 45°$ を代入すると

$$z_C = \frac{18.38^2}{2 \times 9.8} \times (\sin 45°)^2 = 8.618 \text{ m}$$

つぎに，ベルヌーイの式を点 A と点 B について，点 A を基準として適用すると

$$\frac{p_A}{\rho g} + \frac{v_A^2}{2g} = \frac{p_B}{\rho g} + \frac{v_B^2}{2g} + H - z_C \tag{6}$$

ここで，$p_B = 0$（大気圧）であるので，点 A における圧力 p_A は次式で求まる．

$$p_A = \frac{\rho(v_B^2 - v_A^2)}{2} + \rho g(H - z_C) \tag{7}$$

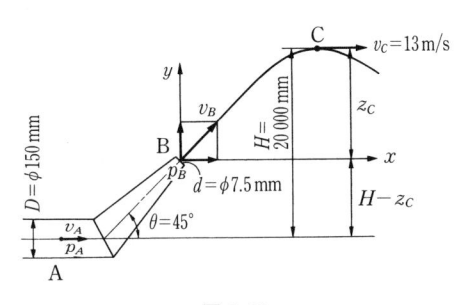

図 3.20 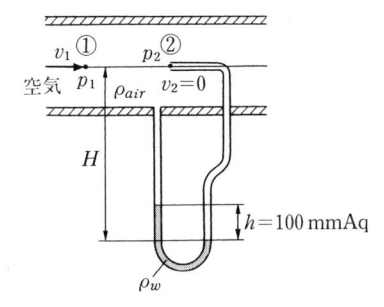   図 3.21

ゆえに，$v_B=18.38$ m/s, $v_A=4.595\times10^{-2}$ m/s, $\rho=1\,000$ kg/m³, $H-z_C=(20-8.618)$ m を代入すると

$$p_A=\frac{1\,000\times\{18.38^2-(4.595\times10^{-2})^2\}}{2}+1\,000\times9.8(20-8.618)=280.5\text{ kPa}$$

【3.11】 管内を空気が流れている。そのとき，図3.21のようにピトー管により全圧と静圧の差圧を測定したところ，$h=100$ mmAq であった。管内を流れる流速を求めよ。空気の密度 $\rho_{air}=1.22$ kg/m³ とする。

〔解〕 ①と②にベルヌーイの式を適用すると，圧力差 p_2-p_1 は式(1)で与えられる。

$$\frac{p_1}{\rho_{air}g}+\frac{v_1^2}{2g}=\frac{p_2}{\rho_{air}g}+\frac{v_2^2}{2g}$$

ここで，$v_2=0$ であるので

$$\frac{p_2-p_1}{\rho_{air}g}=\frac{v_1^2}{2g}$$

$$p_2-p_1=\frac{\rho_{air}v_1^2}{2} \tag{1}$$

一方，マノメータでの圧力の平衡より

$$p_1+\rho_{air}g(H-h)+\rho_w gh=p_2+\rho_{air}gH$$
$$p_2-p_1=\rho_w gh-\rho_{air}gh=(\rho_w-\rho_{air})gh$$

空気の ρ_{air} は，ρ_w と比べて小さいので無視して

$$p_2-p_1=\rho_w gh \tag{2}$$

として差し支えない。式(1)と式(2)は等しいので

$$\frac{\rho_{air}v_1^2}{2}=\rho_w gh$$

$$v_1=\sqrt{\frac{2\rho_w gh}{\rho_{air}}} \tag{3}$$

ここで，$\rho_w=1\,000$ kg/m³, $\rho_{air}=1.22$ kg/m³, $g=9.8$ m/s², $h=0.1$ m を代入すると，求める速度は

$$v_1=\sqrt{\frac{2\times1\,000\times9.8\times0.1}{1.22}}=40.08\text{ m/s}$$

【3.12】 空気の流速を測定するために，図3.22のようなピトー管の全圧と静圧を，それぞれ傾斜マノメータにより測定した。このとき，圧力差は $l=20$ mm であった。流速 v_1 を求めよ。ただし，空気の密度は $\rho_{air}=1.22$ kg/m³, アルコールの密度は $\rho_{al}=800$ kg/m³, 容器の直径は $D=20$ cm, マノメータの内径は $d=3$ mm, 傾斜角度は $\theta=30°$ とする。

〔解〕 点①とピトー管の先端②にベルヌーイの式を適用すると

$$\frac{p_1}{\rho_{air} g} + \frac{v_1^2}{2g} = \frac{p_2}{\rho_{air} g} + \frac{v_2^2}{2g}$$

ここで，$v_2=0$ であるので

$$p_2 - p_1 = \frac{\rho_{air} v_1^2}{2} \tag{1}$$

一方，マノメータでの圧力の平衡からアルコールの密度を ρ_{al} とすると

$$p_2 - p_1 = \rho_{al} g l \left(\sin \theta + \frac{a}{A} \right) \tag{2}$$

式（1）と式（2）は等しいので，求める流速 v_1 は式（3）で与えられる。

$$\frac{\rho_{air} v_1^2}{2} = \rho_{al} g l \left(\sin \theta + \frac{a}{A} \right)$$

$$v_1 = \sqrt{\frac{2 \rho_{al} g l}{\rho_{air}} \left(\sin \theta + \frac{a}{A} \right)} \tag{3}$$

式（3）に $\rho_{al}=800 \text{ kg/m}^3$, $\rho_{air}=1.22 \text{ kg/m}^3$, $g=9.8 \text{ m/s}^2$, $l=0.02 \text{ m}$, $\theta=30°$, $a=\pi(0.003)^2/4 \text{ m}^2$, $A=\pi(0.2)^2/4 \text{ m}^2$ を代入すると

$$v_1 = \sqrt{\frac{2 \times 800 \times 9.8 \times 0.02}{1.22} \times \left\{ \sin 30° + \left(\frac{0.003}{0.2} \right)^2 \right\}} = 11.34 \text{ m/s}$$

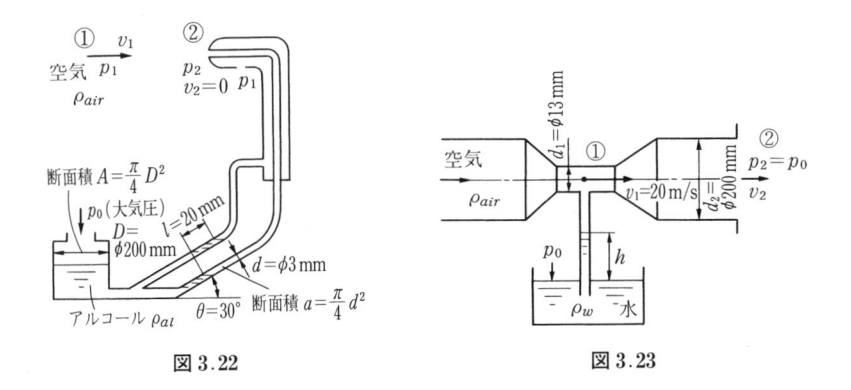

図 3.22

図 3.23

【3.13】 図 3.23 に示すような管路内を空気が流れ，管出口で大気に解放されている。のど部①の直径 $d_1=13 \text{ mm}$，断面②の直径 $d_2=200 \text{ mm}$ である。のど部に取り付けたパイプが，容器内の水を吸い上げる高さ h はいくらか。ただし，断面①での流速 $v_1=20 \text{ m/s}$，空気の密度 $\rho_{air}=1.22 \text{ kg/m}^3$ とし，容器の水面には大気圧 p_0 が作用している。

〔解〕 断面①と②にベルヌーイの式を適用すると

$$\frac{p_1}{\rho_{air}\,g}+\frac{v_1^2}{2g}=\frac{p_2}{\rho_{air}\,g}+\frac{v_2^2}{2g}$$

ここで，$p_2=p_0$（大気圧）であるから

$$\frac{p_0-p_1}{\rho_{air}\,g}=\frac{v_1^2-v_2^2}{2g} \tag{1}$$

連続の式より

$$v_2=\frac{A_1}{A_2}v_1 \tag{2}$$

式(2)を式(1)に代入して整理すると，式(3)を得る。

$$\frac{p_0-p_1}{\rho_{air}\,g}=\frac{v_1^2}{2g}\left\{1-\left(\frac{A_1}{A_2}\right)^2\right\}=\frac{v_1^2}{2g}\left\{1-\left(\frac{d_1}{d_2}\right)^4\right\}$$

$$p_0-p_1=\frac{\rho_{air}v_1^2}{2}\left\{1-\left(\frac{d_1}{d_2}\right)^4\right\} \tag{3}$$

つぎに，細いパイプを水が上昇する高さをhとすると，圧力の平衡から式(4)を得る。

$$p_0=\rho_w g h+p_1$$
$$p_0-p_1=\rho_w g h \tag{4}$$

式(4)=式(3)より

$$\rho_w g h=\frac{\rho_{air}v_1^2}{2}\left\{1-\left(\frac{d_1}{d_2}\right)^4\right\}$$

ゆえに

$$h=\frac{\rho_{air}v_1^2}{2\rho_w g}\left\{1-\left(\frac{d_1}{d_2}\right)^4\right\} \tag{5}$$

を得る。式(5)に $\rho_{air}=1.22\,\mathrm{kg/m^3}$, $\rho_w=1\,000\,\mathrm{kg/m^3}$, $v_1=20\,\mathrm{m/s}$, $d_1=0.013\,\mathrm{m}$, $d_2=0.2\,\mathrm{m}$, $g=9.8\,\mathrm{m/s^2}$ を代入すると，吸い上げ高さ h は

$$h=\frac{1.22\times 20^2\times\left\{1-\left(\dfrac{0.013}{0.20}\right)^4\right\}}{2\times 1\,000\times 9.8}=0.024\,9\,\mathrm{m}=24.9\,\mathrm{mm}$$

【3.14】 水そうの下部から，図3.24のような管路に水が流れている。管内 A, B, C および管出口端の点 D の圧力を求めよ。ただし，各点の管径は等しく，すべての損失は無視し，F の水位はつねに一定に保たれているとする。

〔解〕 F面と管出口端の点Dに，ベルヌーイの式を点Aを基準として適用すると

$$\frac{p_0}{\rho g}+\frac{v_F^2}{2g}+h_1=\frac{p_D}{\rho g}+\frac{v_D^2}{2g}+h_4$$

ここで，$p_0=p_D$（大気圧），$v_F=0$ であるので

$$\frac{v_D^2}{2g}=h_1-h_4=h_3$$

となり，これより
$$v_D = \sqrt{2gh_3} \tag{1}$$
を得る．管路を流れる流量は一定で，各点の断面積は等しいので各点の流速は等しく，$v_A = v_B = v_C = v_D$ である．これらを v とおき，$g = 9.8\,\mathrm{m/s^2}$，$h_3 = 6\,\mathrm{m}$ を式(1)に代入すると
$$v = \sqrt{2 \times 9.8 \times 6} = 10.84\,\mathrm{m/s}$$
ゆえに，管内の速度ヘッドは
$$\frac{v^2}{2g} = \frac{10.84^2}{2 \times 9.8} = 6.00\,\mathrm{m}$$
F面と点Aに，点Aを基準としてベルヌーイの式を適用すると
$$\frac{p_0}{\rho g} + \frac{v_F^2}{2g} + h_1 = \frac{p_A}{\rho g} + \frac{v^2}{2g} + 0$$
ここで，$p_0 = 0$（大気圧），$v_F = 0$ であるので，上式は
$$\frac{p_A}{\rho g} + \frac{v^2}{2g} = h_1$$
これより，点Aにおける圧力 p_A は式(2)で求まる．
$$p_A = \rho g \left(h_1 - \frac{v^2}{2g} \right) \tag{2}$$
式(2)に $h_1 = 7.5\,\mathrm{m}$，$v^2/2g = 6\,\mathrm{m}$ を代入すると
$$p_A = 1\,000 \times 9.8 \times 1.50 = 14.7 \times 10^3\,\mathrm{Pa} = 14.7\,\mathrm{kPa}$$
同様に，点Aと点Bに，点Aを基準としてベルヌーイの式を適用すると
$$\frac{p_B}{\rho g} + \frac{v^2}{2g} + (h_3 + h_4) = \frac{p_A}{\rho g} + \frac{v^2}{2g} + 0$$
これより
$$p_B = p_A - \rho g (h_3 + h_4) \tag{3}$$
式(3)に $p_A = 14.7\,\mathrm{kPa}$，$h_3 + h_4 = 7.5\,\mathrm{m}$ を代入すると

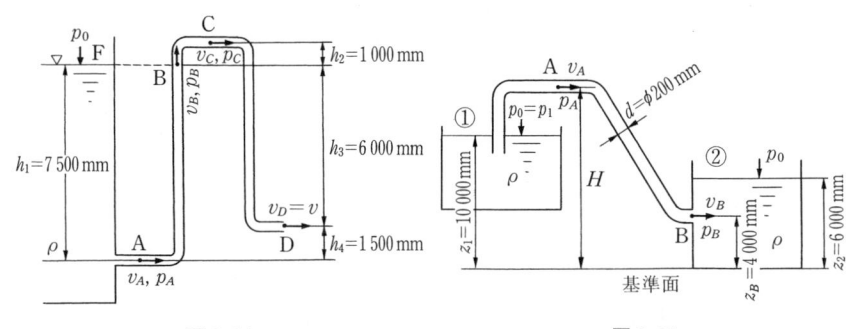

図 3.24

図 3.25

$$p_B = 14.7 \times 10^3 - 9.8 \times 7.5 \times 10^3 = -58.8 \times 10^3 \text{ Pa} = -58.8 \text{ kPa}$$

つぎに，点 B と点 C に，点 B を基準としてベルヌーイの式を適用すると

$$\frac{p_C}{\rho g} + \frac{v^2}{2g} + h_2 = \frac{p_B}{\rho g} + \frac{v^2}{2g} + 0$$

となり，これより

$$p_C = p_B - \rho g h_2 \tag{4}$$

式(4)に $p_B = -58.8 \text{ kPa}$, $h_2 = 1 \text{ m}$ を代入すると

$$p_C = -58.8 \times 10^3 - 9.8 \times 10^3 = -68.6 \times 10^3 = -68.6 \text{ kPa}$$

さらに点 C と管出口端の点 D に，点 D を基準としてベルヌーイの式を適用すると

$$\frac{p_D}{\rho g} + \frac{v^2}{2g} + 0 = \frac{p_C}{\rho g} + \frac{v^2}{2g} + (h_2 + h_3)$$

となり，これより

$$p_D = p_C + \rho g (h_2 + h_3) \tag{5}$$

$p_C = -68.6 \times 10^3 \text{ Pa}$, $h_2 + h_3 = 7.0 \text{ m}$ を代入すると

$$p_D = -68.6 \times 10^3 + 9.8 \times 7.0 \times 10^3 = 0 \text{ Pa} = p_0$$

【3.15】 図 3.25 に示すサイホンにおいて，点 A の圧力，管内を流れる流量およびサイホンの働きをする限界の高さ H を求めよ．ただし，水温は 30 ℃，管内径は $d = 200 \text{ mm}$ の一定とし，すべての損失はないものとする．

〔解〕 水面①と点 B に基準面に対してベルヌーイの式を適用すると

$$\frac{p_1}{\rho g} + \frac{v_1^2}{2g} + z_1 = \frac{p_B}{\rho g} + \frac{v_B^2}{2g} + z_B$$

ここで，$p_1 = p_0$, $v_1 = 0$ であるので

$$\frac{p_0}{\rho g} + z_1 = \frac{p_B}{\rho g} + \frac{v_B^2}{2g} + z_B$$

これより

$$\frac{v_B^2}{2g} = z_1 - z_B + \frac{p_0}{\rho g} - \frac{p_B}{\rho g} \tag{1}$$

また，点 B は②の水槽の液面より下方 $(z_2 - z_B)$ の位置にあるので，次式を得る．

$$\frac{p_B}{\rho g} = \frac{p_0}{\rho g} + (z_2 - z_B) \tag{2}$$

これを式(1)に代入すると

$$\frac{v_B^2}{2g} = z_1 - z_2$$

ゆえに，管内流速 v_B は

$$v_B = \sqrt{2g(z_1 - z_2)} \tag{3}$$

式(3)に，$z_1 = 10 \text{ m}$, $z_2 = 6 \text{ m}$, $g = 9.8 \text{ m/s}^2$ を代入すると

$$v_B = \sqrt{2 \times 9.8 \times (10-6)} = 8.85 \text{ m/s}$$

流量 Q は，管断面積を $\pi d^2/4$ とすると次式で求まる。

$$Q = \frac{\pi}{4} d^2 v_B$$

上式に，$d = 0.2$ m, $v_B = 8.85$ m/s を代入すると

$$Q = \frac{\pi}{4} \times 0.2^2 \times 8.85 = 0.278 \text{ m}^3/\text{s} = 16.68 \text{ m}^3/\text{min}$$

つぎに，点 B と点 A に，基準面に対してベルヌーイの式を適用すると

$$\frac{p_A}{\rho g} + \frac{v_A^2}{2g} + H = \frac{p_B}{\rho g} + \frac{v_B^2}{2g} + z_B$$

ここで，流量および管径が一定より $v_A = v_B$ である。ゆえに

$$\frac{p_A}{\rho g} = \frac{p_B}{\rho g} + z_B - H \tag{4}$$

したがって，式(4)と式(2)から次式を得る。

$$\frac{p_A}{\rho g} = \frac{p_0}{\rho g} + z_2 - H \tag{5}$$

サイホンの最高の位置点 A の圧力 p_A が 30 ℃の水の飽和蒸気圧 p_v 以下になると，水が蒸発して気泡が発生するので，サイホンとしての働きができなくなる。ゆえに，つぎの関係式が成り立つ。

$$\frac{p_v}{\rho g} < \frac{p_A}{\rho g} = \frac{p_0}{\rho g} + z_2 - H \tag{6}$$

これより，サイホンとしての働きをする限界の高さ H は，次式で決定される。

$$H < \frac{p_0}{\rho g} - \frac{p_v}{\rho g} + z_2 \tag{7}$$

ここで，水温は 30 ℃であるので，飽和蒸気圧は表 1.12 より $p_v = 4.241$ kPa(abs)，水の密度は $\rho = 995.65$ kg/m^3，p_0 は大気圧で 101.325 kPa(abs)，$g = 9.8$ m/s^2 を式(7)に代入すると

$$H < \frac{101.325 \times 10^3}{995.65 \times 9.8} - \frac{4.241 \times 10^3}{995.65 \times 9.8} + 6 = 15.95 \text{ m}$$

すなわち，点 A は基準面より 15.95 m 以下の高さであればよい。また実際には，管路に損失抵抗があるのでさらに低くしなければ，サイホンの働きができなくなる。

【3.16】 図 3.7 に示すように，全圧ピトー管を管内にそう入したとき，流速は式(3.13)で与えられることを証明せよ。

〔解〕 全圧ピトー管の先端 B と，それより上流の点 A にベルヌーイの式を適用すると

$$\frac{p_A}{\rho g} + \frac{v_A^2}{2g} = \frac{p_B}{\rho g} + \frac{v_B^2}{2g} = H \tag{1}$$

ここで，H は全圧ヘッドで，マノメータの液面が H まで上昇した後は $v_B=0$ となるので

$$\frac{p_A}{\rho g}+\frac{v_A^2}{2g}=\frac{p_B}{\rho g}=H \tag{2}$$

ここで，p_B は全圧であり，p_A は管壁面で測定した静圧である。マノメータの読みを h とすると $p_A=\rho gh$ であるから，これを式(2)に代入して整理すると

$$\frac{v_A^2}{2g}=H-h \tag{3}$$

ゆえに，管内の流速 v_A は

$$v_A=\sqrt{2g(H-h)} \tag{4}=式(3.13)$$

また，p_A, p_B を用いて表すと

$$H=\frac{p_B}{\rho g},\quad h=\frac{p_A}{\rho g}$$

であるから

$$v_A=\sqrt{\frac{2(p_B-p_A)}{\rho}} \tag{5}$$

【3.17】 図 3.26 に示す管路において，水が下から上側に流れている。その圧力差を水銀マノメータで測定したところ 300 mm であった。このときの流量を求めよ。ただし，水銀の比重は $s=13.6$ とし，損失は無視する。

〔解〕 断面①と②に，①を基準としてベルヌーイの式を適用すると

$$\frac{p_1}{\rho_w g}+\frac{v_1^2}{2g}=\frac{p_2}{\rho_w g}+\frac{v_2^2}{2g}+z_2$$

これより

$$\frac{p_1-p_2}{\rho_w g}=\frac{v_2^2}{2g}-\frac{v_1^2}{2g}+z_2 \tag{1}$$

断面①，②の断面積をそれぞれ A_1, A_2 とすると，連続の式 $Q=A_1v_1=A_2v_2$ より

$$v_1=\frac{A_2}{A_1}v_2 \tag{2}$$

式(2)を式(1)に代入して整理すると，式(3)を得る。

$$\frac{p_1-p_2}{\rho_w g}=\frac{v_2^2}{2g}\left\{1-\left(\frac{A_2}{A_1}\right)^2\right\}+z_2$$

$$p_1-p_2=\frac{\rho_w v_2^2}{2}\left\{1-\left(\frac{A_2}{A_1}\right)^2\right\}+\rho_w gz_2 \tag{3}$$

一方，マノメータでの圧力の平衡から式(4)が得られる。

$$p_1+\rho_w gz_1=p_2+\rho_w g\{(z_2+z_1)-h\}+\rho_g gh$$

$$p_1-p_2=\rho_w gz_2+\rho_w gz_1-\rho_w gh+\rho_g gh-\rho_w gz_1=(\rho_g-\rho_w)gh+\rho_w gz_2 \tag{4}$$

式(3)と式(4)は等しいので

$$\frac{\rho_w v_2^2}{2}\left\{1-\left(\frac{A_2}{A_1}\right)^2\right\}+\rho_w g z_2=(\rho_g-\rho_w)gh+\rho_w g z_2$$

$$\frac{\rho_w v_2^2}{2}\left\{1-\left(\frac{A_2}{A_1}\right)^2\right\}=(\rho_g-\rho_w)gh \tag{5}$$

を得る。これより，断面②の流速 v_2 は

$$v_2=\sqrt{\frac{2gh(\rho_g/\rho_w-1)}{1-\left(\frac{A_2}{A_1}\right)^2}} \tag{6}$$

式(6)に $g=9.8\,\mathrm{m/s^2}$, $h=0.3\,\mathrm{m}$, $\rho_w=1\,000\,\mathrm{kg/m^3}$, $\rho_g=s\rho_w=13\,600\,\mathrm{kg/m^3}$, $A_1=\pi d_1^2/4=\pi(0.3)^2/4\,\mathrm{m^2}$, $A_2=\pi d_2^2/4=\pi(0.2)^2/4\,\mathrm{m^2}$ を代入すると

$$v_2=\sqrt{\frac{2\times 9.8\times 0.3\times(13.6-1)}{1-\left(\frac{0.2}{0.3}\right)^4}}=9.61\,\mathrm{m/s}$$

ゆえに，流量は $Q=A_2 v_2$ より

$$Q=\frac{\pi}{4}\times 0.2^2\times 9.61=0.30\,\mathrm{m^3/s}=18\,\mathrm{m^3/min}$$

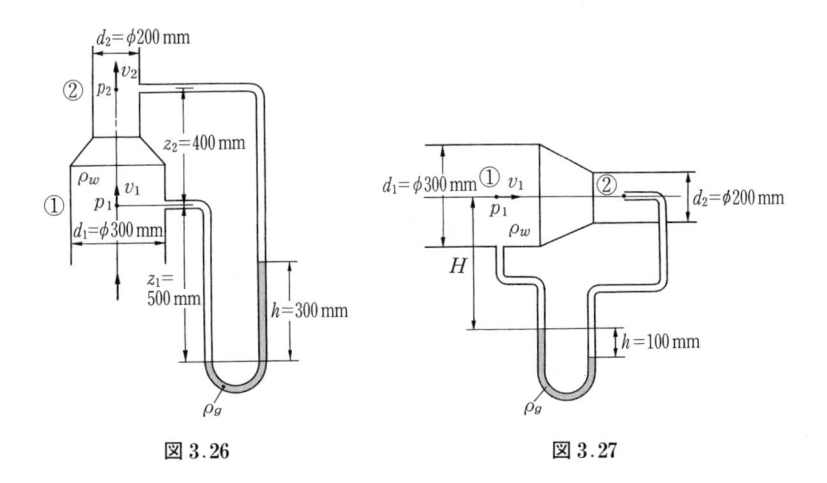

図3.26   図3.27

【3.18】 図3.27 に示すような管路内を水が流れている。断面②にピトー管をそう入し，その全圧と上流側①の静圧との圧力差が水銀柱で 100 mm であった。管内を流れる流量を求めよ。ただし，水銀の比重は $s=13.6$ とし，損失は無視する。

〔解〕 断面①とピトー管先端②にベルヌーイの式を適用すると，ピトー管先端では $v_2=0$, $p_2=p_t$（全圧）であるので

$$\frac{p_1}{\rho_w g}+\frac{v_1^2}{2g}=\frac{p_t}{\rho_w g}$$

82 　3. 流体運動の基礎

$$\frac{p_t-p_1}{\rho_w g}=\frac{v_1^2}{2g}$$

$$p_t-p_1=\frac{\rho_w v_1^2}{2} \tag{1}$$

を得る。つぎに，マノメータにおける圧力の平衡より

$$p_1+\rho_w gH+\rho_g gh=p_t+\rho_w g(H+h)$$

$$p_t-p_1=\rho_g gh-\rho_w gh=gh(\rho_g-\rho_w) \tag{2}$$

を得る。式（1）と式（2）は等しいので

$$\frac{\rho_w v_1^2}{2}=gh(\rho_g-\rho_w)$$

$$v_1=\sqrt{\frac{2gh(\rho_g-\rho_w)}{\rho_w}}=\sqrt{2gh\left(\frac{\rho_g}{\rho_w}-1\right)} \tag{3}$$

式（3）に $g=9.8\,\mathrm{m/s^2}$, $\rho_g=13\,600\,\mathrm{kg/m^3}$, $\rho_w=1\,000\,\mathrm{kg/m^3}$, $h=0.1\,\mathrm{m}$ を代入すると

$$v_1=\sqrt{2\times9.8\times0.1\times(13.6-1)}=4.970\,\mathrm{m/s}$$

流量は $Q=A_1 v_1$ より求まり

$$A_1=\frac{\pi}{4}d_1^2=\frac{\pi}{4}\times0.3^2\,\mathrm{m^2},\ v_1=4.970\,\mathrm{m/s}\ \text{を代入すると}$$

$$Q=\frac{\pi}{4}\times0.3^2\times4.970=0.351\,1\,\mathrm{m^3/s}=21.06\,\mathrm{m^3/min}$$

【3.19】 図3.28 に示すように，管端に水平に取り付けられた平行円板の間を水が半径方向に流れて大気に流出しているとき，円板 A の r_1 から r_2 までの部分に作用する全圧力を求めよ。ただし，損失は無視する。

〔解〕 任意の半径 r における断面と，半径 r_2 の断面における圧力，速度をそれぞれ p, v, p_2, v_2 とする。ここで，両断面の間にベルヌーイの式を適用すると

$$\frac{p}{\rho g}+\frac{v^2}{2g}=\frac{p_2}{\rho g}+\frac{v_2^2}{2g} \tag{1}$$

また，連続の式 $Q=2\pi rvl=2\pi r_2 v_2 l$ より

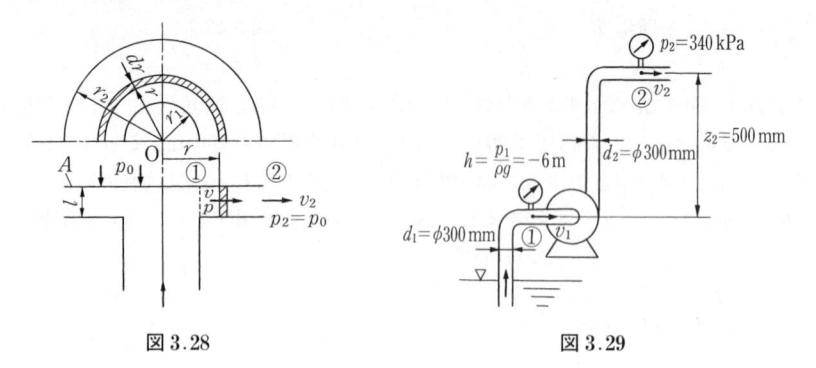

図 3.28

図 3.29

$$v = \frac{r_2 v_2}{r} \tag{2}$$

を得る。式(2)を式(1)に代入して圧力の単位に整理すると

$$p_2 - p = \frac{\rho}{2}(v^2 - v_2^2) = \frac{\rho}{2} v_2^2 \left\{ \left(\frac{r_2}{r}\right)^2 - 1 \right\} \tag{3}$$

p_2 は大気圧 p_0 に等しく，円板 A の外側より一様に働く。ゆえに，半径 r における円板 A に作用する圧力は $p_0 - p$ であるから，微小面積 $2\pi r dr$ に作用する力は $dF = (p_0 - p)(2\pi r dr)$ である。これより，円板 A の r_1 から r_2 までに作用する全圧力は，dP を r_1 から r_2 まで積分することにより得られ，式(4)で与えられる。

$$F = \int_{r_1}^{r_2} (p_0 - p) 2\pi r dr = \pi \rho v_2^2 \int_{r_1}^{r_2} \left(\frac{r_2^2}{r} - r\right) dr$$
$$= \pi \rho v_2^2 \left\{ r_2^2 \log\left(\frac{r_2}{r_1}\right) - \frac{1}{2}(r_2^2 - r_1^2) \right\} \tag{4}$$

【3.20】 図 3.29 に示すように，ポンプによって流量 20 m³/min の水が送水されている。吸込み側①での圧力が水柱 $h = -6$ m，吐出し側②での圧力が 340 kPa であった。損失を無視したポンプの水動力はいくらか。ただし，ポンプ管内径は一定とし，ポンプによって流体に与えられたエネルギーをヘッドの単位で表して H [m] とする（この H をポンプの揚程という）。

〔解〕 ポンプ吸込み側の断面①と吐出し側の断面②に，断面①を基準としてベルヌーイの式を適用する。ポンプによって H [m] に相当するエネルギーが与えられるから，次式となる。

$$\frac{p_1}{\rho g} + \frac{v_1^2}{2g} + H = \frac{p_2}{\rho g} + \frac{v_2^2}{2g} + z_2 \tag{1}$$

管内径は一定の $d_1 = d_2$ であるので $v_1 = v_2$ となり，式(1)は

$$\frac{p_1}{\rho g} + H = \frac{p_2}{\rho g} + z_2 \tag{2}$$

これより，ポンプの揚程 H は次式で表される。

$$H = \frac{p_2}{\rho g} - \frac{p_1}{\rho g} + z_2 \tag{3}$$

ここで，$\rho = 1\,000$ kg/m³，$g = 9.8$ m/s²，$p_2 = 340 \times 10^3$ Pa，$p_1/(\rho g) = -6$ m，$z_2 = 0.5$ m であるから

$$H = \frac{340 \times 10^3}{1\,000 \times 9.8} + 6 + 0.5 = 41.2 \text{ m}$$

ポンプの水動力 L は，水の密度 ρ，重力の加速度 g，流量 Q，揚程 H の積で求まり，$g = 9.8$ m/s²，$\rho = 1\,000$ kg/m³，$Q = 20$ m³/min $= 1/3$ m³/s，$H = 41.2$ m を代入すると

$$L = \rho g Q H = 1\,000 \times 9.8 \times \frac{1}{3} \times 41.2 = 134.59 \times 10^3 \text{ W} = 134.59 \text{ kW}$$

【**3.21**】 図 **3.30** に示すような水車がある。流量 $0.5 \text{ m}^3/\text{s}$, 入口での断面① の圧力が 350 kPa, 出口の断面② の圧力が -30 kPa であった。水によって水車に与えられる水動力はいくらか。ただし, 損失は無視するものとし, 水が水車に与えたエネルギーをヘッドの単位で表して H [m] とする（このヘッド H を, 水車の場合は有効落差という）。

〔解〕 断面① と ②に, 断面② を基準としてベルヌーイの式を適用する。断面① でもっていたエネルギーのうち, H [m] に相当するエネルギーを水車に与えたのであるから次式となる。

$$\frac{p_1}{\rho g} + \frac{v_1^2}{2g} + z_1 - H = \frac{p_2}{\rho g} + \frac{v_2^2}{2g} \tag{1}$$

上式より, H は次式で与えられる。

$$H = \frac{p_1 - p_2}{\rho g} + \frac{v_1^2 - v_2^2}{2g} + z_1 \tag{2}$$

つぎに, 断面①, ②における速度 v_1, v_2 は, 式(3)の連続の式より得られ

$$Q = \frac{\pi}{4} d_1^2 v_1 = \frac{\pi}{4} d_2^2 v_2 \tag{3}$$

$$v_1 = \frac{4Q}{\pi d_1^2}, \quad v_2 = \frac{4Q}{\pi d_2^2} \tag{4}$$

ここで, $Q = 0.5 \text{ m}^3/\text{s}, d_1 = 0.3 \text{ m}, d_2 = 0.6 \text{ m}$ であるから

$$v_1 = \frac{4 \times 0.5}{(0.3)^2 \pi} = 7.08 \text{ m/s}, \quad v_2 = \frac{4 \times 0.5}{(0.6)^2 \pi} = 1.77 \text{ m/s}$$

これらの値と $p_1 = 350 \times 10^3 \text{ Pa}, p_2 = -30 \times 10^3 \text{ Pa}, z_1 = 1 \text{ m}, \rho = 1\,000 \text{ kg/m}^3, g = 9.8 \text{ m/s}^2$ を式(2)に代入すると, 落差 H は

$$H = \frac{(350 + 30) \times 10^3}{1\,000 \times 9.8} + \frac{(7.08)^2 - (1.77)^2}{2 \times 9.8} + 1 = 42.18 \text{ m}$$

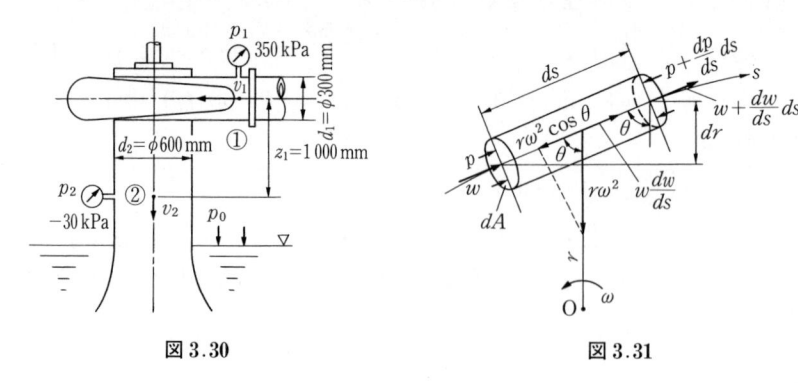

図 3.30   図 3.31

ゆえに，水動力 L は
$$L = \rho g Q H = 1\,000 \times 9.8 \times 0.5 \times 42.18 = 206.7 \times 10^3 \text{ W} = 206.7 \text{ kW}$$

【3.22】 回転している容器から流出する流れや遠心ポンプ羽根車内の流れのように，回転による遠心力の影響を受ける流れのエネルギー式は
$$\frac{w^2}{2} - \frac{(r\omega)^2}{2} + \frac{p}{\rho} = \text{const.}$$
で表されることを示せ。

〔解〕 図 3.31 に示すように，同一水平面内で座標系が ω の角速度で O 軸まわりに左回転するとき，流れは回転座標系に対して相対経路 s を描くことになる。

そこで，一つの流線 s 上に断面積 dA，長さ ds の微小流体を考える。この微小流体にニュートンの運動の第 2 法則を適用する。この微小流体に作用する力は，粘性による力は考えないとすると，圧力による力，回転による求心力，慣性力と重力であるが，同一水平面で回転しているから重力による影響は無視できる。

まず，圧力による力の s 方向の成分は
$$pdA - \left(p + \frac{dp}{ds}ds\right)dA = -\frac{dp}{ds}dsdA$$

つぎに，回転角速度を ω，回転の中心 O からの距離を r とすると，求心加速度 $r\omega^2$ の s 方向成分は，流れと反対方向に働くから $-r\omega^2 \cos\theta$ で，それによる力は $-\rho dA ds \cdot r\omega^2 \cos\theta$ である。また，流れ方向の加速度は，定常流では wdw/ds であり，慣性力は $\rho dA ds \cdot wdw/ds$ となる。ゆえに，力の釣合いから次式となる。
$$\left(w\frac{dw}{ds} - r\omega^2 \cos\theta\right)\rho dA ds = -\frac{dp}{ds}dsdA \qquad (1)$$

ここで，$\cos\theta = dr/ds$ であるので，単位質量について
$$w\frac{dw}{ds} - r\omega^2 \frac{dr}{ds} = -\frac{1}{\rho}\frac{dp}{ds} \qquad (2)$$
となる。これを積分すると
$$\frac{w^2}{2} - \frac{(r\omega)^2}{2} + \frac{p}{\rho} = \text{const.} \qquad (3)$$
または
$$\frac{w^2}{2} - \frac{u^2}{2} + \frac{p}{\rho} = \text{const.} \qquad (4)$$
ここで，$r\omega = u$ は周速度である。この式を，回転する座標系に対するベルヌーイの式という。

【3.23】 図 3.32 に示すような遠心ポンプの羽根車内流れのエネルギー式は，ヘッドの単位で

$$\frac{p_2-p_1}{\rho g}=\frac{1}{2g}(u_2^2-u_1^2)-\frac{1}{2g}(w_2^2-w_1^2)$$

で表されることを証明せよ。ただし，添字 1，2 はそれぞれ入口，出口の値を表し，r は回転中心からの半径，p は圧力，u は周速度，v は絶対速度，w は相対速度である。

〔解〕 前問で得られた，回転する座標系に対するベルヌーイの式(4)を用い，これをヘッドの単位で表すと

$$\frac{w^2}{2g}-\frac{u^2}{2g}+\frac{p}{\rho g}=\text{const.} \tag{1}$$

ここで，u は周速度，w は流線 s に沿う速度（相対速度）であり，上式を羽根車入口と出口に適用すると

$$\frac{w_1^2}{2g}-\frac{u_1^2}{2g}+\frac{p_1}{\rho g}=\frac{w_2^2}{2g}-\frac{u_2^2}{2g}+\frac{p_2}{\rho g} \tag{2}$$

これより

$$\frac{p_2-p_1}{\rho g}=\frac{(u_2^2-u_1^2)}{2g}-\frac{(w_2^2-w_1^2)}{2g} \tag{3}$$

を得る。なお，速度 u と w の合成速度 v を絶対速度という。

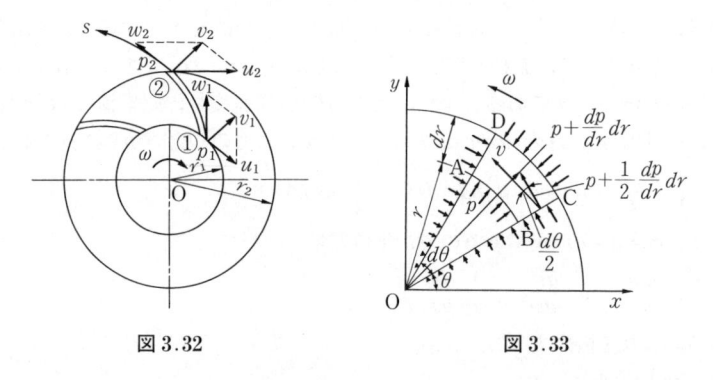

図 3.32

図 3.33

【3.24】 角速度 ω をもつ強制渦運動において，半径 r と圧力 p の関係を求めよ。

〔解〕 図 3.33 のように，紙面に垂直な方向に奥行き 1 の単位長さを考え，点 O を中心として水平面内で回転する扇形 ABCDA の微小流体について，半径方向の力の釣合いを考える。AB 面に作用する圧力による力は

$$prd\theta \tag{1}$$

CD 面に作用する圧力による力は

$$\left(p+\frac{dp}{dr}dr\right)(r+dr)d\theta \tag{2}$$

BC 面と AD 面に作用する圧力は，平均値をとると，各面共に $p+(1/2)(dp/dr)dr$ であるから，両面に作用する圧力による力の半径方向の分力は

$$2\left(p+\frac{1}{2}\frac{dp}{dr}dr\right)dr\cdot\sin\left(\frac{d\theta}{2}\right) \tag{3}$$

ここで

$$\sin\left(\frac{d\theta}{2}\right)\fallingdotseq\frac{d\theta}{2}$$

であるから

$$\left(p+\frac{1}{2}\frac{dp}{dr}dr\right)dr\cdot d\theta \tag{4}$$

扇形部分の体積は

$$\frac{1}{2}\{(r+dr)+r\}d\theta dr\times 1=\left(r+\frac{dr}{2}\right)drd\theta$$

であるので，扇形部分の質量 dm は

$$dm=\rho dr\left(r+\frac{dr}{2}\right)d\theta \tag{5}$$

扇形部分の半径方向の中心 $r+(dr/2)$ における求心力による加速度 a は

$$a=-\left(r+\frac{dr}{2}\right)\omega^2=\frac{-\left\{\left(r+\frac{dr}{2}\right)\omega\right\}^2}{r+\frac{dr}{2}}=\frac{-v^2}{r+\frac{dr}{2}} \tag{6}$$

ここで，v は $r+(dr/2)$ における接線方向の速度である。

ゆえに，扇形部分の求心力は

$$dma=-\rho dr\left(r+\frac{dr}{2}\right)d\theta\frac{v^2}{r+\frac{dr}{2}}=-\rho v^2 drd\theta \tag{7}$$

式(1)，(2)，(4)の半径方向の圧力による力の和は，方向も考慮に入れ，高次の微小項を省略して整理すると

$$prd\theta-\left(p+\frac{dp}{dr}dr\right)(r+dr)d\theta+\left(p+\frac{1}{2}\frac{dp}{dr}dr\right)drd\theta\fallingdotseq-r\frac{dp}{dr}drd\theta \tag{8}$$

圧力による力と求心力との釣合いから式(8)=式(7)である。これより

$$-r\frac{dp}{dr}drd\theta=-\rho v^2 drd\theta$$

が成り立つ。ゆえに，つぎの関係式を得る。

$$\frac{dp}{dr}=\rho\frac{v^2}{r} \tag{9}$$

ここで，扇形の半径方向の中心は $r+(dr/2)\fallingdotseq r$ と考えてよいから，接線方向の分速度は $v=(r+dr/2)\omega\fallingdotseq r\omega$ とおける。ゆえに

$$\frac{dp}{dr} = \rho r \omega^2 \tag{10}$$

式(10)を積分すると

$$p = \rho \omega^2 \int r\, dr = \frac{1}{2}\rho \omega^2 r^2 + C \tag{11}$$

ここで渦の中心，$r=0$ における圧力を p_0 とすると

$$p = \frac{1}{2}\rho \omega^2 r^2 + p_0 \tag{12}$$

となり，半径と圧力との関係式が得られる。

【3.25】 流体の自由渦運動において，速度 v は距離 r に反比例する式(3.19)を誘導せよ。また，半径 r における圧力 p は式(3.20)で表せることを示せ。

〔解〕 同一水平面内で流体が自由渦運動している場合には，一つの流線についてベルヌーイの式が成り立つ。すなわち

$$p + \frac{\rho v^2}{2} = \text{const.}$$

この式を r 方向について微分すると

$$\frac{dp}{dr} + \rho v \frac{dv}{dr} = 0 \tag{1}$$

つぎに，点 O まわりに回転している渦の基礎式は，前問の式(9)で得られたように

$$\frac{dp}{dr} = \rho \frac{v^2}{r} \tag{2}$$

であり，これを式(1)に代入すると

$$\rho \frac{v^2}{r} + \rho v \frac{dv}{dr} = 0$$

となり，これより

$$\frac{dv}{v} + \frac{dr}{r} = 0 \tag{3}$$

を得る。上式を積分すると

$$\log v + \log r = C$$
$$vr = C \tag{4}$$

または

$$v = \frac{C}{r} \tag{5} = \text{式}(3.19)$$

となり，v が r に反比例する式を得る。

つぎに，圧力については，自由渦の場合の流速は $v = C/r$ であるので，これを式(2)に代入すると

$$dp = \rho \frac{(C/r)^2}{r} dr = \rho \frac{C^2}{r^3} dr \tag{6}$$

となり，この式を積分すると

$$p = \int dp = \rho C^2 \int \frac{1}{r^3} dr = -\frac{1}{2} \frac{\rho C^2}{r^2} + C_1 \tag{7}$$

$r = \infty$ における圧力を p_0 とすると，$C_1 = p_0$ より

$$p = p_0 - \frac{1}{2} \frac{\rho C^2}{r^2} \tag{8} = 式(3.20)$$

【3.26】 図3.34に示すような水を満たした容器内で羽根車を回転させたとき，羽根車を出た水は旋回しながら外のほうに向かって流れる。このとき，羽根車外周の点Aにおける接線方向の速度が $v_A = 6.5\,\text{m/s}$ で圧力が $p_A = 149\,\text{kPa}$ であった。羽根車を出た後の流れが，強制渦運動をする場合と自由渦運動する場合とのそれぞれについて，点Bの圧力 p_B と速度を求めよ。ただし，軸心より点Aまでの半径 $r_A = 360\,\text{mm}$，点Bまでの半径 $r_B = 600\,\text{mm}$ とする。

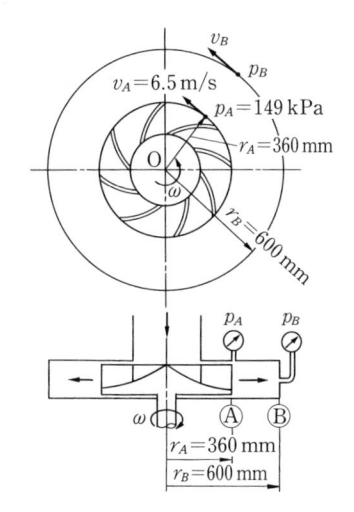

図3.34

〔解〕 流体が自由渦運動をしている場合には，式(3.19)の $v = C/r$ より

$$v_A r_A = v_B r_B = C \text{ (一定)} \tag{1}$$

ここで，$v_A = 6.5\,\text{m/s}, r_A = 0.36\,\text{m}, r_B = 0.6\,\text{m}$ であるから

$$v_B = \frac{6.5 \times 0.36}{0.6} = 3.9\,\text{m/s}$$

つぎに，容器内の点A, Bの圧力 p_A, p_B は，式(3.20)よりそれぞれ

$$p_A = p_0 - \frac{\rho}{2} \frac{C^2}{r_A^2} \tag{2}$$

$$p_B = p_0 - \frac{\rho}{2}\frac{C^2}{r_B^2} \tag{3}$$

これより点 B, A の圧力差 Δp は

$$\Delta p = p_B - p_A = \frac{\rho C^2}{2}\left(\frac{1}{r_A^2} - \frac{1}{r_B^2}\right) \tag{4}$$

この式に，式（1）より得られる $C^2 = v_B^2 r_B^2$ を代入すると次式を得る。

$$\Delta p = p_B - p_A = \frac{\rho v_B^2}{2}\left\{\left(\frac{r_B}{r_A}\right)^2 - 1\right\} \tag{5}$$

式（5）に $\rho = 1\,000\,\text{kg/m}^3$, $v_B = 3.9\,\text{m/s}$, $r_A = 0.36\,\text{m}$, $r_B = 0.6\,\text{m}$ を代入すると

$$\Delta p = \frac{1\,000 \times 3.90^2}{2} \times \left\{\left(\frac{0.60}{0.36}\right)^2 - 1\right\} = 13.54 \times 10^3\,\text{Pa} = 13.54\,\text{kPa}$$

ゆえに，容器外周 B での圧力 p_B は

$$p_B = p_A + \Delta p = 149 \times 10^3 + 13.54 \times 10^3 = 162.54\,\text{kPa}$$

つぎに，流体が強制渦運動をしている場合は，角速度を ω とすると

$$\frac{v_A}{r_A} = \frac{v_B}{r_B} = \omega \tag{6}$$

の関係があるから，点 B における流速 v_B は次式で求まる。

$$v_B = v_A \frac{r_B}{r_A} \tag{7}$$

ここで，$v_A = 6.5\,\text{m/s}$, $r_A = 0.36\,\text{m}$, $r_B = 0.6\,\text{m}$ を代入すると

$$v_B = 6.5 \times \frac{0.60}{0.36} = 10.83\,\text{m/s}$$

また，容器内の点 A, B の圧力 p_A, p_B は，式(3.18)よりそれぞれ次式で表される。

$$p_A = p_0 + \frac{1}{2}\rho r_A^2 \omega^2 \tag{8}$$

$$p_B = p_0 + \frac{1}{2}\rho r_B^2 \omega^2 \tag{9}$$

ここで，点 B と点 A の圧力差を Δp とすると $r_A^2\omega^2 = v_A^2$, $r_B^2\omega^2 = v_B^2$ であるので

$$\Delta p = p_B - p_A = \frac{\rho}{2}(r_B^2\omega^2 - r_A^2\omega^2) = \frac{\rho}{2}(v_B^2 - v_A^2) \tag{10}$$

ここで，$\rho = 1\,000\,\text{kg/m}^3$, $v_A = 6.5\,\text{m/s}$, $v_B = 10.83\,\text{m/s}$ を代入すると

$$\Delta p = \frac{1}{2} \times 1\,000 \times (10.83^2 - 6.5^2) = 37.52 \times 10^3\,\text{Pa} = 37.52\,\text{kPa}$$

となるから，容器外周の点 B での圧力 p_B は

$$p_B = p_A + \Delta p = 149 + 37.52 = 186.52\,\text{kPa}$$

4 流体の測定法

4.1 流体計測

　流れの流速および流量を測定する方法にはさまざまな種類のものがあり，それぞれに長所や短所があって，使用目的や計測の対象に応じて使い分けている。計測する流れの流速範囲，流れ場の大きさや乱れ，流れの非定常性の有無，必要とする精度，流速計を流れの中に入れて測定できるかどうかなどを考慮して，各種の原理により多くの方法が用いられている。

　ここでは，ピトー管，オリフィス，ノズル，ベンチュリ管およびせきなどの流れの流速や流量の測定に広く使用されているものについて，ベルヌーイの式を基礎とした算出法や測定方法を示すとともに，最近の電気的測定法の熱線流速計やレーザ流速計についても示す。

　また，圧力，流速，流量の計測と同様に流れ現象の解明にきわめて有力な手段である流れの可視化についても述べる。

4.2 ピトー管

　ピトー管（Pitot tube）[†]は，流速の測定を主目的としているが，流れの方向性や方向と速さを同時に知るために用いられる**多孔ピトー管**（perforated Pitot tube），固体壁面における流れのせん断応力を知るために用いられるスタントン管およびプレストン管などがある。

　ここでは，一般的な動水力学的原理にもとづいて構造が簡単なものを示す。

[†] 3.7.1項参照。

4.2.1 全 圧 管

全圧管（total pressure tube）は流れの全圧を測定するのに用いられる。基本的な構造としては，**図4.1**に示すような前部を整形した円筒形本体の先端に全圧測定孔をあけたもので，軸線を流れの方向と一致させることにより流れの全圧を測定するものである。自由表面をもつ水流においては，全圧管のみを使用して，ただちに流速を知ることができる。また，境界層や後流[†]などのように速度こう配の大きい流れでは，壁面の影響を受けるので，外径の小さいものか先端をへん平にした全圧管が用いられる。

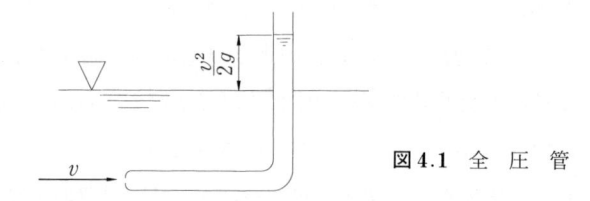

図4.1　全　圧　管

4.2.2 静　圧　管

静圧管（static pressure tube）は流れの静圧を測定するのに用いられる。基本的な構造としては，前部を整形した円筒形本体の側面に静圧測定孔をあけたもので，軸線を流れの方向と一致させることにより，流れの静圧を測定するものである。

静圧を測定する方法としては，静圧管を用いる以外に，流路壁面や物体表面に対し垂直にあけた静圧測定孔を設けるなどの方法がある。

4.2.3 ピトー静圧管

ピトー静圧管（Pitot-static tube）は，流れの全圧と静圧とを同時に測定し，流れの速さを知るために用いられる。これを，単にピトー管と呼ぶことも多い（以下，ピトー管と略記する）。

実用されているピトー管には標準形があり，一般によく用いられるものとしては，NPL形，プラントル形（あるいはゲッチンゲン形），およびJIS形が

[†] 7.1節，7.2節参照。

4.2 ピトー管

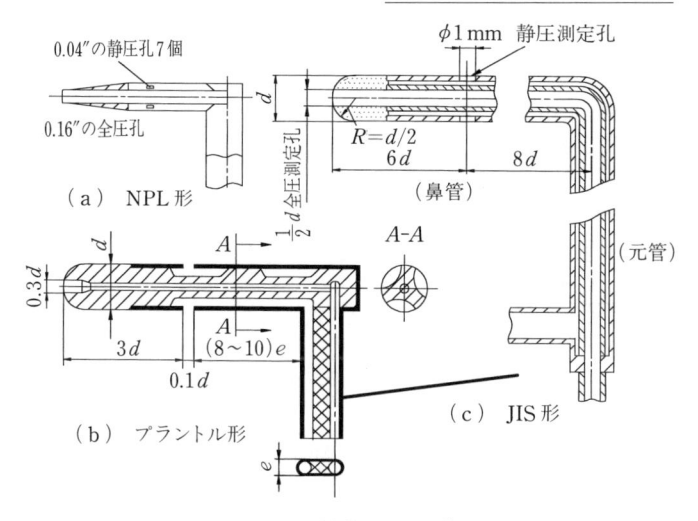

図 4.2 標準形ピトー管

ある。これらを**図 4.2**に示す。流れの方向に軸線を一致させたとき[†1]，先端の全圧孔で全圧 p_1 が，側面の静圧孔で静圧 p_2 が得られ，これらの差圧と，流体密度 ρ を用いて流速 v は次式で与えられる[†2]。

$$v = k\sqrt{\frac{2(p_1 - p_2)}{\rho}} \tag{4.1}$$

ここで，$p_1 - p_2$ は流れの動圧である。ピトー管による流速測定の原理を**図 4.3**に示す。係数 k はピトー管係数と呼ばれ，標準形では 1 にきわめて近いが，レイノルズ数 $Re = v \cdot d/\nu$（d：ピトー管の直径）が低いときには，**図 4.4**に示すように粘性の影響を考慮する必要がある。

流れが等方性の乱れをもつときには，時間的平均流速を $\bar{v}$，速度変動を Δv とすると，次式で与えられる。

$$p_1 - p_2 = \frac{1}{2}\rho \bar{v}^2 \left\{ 1 + \alpha \left(\frac{\Delta v}{\bar{v}}\right)^2 \right\} \tag{4.2}$$

係数 α の値は 1～5 の間である。

[†1] 流れ方向とピトー管軸線との角度が 2°以下の場合は，補正しなくてもよい。
[†2] 3.7.1 項参照。

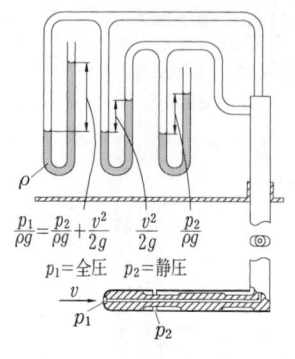

図 4.3 流速測定の原理

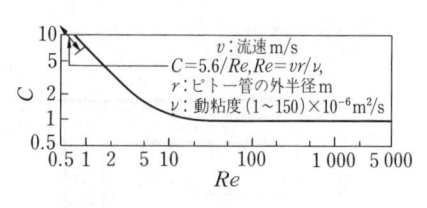

図 4.4 粘性の影響

高速気流においては，圧縮性の影響が現れる。亜音速流の場合には全圧（よどみ点圧力）と静圧の差は

$$p_1 - p_2 = \frac{1}{2}\rho v^2 \left\{ 1 + \frac{1}{4}M^2 + (2-\kappa)\frac{M^4}{24} + \cdots \right\} \quad (4.3)$$

で与えられる。ここで，ρ は主流の気体密度，v は流速，M はマッハ数[†1]，κ は比熱比である。また，圧力比 p_1/p_2 と M との間には，つぎの関係が成り立つ。

$$\frac{p_1}{p_2} = \left(1 + \frac{\kappa-1}{2}M^2\right)^{\frac{\kappa}{\kappa-1}} {}^{†2} = 1 + \frac{\kappa}{2}M^2 + \frac{\kappa}{8}M^4 + \cdots {}^{†3} \quad (4.4)$$

流れの全温度 T_1 を知ることができれば，v は次式で与えられる。

$$v = M\sqrt{\kappa R T_1}\left(1 + \frac{\kappa-1}{2}M^2\right)^{-\frac{1}{2}} \quad (4.5)$$

ここで，R はガス定数である。

4.3 ピトー管による流量測定

断面が円形の管路を流れる流量 Q をピトー管により求める方法について述べる。図 4.5 に示すように，管路の断面積 A を n 個の同心の環状等面積に分割し，それぞれの円環の面積を2等分する半径 r_i の位置にピトー管を移動（traverse）させてその位置における流速 u_i を求めると，各環状面積を通過す

[†1] 10.2.4項参照。
[†2] 式(10.48)参照。
[†3] 左辺の式を二項級数に展開すれば得られる。

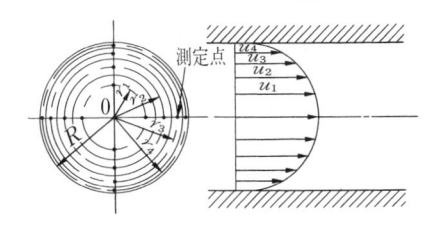

図 4.5 ピトー管による流量測定

る流量は $(A/n)u_i$ となり，それらを合計すると Q が得られる．すなわち

$$Q = Au = \frac{A}{n}\sum_{i=1}^{n} u_i, \quad (i=1, 2, \cdots n) \tag{4.6}$$

で求められる．ここで，u は平均流速である．

この方法は，式(4.6)で算出される平均流速が定積分の近似値であるから，測定点はなるべく多くとるほうがよい．測定点の位置，すなわち各環状面積の面積中心位置の半径 r_i は，円管の内半径を R とすれば

$$r_i = R\sqrt{\frac{2i-1}{2n}} \quad (i=1, 2, \cdots n) \tag{4.7}$$

で与えられる．なお，r_i における流速は，図に示した同一の半径などの・印4点で求めた平均値をとるのが望ましい．

4.4 タンクオリフィス

4.4.1 タンクオリフィスからの実際の流れ

図 4.6 に示すようなタンクの側面または底面に取り付けられた小さいオリフィスを**タンクオリフィス**（tank orifice）という．タンクオリフィスからの液体の流出速度 v_2 は，トリチェリの式より次式で与えられる．

$$v_2 = \sqrt{2gh}\,^\dagger \tag{4.8}$$

ここで，h はオリフィス中心より液面までの鉛直距離である．しかし，実際の流速は，粘性による多少のエネルギー損失が起こるから小さくなり

$$v_2 = C_v\sqrt{2gh} \tag{4.9}$$

---

† 式(3.15)参照．

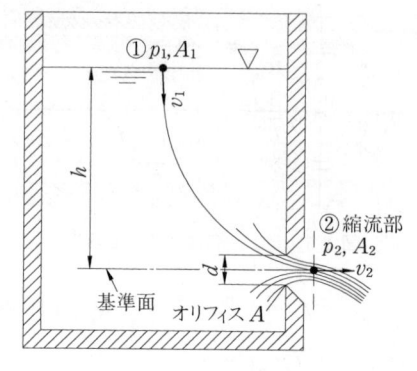

図4.6 タンクオリフィス

で与えられる。ここで，C_v は**速度係数**（velocity coefficient）といい，0.95～0.99 の範囲の値であるが，Re が大きいほど大きい値をとる。また，オリフィスを通過するとき，噴流は収縮する。

したがって，タンクオリフィスからの実際の流出流量 Q は，**流量係数**（discharge coefficient）C を導入して

$$\left. \begin{array}{l} Q = CA\sqrt{2gh} = C_c C_v A\sqrt{2gh} \\ C_c = \dfrac{A_2}{A}, \quad C = C_c C_v \end{array} \right\} \quad (4.10)$$

で与えられる。上式で，A_2 は縮流部の断面積，A はオリフィスの断面積，C_c は**収縮係数**（contraction coefficient）で，薄刃円形オリフィスでは，0.61～0.72 の範囲の値であり，理論的には，$C_c = \pi/(\pi+2) = 0.611$ が得られている。

C の値は実験的に決められるが，液体が常温の水の場合，薄刃円形オリフィスに対しては，次式がよく用いられる。

$$C = 0.592 + \frac{0.00069}{(d\sqrt{h})^{3/4}} \quad (4.11)$$

ただし，d はオリフィスの直径で，適用範囲は $d \geqq 0.010$ m，$d\sqrt{h} \geqq 0.0025$ m$^{3/2}$ である。

4.4.2 近寄り速度

トリチェリの式(4.8)は，タンクの断面積 A_1 がオリフィスの断面積 A に比

べてきわめて大きいと考えて，タンクの液面降下速度 v_1 を無視して得られたものであるが，この v_1 は**近寄り速度**（approach velocity）と呼ばれる．

この速度を考慮すると噴流の理論流速 v_2 は，$v_1^2/2g + p_1/\rho g + h = v_2^2/2g + p_2/\rho g$, $p_1 = p_2$, $v_1 A_1 = v_2 A_2 = v_2 C_c A$ の関係式より

$$v_2 = \frac{1}{\sqrt{1 - C_c^2 (A/A_1)^2}} \sqrt{2gh} \tag{4.12}$$

で表され，近寄り速度を考慮しない場合に比べてやや大きい値となる．

4.4.3 大きいオリフィス

オリフィスの大きさが，水面からの深さに比べて相当大きい場合は，大きいオリフィスと呼ばれる．大きいオリフィスからの流出量 Q は，図 4.7 からわかるように，オリフィスの上端と下端での流速は等しくないから，深さ h における微小面積 $x \cdot dh$ からの流出量 dQ を h_1 から h_2 まで積分することにより得られ，次式で与えられる．

$$Q = \int dQ = C\sqrt{2g} \int_{h_1}^{h_2} x\sqrt{h}\, dh \tag{4.13}$$

ここで，x は自由表面からの深さ h におけるオリフィスの幅である．

近寄り速度を考慮する必要がある場合は，式(4.13)において h_1, h_2 の代わりに，それぞれ $h_1 + (v_1^2/2g), h_2 + (v_1^2/2g)$ を用いる．

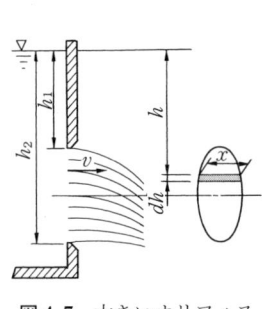

図 4.7 大きいオリフィス

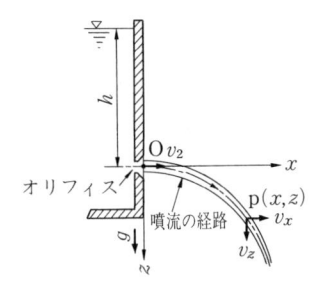

図 4.8 オリフィスからの噴流の経路

4.4.4 タンクオリフィスからの噴流の経路

図 4.8 に示すように，噴流の縮流点を原点とし，水平方向に x 軸，鉛直下

方向に z 軸をとれば，x 軸方向の分速度は等速運動，z 軸方向の分速度は重力による等加速度運動を示す。したがって，空気抵抗を無視すると，噴流がオリフィスから流出して t 秒後の位置 $P(x, z)$ における速度 v_x, v_z および変位 x, z はそれぞれ次式で与えられる。

$$v_x = \frac{dx}{dt} = v_2, \quad v_z = \frac{dz}{dt} = gt \tag{4.14}$$

$$x = v_2 t, \quad z = \frac{gt^2}{2} \tag{4.15}$$

また，噴流の経路は次式で与えられる。

$$z = \frac{1}{2} g \left(\frac{x}{v_2} \right)^2 \tag{4.16}$$

式(4.16)は二次関数であるから，噴流は放物線を描くことがわかる。

4.5 管オリフィス

図 4.9 に示すように，管径 D が一定の管路内にオリフィスをそう入し，その前後に生ずる圧力差から管内の流量を算出するものを**管オリフィス**（pipe orifice）という。

オリフィスからほぼ管径 D だけ上流の点から，流れは縮小を始め，オリフィ

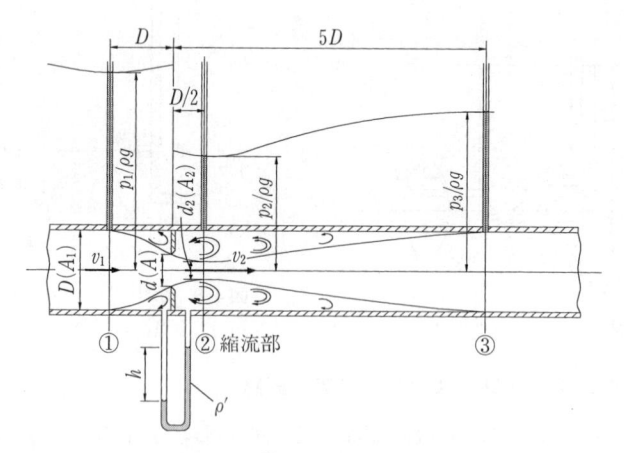

図 4.9 管オリフィスの流れ

スからほぼ $D/2$ だけ下流の点では，流れの断面積が最小となり，流速は最大，静圧は最小となる．この縮流部より下流側に向かうに従って流れの断面積は徐々に広がり，オリフィスからほぼ $5D$ の下流の点 ③ で管断面積と等しくなる．

非圧縮性流体，定常流の実際の流量 Q は，オリフィス上流の断面 ① と縮流部 ② との間にベルヌーイの式を適用して得られ，次式で表される．

$$\left.\begin{array}{l} Q=\dfrac{CA}{\sqrt{1-C_c^2 m^2}}\sqrt{\dfrac{2}{\rho}(p_1-p_2)}=\alpha A\sqrt{2g\left\{\left(\dfrac{\rho'}{\rho}\right)-1\right\}h} \\ C=C_v\cdot C_c, \quad C_c=\dfrac{A_2}{A}, \quad m=\dfrac{A}{A_1}=\left(\dfrac{d}{D}\right)^2, \quad \alpha=\dfrac{C}{\sqrt{1-C_c^2 m^2}} \end{array}\right\} \quad (4.17)$$

ここで，A はオリフィスの断面積，A_1 は管路の断面積，A_2 は縮流部の断面積，h は示差マノメータにおける圧力 p_1 と p_2 の圧力差の読み，ρ は管内を流れる流体の密度，ρ' はマノメータ内の液の密度，m はオリフィスの開口比であり，α を管オリフィスの流量係数と呼ぶ．

なお，図 4.10 に JIS 標準形の管オリフィスを示す．

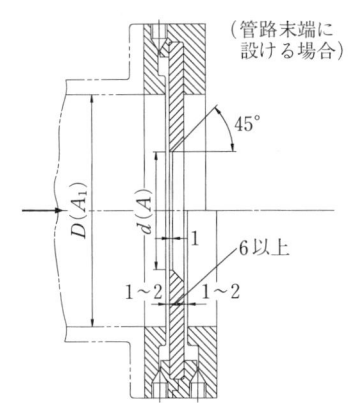

図 4.10 JIS 標準形管オリフィス
(単位：mm)

JIS 規格のオリフィスでは流量係数 α は，管入口に設けるときは 0.60，管の途中や出口に設けるときは，$m=0.1\sim 0.7$ に応じて $\alpha=0.6\sim 0.8$ の値をとる．

4.6 管 ノ ズ ル

図 4.11 に示す管路末端に設けた JIS 標準形の**管ノズル**（pipe nozzle）は，上流側は 1/4 だ円曲線に近い形状を示すので，流体はノズルの曲線に沿って流れ，縮流を起こさない．したがって，管ノズルによる非圧縮性流体，定常流の実際の流量 Q は，管オリフィスの式(4.17)において $C_c=1$ とすることにより求まり

$$\left.\begin{array}{l} Q=\dfrac{C_v A}{\sqrt{1-m^2}}\sqrt{\dfrac{2}{\rho}(p_1-p_2)}=\alpha A\sqrt{2g\left\{\left(\dfrac{\rho'}{\rho}\right)-1\right\}h} \\ m=\dfrac{A}{A_1}=\left(\dfrac{d}{D}\right)^2, \quad \alpha=\dfrac{C_v}{\sqrt{1-m^2}} \end{array}\right\} \quad (4.18)$$

で表される．ここで，A はノズルの断面積，A_1 は管路の断面積，h は示差マノメータにおける圧力 p_1 と p_2 の圧力差の読み，ρ は管内を流れる流体の密度，ρ' はマノメータ内の液の密度，m はノズルの開口比であり，α は管ノズルの流量係数である．JIS 規格のノズルでは，流量係数 α は，管入口に設けるときは 0.99，管の途中や出口に設けるときは，$m=0.1 \sim 0.6$ に応じて $\alpha=$

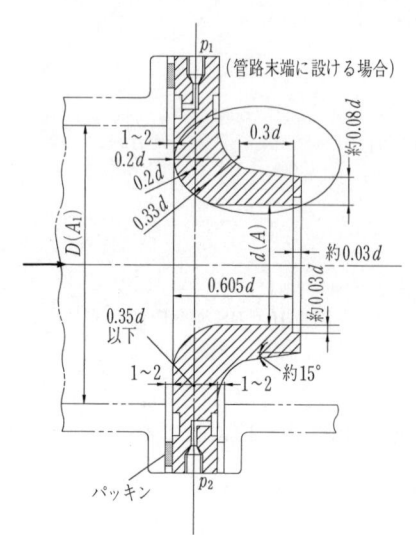

図 4.11 JIS 標準形管ノズル
　　　　（単位：mm）

0.99～1.14 の値をとる。

4.7 ベンチュリ管

図 4.12 に，標準形の**ベンチュリ管**（Venturi tube）を示す。非圧縮性流体，定常流の理論流量 Q は，上流の直管部とのど部との間にベルヌーイの式と連続の式を適用して得られる†が，実際の流量 Q は粘性，表面粗さ，速度分布の不均一などの影響を受けるので，流量係数 C を導入して

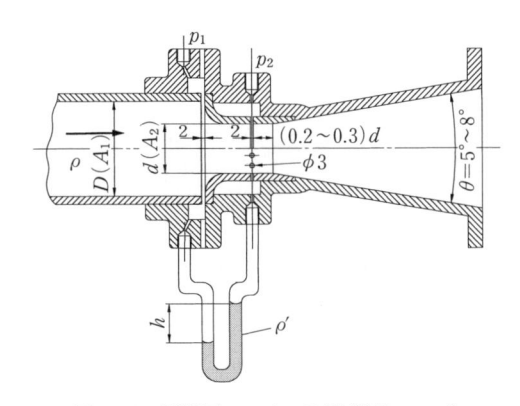

図 4.12 標準形ベンチュリ管（単位：mm）

$$Q = C\frac{A_2}{\sqrt{1-(A_2/A_1)^2}}\sqrt{\frac{2}{\rho}(p_1-p_2)}$$

$$= C\frac{A_2}{\sqrt{1-(A_2/A_1)^2}}\sqrt{2g\left\{\left(\frac{\rho'}{\rho}\right)-1\right\}h} \tag{4.19}$$

で表される。ここで，A_2 はのど部の断面積，A_1 は管路の断面積，h は示差マノメータにおける p_1 と p_2 の圧力差の読み，ρ は管内を流れる流体の密度，ρ' はマノメータ内の液の密度である。C は実験的に決められ，0.96～0.99 の範囲の値をとる。ベンチュリ管の場合もノズルと同様に流体は縮流を起こさないので，縮流係数は $C_c = 1$ である（問題 4.3 参照）。

---

† 式(3.16)，(3.17)参照。

4.8 せき

図 4.13 に示すように，開きょの途中または端に流れをせき止めるせき板を垂直にそう入し，その上縁(峰)から水を流出させて流量を測定できるようにしたものを**せき**（weir）と呼ぶ。

流量はせき板の峰から上流の自由表面までのせきのヘッドを測定することによって求まる。せき板の流路断面形状により，全幅せき，四角せき，三角せきなどがある。

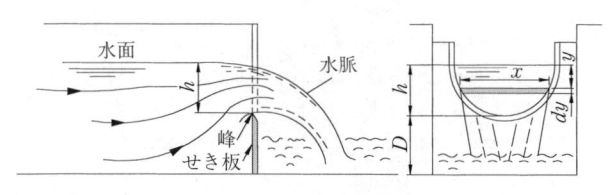

図 4.13 せきを越す流れ

せき板の縁が薄く鋭い薄刃せきを越す流れは，図のように，自由表面ではせきに近づくに従って下降し，せきの下縁では上向きに流れ，せきに近づくに従って押し曲げられて落下し，せきの縁で縮流を生じる。

一般に，薄刃せきを越えて流れる流量 Q〔m³/s〕は，重力にもとづくから，トリチェリの式(4.8)から導かれた式(4.13)の大きいオリフィスからの流出と同様に考えると

$$Q = \int dQ = C\sqrt{2g} \int_0^h x\sqrt{y}\,dy \tag{4.20}$$

で与えられる。ここで，h〔m〕はせきのヘッド，y〔m〕は自由表面からの深さ，C は流量係数，x〔m〕は深さ y の所のせきの幅で h の関数であり，g〔m/s²〕は重力の加速度である。

4.8.1 全幅せき

全幅せき（suppressed weir）とは，図 4.14(a)に示すように，流路幅とせきの幅が等しいもので，大流量の測定に使用される。流量 Q〔m³/s〕は，式(4.20)において，$x = B$〔m〕はせきの幅で一定であるから，積分すると

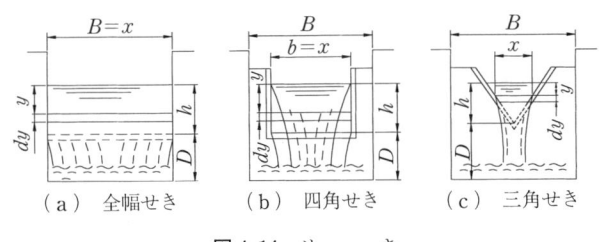

(a) 全幅せき　　(b) 四角せき　　(c) 三角せき

図 4.14 せ　　き

$$Q = \frac{2}{3} CB\sqrt{2g}\, h^{\frac{3}{2}} \tag{4.21}$$

で与えられる。

JIS 規格[†] では，流量公式として次式が採用されている。

$$\left. \begin{array}{l} Q = KBh^{\frac{3}{2}} \ [\mathrm{m^3/min}] \\ K = 107.1 + \left(\dfrac{0.177}{h} + 14.2\dfrac{h}{D} \right)(1+\varepsilon) \end{array} \right\} \tag{4.22}$$

ここで，補正項 ε は，$D<1\,\mathrm{m}$ で $\varepsilon=0$，$D>1\,\mathrm{m}$ で $\varepsilon=0.55(D-1)$ であって，適用範囲は $B\geqq 0.5\,\mathrm{m}$，$D=0.3\sim 2.5\,\mathrm{m}$，$h=0.03\sim D$ [m]（ただし，$h\leqq B/4$，$h<0.8\,\mathrm{m}$）である。

4.8.2　四　角　せ　き

四角せき（rectangular weir）とは，図 4.14(b) のように，流路幅 B とせきの幅 b が異なり $b<B$ で，せき板の峰と側面の三方に完全縮流をさせたもので，中程度の流量測定に使用される。流量 Q [m³/s] は，式 (4.20) において $x=b$ [m]（一定）とし，次式で与えられる。

$$Q = \frac{2}{3} Cb\sqrt{2g}\, h^{\frac{3}{2}} \tag{4.23}$$

JIS 規格では，流量公式として次式が採用されている。

$$\left. \begin{array}{l} Q = Kbh^{\frac{3}{2}} \ [\mathrm{m^3/min}] \\ K = 107.1 + \dfrac{0.177}{h} + 14.2\dfrac{h}{D} - 25.7\sqrt{\dfrac{(B-b)h}{BD}} + 2.04\sqrt{\dfrac{B}{D}} \end{array} \right\} \tag{4.24}$$

適用範囲は，$B=0.5\sim 6.3\,\mathrm{m}$，$b=0.15\sim 5\,\mathrm{m}$，$D=0.15\sim 3.5\,\mathrm{m}$，$bD/B^2 \geqq 0.06$，

---

† JIS B 8302 参照。

$h=0.03\sim0.45\sqrt{b}$〔m〕である.

4.8.3 三角せき

三角せき（triangular weir）とは，図4.14（c）のように，倒立三角形を切欠きとしたもので，小流量の測定に使用される．図において，$x=2(h-y)\tan\dfrac{\theta}{2}$〔m〕であるから，これを式(4.20)に代入して積分すると，流量Q〔m³/s〕は

$$Q=\frac{8}{15}C\left(\tan\frac{\theta}{2}\right)\sqrt{2g}\,h^{\frac{5}{2}} \qquad (4.25)$$

で与えられる．ここで，θは切欠き角度である．

JIS規格では，直角三角せき（$\theta=90°$）の流量公式として次式が採用されている．

$$\left.\begin{array}{l} Q=Kh^{\frac{5}{2}}\ \text{〔m³/min〕} \\ K=81.2+\dfrac{0.24}{h}+\left(8.4+\dfrac{12}{\sqrt{D}}\right)\left(\dfrac{h}{B}-0.09\right)^2 \end{array}\right\} \qquad (4.26)$$

適用範囲は，$B=0.5\sim1.2$ m, $D=0.1\sim0.75$ m, $h=0.07\sim0.26$ m$\leqq B/3$である．

4.9 熱線流速計

電流により加熱され，周囲の温度より高く保たれた金属の細線が気流により冷却され，その結果，細線の温度や電気抵抗が変化する．この変化量は流速に応じて異なる．それを利用して流れの速度を測定する装置が**熱線流速計**（hot-wire anemometer）である．

細線で熱容量も小さいので，気流の乱れやピトー管で測定困難な低速の流れにも用いられるほか，流速範囲は低速から高速まで広範囲に及ぶ．

また，加熱金属細線に代わり，固体表面の小部分に石英などによりコーティングされたごくうすい金属膜をもつ熱膜流速計プローブが液体中の流れにおける速度の測定に使用されているが，現在では，これらを含めたものを熱線流速計と呼んでいる．

熱線流速計の電気的測定にはホイートストンブリッジを利用して行われ，定

温度形（定抵抗形ともいう）と定電流形とがある。

4.9.1 熱線プローブ

流れの中にそう入して速度検出を行う**熱線プローブ**の基本的な形は，図 **4.15**(a)，(b)に示すように，2本の支持針の先端に熱線が張られたもので，U形またはI形熱線プローブと呼ばれている。図(a)のプローブは，支持針の間隔全体が熱線受感部となっているため，この間隔は1mm前後となるが，図(b)のプローブは，中心部分の1mm程度が熱線受感部で，その両側はめっきなどによるコーティングがなされているため，支持針の間隔をかなり広くすることができる。

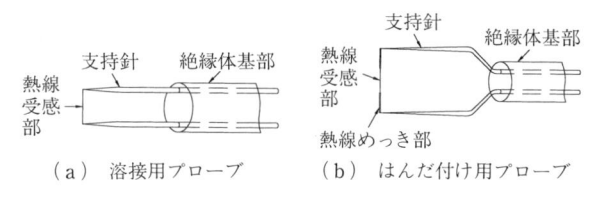

(a) 溶接用プローブ　　(b) はんだ付け用プローブ

図 **4.15** 熱線プローブ基本形

熱線支持針としては，直径0.2～1mm程度のピアノ線，銀線，洋銀線，ステンレス線，ドリル棒，縫針などの剛性が高く電気抵抗の低い材料が使用される。これらは先端に向かって順次細められた後，エポキシ樹脂で一体成形されるか，二つの孔をもつ2～5mmの熱電対用セラミック管に固定される。

熱線としては直径2.5～10μm，長さ0.8～2mmのものが使用される。直径の小さいものは熱容量が小さく，乱流計測の際の周波数特性はよくなるが，強度が低くなるため，直径5μm程度のものが普及している。

熱線の材料としては，電気抵抗の高い白金線，白金-ロジウム線（ウオラストン線とも呼ばれ，より細い白金線を得るため，銀の厚い被覆をほどこした後に線引きしたもの）やタングステン線が使用される。

4.9.2 熱線プローブの種類

図 4.15に示したI形熱線プローブのほかに，現在使用されている熱線プローブの種類を**図 4.16**(a)，(b)，(c)，(d)に示す。

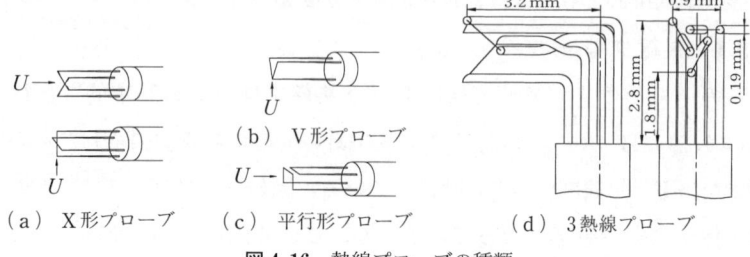

(a) X形プローブ　(b) V形プローブ　(c) 平行形プローブ　(d) 3熱線プローブ

図4.16 熱線プローブの種類

図(a)は，2本の熱線をたがいに干渉し合わない距離（0.5〜1 mm）をへだてX字形に張ったものであり，図(b)は，共通の支持針をもつ2本の熱線をV字形に張ったものであり，ともに熱線を含む平面内における二つの成分を求めるのに使用される。また図(c)は，2本またはこれ以上の平行に張られた熱線を用いて，境界層内の速度分布や温度の変化する流れの測定に使用される。さらに，図(d)に示すような，3本以上の熱線を組み合わせて速度の3成分と温度を同時に測定する多熱線プローブもある。

4.10　レーザ流速計

光を利用した計測技術は安定な性能のレーザ光源の入手が比較的容易になったことによって飛躍的に進歩した。その光束は干渉性に優れる，指向性がよい，単波長の光が得られる，エネルギー密度の高い光が得られる，偏波面の一定な光が得られるなどの特徴があり流速計へ応用することになる。それが**レーザ流速計**（laser Doppler velocimeter）である。

信号処理，データ処理の技術の発達とともに種々の流れ系への応用ならびに流速計以外の性能，例えば気泡，粒子の大きさを見分ける性能をもたせ，二相流の測定を行う試みがなされるようになってきた。

レーザ流速計には

① 固形のプローブを流れに入れない。または，測定点から離れた位置に置く非接触測定法であり，流れを乱さない。

② 応答が速く，時間分解能が高い。

③ 測定体積が比較的小さく，空間分解能が高い。
④ 光学系の幾何学的配置と光の波長が決まると速度の絶対測定ができ，流速の広い範囲にわたってそれぞれの瞬間値を連続的に測定できる。
⑤ 光が通る流体なら気体・液体を問わない。
⑥ 場の温度，濃度に影響を受けることが少ないので，燃焼場など複雑な流れ場にも適用できる。
⑦ 流れの方向を測定できるので，多次元の速度成分，逆流域の測定が容易である。

などの特徴がある。流速の測定可能な範囲は広く，$10^{-6} \sim 10^3$ m/s である。

原理的にはドップラー法と2焦点法とがあり，2焦点法はドップラー法に比べ小さい散乱粒子を用いるので，回転機中の相対乱れが小さい高速流れの測定に適している。ドップラー法は中低速，高乱流の測定に適する。

光源としては，安定した可干渉性の単色光が持続して得られることが必要で，ヘリウム-イオンまたはアルゴンのガスレーザが適している。また，トレーサ粒子は，微小で流れに対する追随性が良好で，十分な光の散乱量が必要となるので，粒径が1μm前後のものが用いられる。

4.11 流れの可視化

自然現象の中の流れを，直接目視することを目的とする **"流れの可視化"** (flow vizualization) は，流動もしくはそれに伴う諸現象の物理的な把握を容易にするだけでなく，現象の理解を助けるのに優れた特徴をもっている。したがって，流体の運動である"流れ"を目視したり記録したりする流れの可視化技術は，古くから研究され応用されている。

流れの可視化により観測されるものは
① 流れ方向を示す流脈，流跡，または流線
② 速度，速度こう配，加速度およびその分布
③ 渦の発生・消滅，層流・乱流の遷移，流れのはく離と付着点など
④ 密度もしくは温度の分布

などである。

従来から利用されてきた流れの可視化手法を分類すると**表4.1**のようになる。

表4.1 流れの可視化手法の分類

可視化手法		気流	水流	説　　明
壁面トレース法	油膜法・油点法	○	●	表面に油膜または油点をつくり，流れによる筋膜様から流れの状態・方向を，
	薬品塗膜溶解法		●	塗布した薬品が流れによって溶解する状態の変化により流れの状態・方向を，
	感温塗料法	○		液晶のような感温材料を塗布して色彩分布として表面温度を，
	感圧紙による法		●	圧力を色濃度に変化して表面の圧力分布を可視化する。
タフト法	表面タフト法	○	●	多数の短い糸（タフト）のなびき具合から表面近傍の流れの方向を，
	デプスタフト法	○	●	物体表面から少し離れた位置の流れの方向やうずの挙動などを，
	タフトグリッド法	○	●	一平面上に多数のタフトを配置し，流れの方向を，
	タフトスティック法	○	●	細い棒の先にタフトを取り付け，流れ場の任意の点の流れの方向を調べる。
注入トレーサ法	流脈法(①)	○	●	トレーサを連続的に注入して流脈を，
	流跡法(②)	○	●	トレーサを間けつ的に注入して流跡を，
	懸濁法(③)	○	●	あらかじめ流体中に液体または固体の粒子を一様に懸濁させて流跡・流線を，
	表面浮遊法(④)		●	液体の表面にトレーサを浮遊させて，表面の流れの流跡・流線を，
	タイムライン法(⑤)	○	●	トレーサを流れに垂直に注入してタイムラインを可視化する。
化学反応トレーサ法	無電解反応法	○	●	流体と特定の物質との化学反応により，物体表面または二流体境界の流れの状態を，
	電解発色法		●	電解発色した物質をトレーサとして流脈を可視化する。
電気制御トレーサ法	水素気ほう法		●	金属細線を陰極として電気分解で発生する水素ガスを，トレーサとして流脈・流跡・タイムラインを，
	火花追跡法	○		高電圧パルスにより，つぎつぎに得られる火花放電群により，タイムラインを，
	スモークワイヤ法	○		油をぬった金属細線に通電し，生じる白煙をトレーサとして流脈・タイムラインを可視化する。

表 4.1 （つづき）

可視化手法		気流	水流	説明
光学的可視化法	シャドウグラフ法	○	●	流体中における密度こう配の変化率を求め，流れの状態を，
	シュリーレン法	○	●	流体中における密度こう配を求めて流れの状態を，
	マッハツェンダ干渉法	○	●	試験光と参照光の干渉を利用して，密度変化を求めて流れの状態を，
	レーザホログラフ法	○	●	レーザ光によりホログラム干渉させ，密度変化を求め，三次元流れ場の状態を，
	モアレ法		●	モアレじまより液面の凹凸を表す等高線を求め，流れの状態を，
	ステレオ写真法		●	ステレオ写真を解析して液面の高低差を求め，流れの状態を調べる。
	流動複屈折法		●	高分子溶液などが流れによって生ずる複屈折現象をみて，速度こう配を知る。
	サーモグラフ法	○	●	液体表面から放射させる赤外線をとらえ表面温度を測定する。
コンピュータ利用可視化法 CAFV	画像の数値化（画像処理）	○	●	画像をコンピュータにより，解析，統計，カラー表示その他の処理を行い見やすくする。
	数値計算結果の画像化（画像表示Ⅰ）	○	●	数値計算結果を見やすい画像に表示する。
	計測結果の画像化（画像表示Ⅱ）	○	●	計測結果をコンピュータにより処理し，見やすい画像に表示する。

備考）　注入トレーサ法（①〜⑤）について代表的なトレーサ名を記す。
① 煙(○)，ミスト(○)，色素(●)；② シャボン玉(○)，空気ほう(●)，油滴(●)，発光粒子(●)；③ メタアルデヒド(○)，空気ほう(○)，キャビテーション(●)，油滴トレーサ(●)，アルミ粉(○)，ポリスチレン粒子(●)など；④ アルミ粉(●)，おがくず(●)，発ぽうスチロール(●)など；⑤ 煙(○)，色素(●)
（日本機械学会編：技術資料「流体計測法」による）

演習問題

【4.1】 ピトー管を用いて空気の流れを測定したところ，動圧が 30.5 kPa であった。20 ℃の空気の静圧が 101.3 kPa (abs) であるとき，流れが非圧縮性流体と仮定した場合と圧縮性流体と仮定した場合の空気の速度に，どれだけの違いが生じるか。ただし，ピトー管係数は 0.98 とする。

〔解〕（a）非圧縮性流体とした場合：空気の密度は，表 1.5 より $\rho = 1.204$ kg/m³，ピトー管係数は $k = 0.98$，全圧を p_1，静圧を p_2 とすると動圧は $p_1 - p_2 =$

110   4. 流体の測定法

$30.5×10^3$ Pa であるから，流速 v は式(4.1)より

$$v = k\sqrt{\frac{2(p_1-p_2)}{\rho}} = 0.98\sqrt{\frac{2}{1.204}×30.5×10^3} = 220.6 \text{ m/s}$$

（b）　圧縮性流体とした場合：マッハ数 $M=v/a$ を求めるために，まず音速 a を求める．気体の高速流れでは断熱変化と考えてよいから $\kappa=1.4$ を用いると，音速 a は式(10.34)を適用して

$$a = \sqrt{\frac{\kappa p_1}{\rho}} = \sqrt{\frac{1.4×101.3×10^3}{1.204}} = 343.2 \text{ m/s}$$

これよりマッハ数 M は

$$M = \frac{v}{a} = \frac{220.6}{343.2} = 0.643$$

となり，流れは亜音速であることがわかる．

つぎに，20℃の空気のガス定数 R は表1.7より287.03 J/(kg・K)が得られ，気体の温度は断熱変化の場合は一定であるから，全温度は $T_1=273.15+20=293.15$ K であり，これより速度 v は式(4.5)より

$$v = M\sqrt{\kappa R T_1}\left(1+\frac{\kappa-1}{2}M^2\right)^{-\frac{1}{2}}$$

$$= 0.643×\sqrt{1.4×287.03×293.15}×\frac{1}{\sqrt{1+\frac{1.4-1}{2}×0.643^2}} = 212.1 \text{ m/s}$$

これより，流れが非圧縮性流体と仮定した場合のほうが8.5 m/s大きいことがわかる．なお，圧縮性流体と仮定した場合の速度 v は，式(4.3)を変形した次式からも求めることができる．

$$v = \sqrt{\frac{2(p_1-p_2)}{\rho\{1+(1/4)M^2+(2-\kappa)M^4/24\}}}$$

【4.2】　図4.5に示すように，半径 R の円管を通る流量をピトー管によって求めるために，$n=5$ 個の環状等面積に分割したい．いま，円管の半径を $R=10$ cm とした場合，ピトー管の測定位置 $r_1, r_2, \cdots, r_5$ を求めよ．

〔解〕　式(4.7)を用いて，$n=5$，$R=10$ cm を代入すると，$r_1, r_2, \cdots, r_5$ はそれぞれつぎのとおり求まる．

$$r_1 = 10\sqrt{\frac{1}{10}} = 3.16 \text{ cm}, \quad r_2 = 10\sqrt{\frac{3}{10}} = 5.48 \text{ cm}$$

$$r_3 = 10\sqrt{\frac{5}{10}} = 7.07 \text{ cm}, \quad r_4 = 10\sqrt{\frac{7}{10}} = 8.37 \text{ cm}$$

$$r_5 = 10\sqrt{\frac{9}{10}} = 9.49 \text{ cm}$$

【4.3】 図4.17に示すような傾いたベンチュリ管で流量を測定する場合の，流量を求める式を導け．ただし，流量係数を C とし，A_2 はのど部の断面積，A_1 は管路の断面積，h は示差マノメータにおける圧力差の読み，ρ は管路を流れる液体の密度，ρ' はマノメータ内の液の密度である．なお，ベンチュリ管が水平である場合の式と比較せよ．

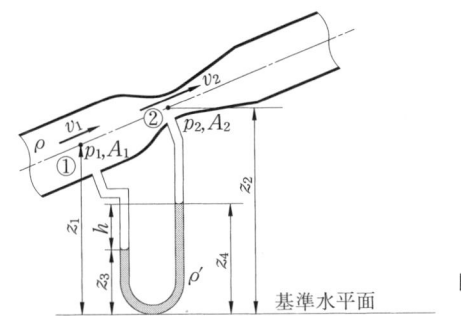

図 4.17

〔解〕 まず，マノメータの読み h と圧力差 $p_1 - p_2$ との関係を求める．図において，U字管の底部に基準水平面をとると，次式が成り立つ．

$$p_1 + \rho g(z_1 - z_3) + \rho' g z_3 = p_2 + \rho g(z_2 - z_4) + \rho' g z_4$$

これより，$z_4 - z_3 = h$ を用いて整理すると

$$p_1 - p_2 + \rho g(z_1 - z_2) = \rho' g(z_4 - z_3) - \rho g(z_4 - z_3) = (\rho' - \rho)gh \qquad (1)$$

つぎに，断面①と②にベルヌーイの式を適用すると

$$p_1 + \frac{\rho}{2}v_1^2 + \rho g z_1 = p_2 + \frac{\rho}{2}v_2^2 + \rho g z_2$$

これより

$$p_1 - p_2 + \rho g(z_1 - z_2) = \frac{\rho}{2}(v_2^2 - v_1^2) \qquad (2)$$

ゆえに，式(1)と(2)より

$$\frac{\rho}{2}(v_2^2 - v_1^2) = (\rho' - \rho)gh \qquad (3)$$

また，連続の式 $v_1 A_1 = v_2 A_2$ より $v_1 = (A_2/A_1)v_2$ となる．これを式(3)に代入して v_2 を求めると

$$v_2 = \frac{1}{\sqrt{1 - \left(\frac{A_2}{A_1}\right)^2}} \sqrt{\frac{2(\rho' - \rho)gh}{\rho}} \qquad (4)$$

ゆえに，求める流量は，流量係数 C を用いて

$$Q_2 = C v_2 A_2 = \frac{C A_2}{\sqrt{1-\left(\frac{A_2}{A_1}\right)^2}} \sqrt{\frac{2(\rho'-\rho)gh}{\rho}} \tag{5}$$

となり，ベンチュリ管が水平である場合の流量の式(4.19)と同じ結果が得られ，ベンチュリ管が傾斜していても流量には無関係であることがわかる。

【4.4】 水深 $h=5.5\,\mathrm{m}$ のタンクの下面に，直径 $d=4.5\,\mathrm{cm}$ のオリフィスが設けられている。このオリフィスから水が流出するときの速度係数 C_v，収縮係数 C_c および流量係数 C を求めるために，オリフィスの縮流部の実際の流速および流量を測定したところ，それぞれ $v_2=9.5\,\mathrm{m/s}$，$Q=9.6\times10^{-3}\,\mathrm{m^3/s}$ であった。C_v，C_c および C を求めよ。ただし，タンクの断面積は，オリフィスの断面積 A に比べてかなり大きいものとする。

〔解〕 式(4.9)より，速度係数 C_v は次式で求まる。

$$C_v = \frac{v_2}{\sqrt{2gh}} \tag{1}$$

ゆえに，上式に $v_2=9.5\,\mathrm{m/s}$，$g=9.8\,\mathrm{m/s^2}$，$h=5.5\,\mathrm{m}$ を代入すると

$$C_v = \frac{9.5}{\sqrt{2\times9.8\times5.5}} = 0.915$$

つぎに，式(4.10)より流量係数 C は次式で求まる。

$$C = \frac{Q}{A\sqrt{2gh}} \tag{2}$$

上式に $Q=9.6\times10^{-3}\,\mathrm{m^3/s}$，オリフィスの断面積 $A=\pi d^2/4 = \pi\times 0.045^2/4\,\mathrm{m^2}$，$g=9.8\,\mathrm{m/s^2}$，$h=5.5\,\mathrm{m}$ を代入すると

$$C = \frac{9.6\times10^{-3}}{(\pi\times 0.045^2/4)\times\sqrt{2\times9.8\times5.5}} = 0.582$$

したがって，収縮係数 C_c は，式(4.10)より

$$C_c = \frac{C}{C_v} = \frac{0.582}{0.915} = 0.636$$

【4.5】 前問において，オリフィスを流れる理論速度 v_{2th} を求めよ。また，タンクの断面積 A_1 が比較的小さく，オリフィスの断面積 A の 4 倍であるとしたとき，近寄り速度を考慮した理論速度 v'_{2th} と比較せよ。

〔解〕 式(4.8)よりオリフィスを流れる理論速度 v_{2th} は求まり，$g=9.8\,\mathrm{m/s^2}$，$h=5.5\,\mathrm{m}$ を代入すると

$$v_{2th} = \sqrt{2gh} = \sqrt{2\times9.8\times5.5} = 10.38\,\mathrm{m/s}$$

つぎに，近寄り速度を考慮した場合の理論速度 v'_{2th} は式(4.12)より求まり，$g=9.8\,\mathrm{m/s^2}$，$h=5.5\,\mathrm{m}$，収縮係数 $C_c=0.636$，断面積比 $A/A_1=1/4$ を代入すると

$$v'_{2th} = \frac{\sqrt{2gh}}{\sqrt{1-C_c^2(A/A_1)^2}} = \frac{10.38}{\sqrt{1-0.636^2 \times (1/4)^2}} = 10.52 \text{ m/s}$$

ゆえに，近寄り速度を考慮したほうが，0.14 m/s だけ大きい値になることがわかる．

【4.6】 管内径 $D=200$ mm の管内に口径 $d=80$ mm の JIS 標準形ノズルが取り付けられている．ノズル前後の圧力差を U 字管マノメータで測定したところ，水銀柱で $h=350$ mm であった．管内を水が流れるときの流量およびオリフィスの速度係数 C_v を求めよ．ただし，ノズルの流量係数は $\alpha=0.99$ で，水銀の密度は $\rho'=13\,600$ kg/m³ とする．

〔解〕 流量 Q は，式 (4.18) に $\alpha=0.99$，ノズルの断面積 $A=\pi \times (0.08)^2/4$ m²，水銀と水の密度の比 $\rho'/\rho = 13\,600/1\,000 = 13.6$，水銀マノメータの読み $h=0.35$ m を代入すると，つぎのように求まる．

$$Q = \alpha A \sqrt{2g\left\{\left(\frac{\rho'}{\rho}\right)-1\right\}h} = 0.99 \times \frac{\pi \times (0.08)^2}{4} \sqrt{2 \times 9.8 \times (13.6-1) \times 0.35}$$
$$= 0.046\,25 \text{ m}^3/\text{s}$$

また，速度係数 C_v は次式より求まる．

$$C_v = \alpha \sqrt{1-m^2}$$

ここで，$\alpha=0.99$，開口比 $m=(d/D)^2=(80/200)^2=0.16$ を式 (1) に代入すると

$$C_v = 0.99 \times \sqrt{1-(0.16)^2} = 0.977$$

【4.7】 水路の幅 $B=1.5$ m，せきの幅 $b=0.8$ m，水路の底面より峰までの高さ $D=1.0$ m の四角せきのヘッドを測定したところ，$h=0.15$ m であった．このせきの流量係数が $C=0.61$ としたときの理論式から得られる流量 Q と，JIS の公式から得られる流量 Q' とにどれだけの違いがあるか．

〔解〕 四角せきの理論式から得られる流量 Q は式 (4.23) において，$C=0.61$，$b=0.8$ m，$g=9.8$ m/s²，$h=0.15$ m を代入すると

$$Q = \frac{2}{3}Cb\sqrt{2g}\,h^{\frac{3}{2}} = \frac{2}{3} \times 0.61 \times 0.8 \times \sqrt{2 \times 9.8} \times 0.15^{\frac{3}{2}}$$
$$= 0.083\,6 \text{ m}^3/\text{s} = 5.02 \text{ m}^3/\text{min}$$

つぎに，JIS の公式による流量 Q' は式 (4.24) より得られ，まず K の値を求める．

$$K = 107.1 + \frac{0.177}{h} + 14.2\frac{h}{D} - 25.7\sqrt{\frac{(B-b)h}{BD}} + 2.04\sqrt{\frac{B}{D}}$$
$$= 107.1 + \frac{0.177}{0.15} + 14.2 \times \frac{0.15}{1.0} - 25.7 \times \sqrt{\frac{(1.5-0.8)\times 0.15}{1.5 \times 1.0}} + 2.04 \times \sqrt{\frac{1.5}{1.0}}$$
$$= 106.11$$

ゆえに，求める流量 Q' は

$$Q' = KBh^{\frac{3}{2}} = 106.11 \times 0.8 \times 0.15^{\frac{3}{2}} = 4.92 \text{ m}^3/\text{min}$$

これより，JIS の公式から得られた流量のほうが，$0.1 \text{ m}^3/\text{min}$ 少ないことがわかる。

【4.8】 せきの水位 h の測定に誤差があると流量の誤差が大きくなるので，h の測定には副尺などを設けてできるだけ正確に測定する必要がある。

いま，四角せきおよび直角三角せきを用いて流量の測定を行うために水位を測定したところ，いずれも x ％の誤差があった。この水位の誤差に対する流量の誤差は，四角せき，直角三角せきについてそれぞれ何％になるか。ただし，流量はいずれも JIS 規格による流量の公式より求めるものとし，係数 K は一定と仮定する。

〔解〕 （a） 四角せきの場合：JIS 規格の公式

$$Q = Kbh^{\frac{3}{2}} \quad [\text{m}^3/\text{min}] \tag{1} = 式(4.24)$$

において，K は一定，b はせきの幅で一定であるから，上式の両辺を微分すると

$$dQ = \frac{3}{2} Kbh^{\frac{1}{2}} dh \tag{2}$$

式（1）と式（2）より

$$\frac{dQ}{Q} = \frac{3}{2} \frac{dh}{h} \tag{3}$$

題意より $dh/h = x/100$ であるから，流量の誤差は

$$\frac{dQ}{Q} = \frac{3}{2} \times \frac{x}{100} = 1.5 \frac{x}{100}$$

すなわち，流量の誤差は $1.5x$ ％になることがわかる。

（b） 直角三角せきの場合：JIS 規格の公式

$$Q = Kh^{\frac{5}{2}} \quad [\text{m}^3/\text{min}] \tag{4} = 式(4.26)$$

において，K は一定であるから，上式の両辺を微分すると

$$dQ = \frac{5}{2} Kh^{\frac{3}{2}} dh \tag{5}$$

式（4）と式（5）より

$$\frac{dQ}{Q} = \frac{5}{2} \frac{dh}{h} \tag{6}$$

題意より $dh/h = x/100$ であるから，流量の誤差は

$$\frac{dQ}{Q} = \frac{5}{2} \times \frac{x}{100} = 2.5 \frac{x}{100}$$

すなわち，流量の誤差は $2.5x$ ％になり，直角三角せきのほうが流量の誤差が拡大されることがわかる。

【4.9】 図 4.18 に示したような台形せきの流量を求める式を導け。

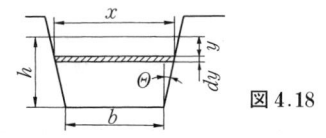

図 4.18

〔解〕 図において，液面からの距離 y と幅 x との関係式は次式で表される。

$$x = b + 2(h-y)\tan\theta \tag{1}$$

また，厚さ dy の面積 $x \cdot dy$ からの流量を dQ とすると，液面からの y の位置での流速は $\sqrt{2gy}$ であるから $dQ = \sqrt{2gy}\, x \cdot dy$ (2)

ゆえに，全流量 Q は流量係数 C を用いて，dQ をせきの峰 $h=0$ から h まで積分すれば求まる。すなわち

$$Q = \int dQ = C\sqrt{2g}\int_0^h x\sqrt{y}\,dy = C\sqrt{2g}\int_0^h y^{\frac{1}{2}}(b + 2h\tan\theta - 2y\tan\theta)dy$$

$$= C\sqrt{2g}\int_0^h \{y^{\frac{1}{2}}(b + 2h\tan\theta)dy - 2y^{\frac{3}{2}}\tan\theta\,dy\}$$

$$= C\sqrt{2g}\left[\frac{2}{3}y^{\frac{3}{2}}(b + 2h\tan\theta) - \frac{4}{5}y^{\frac{5}{2}}\tan\theta\right]_0^h = C\sqrt{2g}\left(\frac{2}{3}b + \frac{8}{15}h\tan\theta\right)h^{\frac{3}{2}}$$

5 流体摩擦

5.1 流体摩擦とせん断応力

5.1.1 流体摩擦

1.4節において述べたように，実在する流体はすべて粘性をもち，この流体が固体表面に沿って流れる場合，または粘性のある流体中を固体が運動する場合には，固体と流体との間には流体の粘性によるせん断応力 τ が働き，固体表面上での流体の相対速度は 0 となる。この現象を**流体摩擦**（fluid friction）という。

これは，固体表面と流体間のみでなく，速度こう配のある流体内部においても，相接した流体間にせん断応力が働く。この場合の流体摩擦をとくに**内部摩擦**（internal friction）という。流体摩擦は流体の運動をさまたげる抵抗となり，固体摩擦と同様にエネルギーの損失を伴う。この失われたエネルギーを**摩擦損失**（friction loss）というが，流体ではエネルギー損失が圧力の低下として現れるから**圧力損失**（pressure loss）ともいう。

5.1.2 せん断応力

層流と乱流とでは，流体粒子の運動の様相に差異があるため，流体摩擦の機構がまったく異なる。

層流におけるせん断応力 τ は，第1章で示したニュートンの粘性法則といわれる式(1.5)で与えられる。

$$\tau = \mu \frac{du}{dy} \tag{1.5}$$

ここで，比例定数 μ は粘度，du/dy は速度こう配である。

つぎに，乱流におけるせん断応力 τ は，一般に次式で与えられる。

$$\tau = \mu \frac{d\bar{u}}{dy} - \rho \overline{u'v'} \tag{5.1}$$

ここで，μ は粘度，$d\bar{u}/dy$ は時間的平均流れの速度こう配，ρ は流体の密度，u', v' はそれぞれ流れ方向 x およびそれに垂直な y 方向への変動速度成分であり，u', v' に付けたバーは時間平均を表す。

なお，上式の第2項 $-\rho\overline{u'v'}$ を**レイノルズ応力**（Reynolds stress）という。

式(5.1)の右辺第1項は粘性によるせん断応力であり，係数 μ を**層流粘性係数**（coefficient of laminar viscosity）ということもある。これに対して右辺第2項のレイノルズ応力は乱流渦によるせん断応力であり，これを τ' として

$$\tau' = -\rho\overline{u'v'} = \eta \frac{d\bar{u}}{dy} = \rho\varepsilon \frac{d\bar{u}}{dy} \tag{5.2}$$

と表したとき，η を**渦粘性係数**（coefficient of eddy viscosity）または**渦粘度**（eddy viscosity），ε を**渦動粘性係数**（coefficient of eddy kinematic viscosity）または**渦動粘度**（eddy kinematic viscosity）という（問題5.1参照）。

一般に，乱流において，固体表面から十分離れたところでは，$\mu d\bar{u}/dy \ll \eta d\bar{u}/dy$，壁面に近いところでは，$\mu d\bar{u}/dy \gg \eta d\bar{u}/dy$ の関係があり，第7章で述べる壁面にごく近い粘性底層と呼ばれる領域の流れでは，η の値はほぼ0とみなして，粘性によるせん断応力のみを考えればよい。

5.1.3 混合距離理論

混合距離は，乱流の速度分布や摩擦応力を決定するうえで有用な式であるのでこれについて述べる。

プラントル（Prandtl）は，レイノルズ応力を速度こう配 $d\bar{u}/dy$ と関係づける一つの試みとして**混合距離**（mixing length）の理論を立てた。この理論は，気体分子運動論における気体分子の平均自由行程から類推される概念を乱流の取扱いに取り入れた理論である。

図5.1に示すように，主流方向（x 軸方向）の時間平均速度 $\bar{u}$ のこう配を $d\bar{u}/dy$ とする。乱れの速度によって流体塊は y 方向に移動し，周囲の流体と混合するが，ある距離 l' を移動するまでは初めの速度を保ち，その後は新し

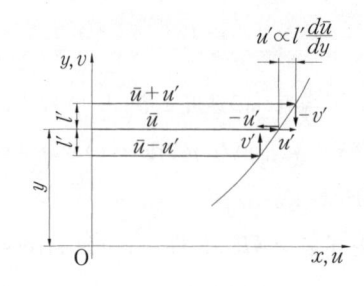

図5.1 乱流の混合距離

い速度 $\bar{u}+u'$ に変わると仮定する。

　実際の速度の変化は徐々に行われるものであり，また，移動距離も一定ではないが，適当な距離を選ぶことによってこの仮定を実際の場合に合わせることができるものとする。したがって，この仮定から x 方向の速度の変化 u' は，図に示すように，$d\bar{u}/dy$ に比例すると考えられる。

　また，y 方向の速度の変動 v' は u' の変動によって生じるものであり，ほぼ同じ値をもつとして $v' \propto u'$ と考えてよい。したがって，先に示したレイノルズ応力の $\overline{u'v'}$ は，$l'^2(d\bar{u}/dy)^2$ に比例すると考えてよい。いま，その比例定数をも含めた新しい距離 l を用いて

$$-\overline{u'v'} = l^2 \left(\frac{d\bar{u}}{dy}\right)^2 \tag{5.3}$$

とおくと，レイノルズ応力は次式で表される。

$$\tau' = -\rho \overline{u'v'} = \rho l^2 \left(\frac{d\bar{u}}{dy}\right)^2 \tag{5.4}$$

なお，τ' と $d\bar{u}/dy$ とは同じ符号をとるべきであるから，それを考慮すると次式で表される。

$$\tau' = \rho l^2 \left(\frac{d\bar{u}}{dy}\right) \left|\frac{d\bar{u}}{dy}\right| \tag{5.5}$$

この l を混合距離という。

　混合距離 l は，流体が入りまじる長さに比例するものであるが，壁面近くでは入りまじる運動は抑制されて l は小さいが，壁面から離れるほど混合作用が大きくなり，l が大きくなる。したがって，壁面からの距離を y とすると

$$l = ky \tag{5.6}$$

とおくのが実際に近い仮定であり，実験から得られた値は $k=0.4$ である。

式(5.2)と式(5.5)から

$$\eta = \rho l^2 \left(\frac{d\bar{u}}{dy}\right) \tag{5.7}$$

の関係が得られ，また，式(5.6)を式(5.5)に代入すると

$$\tau' = \rho(k^2 y^2) \frac{d\bar{u}}{dy} \left|\frac{d\bar{u}}{dy}\right| \tag{5.8}$$

5.2 平行平板間の層流

図 5.2(a)に示すように，間隔 h の平行におかれた 2 枚の静止した平板の間を非圧縮性粘性流体が層流の状態で流れる場合について考える。ここで，流れは二次元の定常流れであるとする。壁に沿って流れる方向に x 軸をとり，これに垂直に y 軸をとる。

このような流れでは，両壁面上の速度は 0 となり，壁面から離れるに従って速度は増し，2 平面間の中央で最大速度となる。

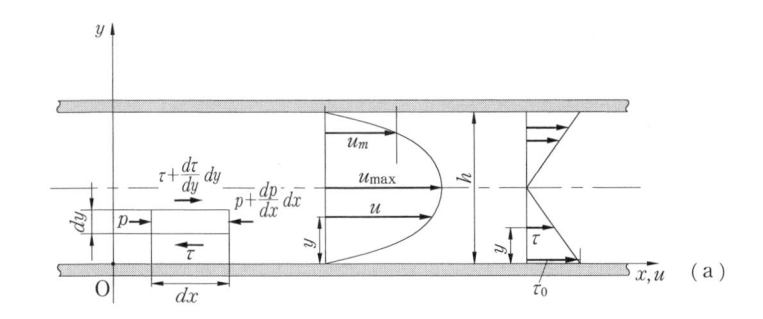

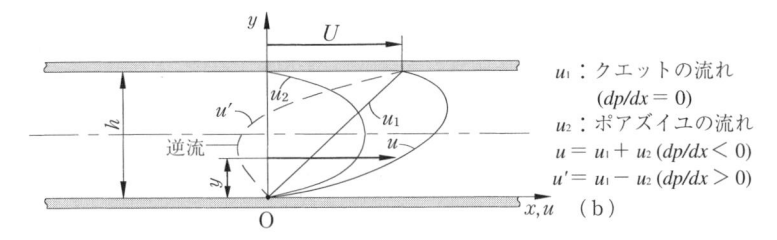

図 5.2 平行平板間の層流

図(a)に示すように,壁面から y の距離の流体中に,各辺の長さが dx, dy で厚みが1の微小体積をもつ流体粒子を考える。この流体の各面には圧力による力,または粘性による摩擦力が働く。これらの力の x 方向の釣合い条件から得られる式と,層流におけるせん断応力 $\tau=\mu du/dy$ とから,x 軸方向の速度 u の分布および単位幅あたりの流量 q はそれぞれ

$$u=-\frac{1}{2\mu}\frac{dp}{dx}(hy-y^2) \tag{5.9}$$

$$q=\int_0^h udy=-\frac{1}{12\mu}\frac{dp}{dx}h^3 \tag{5.10}$$

で与えられる(問題5.2参照)。ここで,dp/dx は流れ方向の圧力こう配で,一つの断面上では等しく,y には無関係の値である。

式(5.9)より,流れの速度分布は放物線になることがわかる。

2平板間の中央 $y=h/2$ における速度を u_{max} とすると

$$u_{max}=-\frac{1}{8\mu}\frac{dp}{dx}h^2 \tag{5.11}$$

であり,平均流速を u_m とすれば

$$u_m=\frac{q}{h}=-\frac{1}{12\mu}\frac{dp}{dx}h^2 \tag{5.12}$$

となる。したがって,式(5.11)と式(5.12)から

$$u_m=\frac{2}{3}u_{max} \tag{5.13}$$

の関係を得る。また,式(5.9)を y で微分して,$\tau=\mu du/dy$ の式に代入すると

$$\tau=-\frac{dp}{dx}\left(\frac{h}{2}-y\right) \tag{5.14}$$

となり,2平面間の中央 $y=h/2$ においては $\tau=0$ となる。また,$y=0$ の壁面におけるせん断応力を τ_0 とすると

$$\tau_0=-\frac{h}{2}\frac{dp}{dx} \tag{5.15}$$

となる。このような流れを**二次元ポアズイユの流れ**(two-dimensional Poiseuille flow)という。

図(a)には，速度分布およびせん断応力 τ の分布を示してある．

つぎに，図(a)の2枚の平行平板において，$y=0$ の平板は固定し，$y=h$ における平板が x 方向に U の一定速度で動く場合を考える．この場合は，図(a)の微小流体に作用する力の釣合いを考えて解くとき，境界条件として $y=0$ のとき $u=0$, $y=h$ のとき $u=U$ を用いることにより x 方向の速度分布および単位幅あたりの流量 q が得られ

$$u = \frac{U}{h}y - \frac{1}{2\mu}\frac{dp}{dx}(hy - y^2) \tag{5.16}$$

$$q = \frac{Uh}{2} - \frac{h^3}{12\mu}\frac{dp}{dx} \tag{5.17}$$

となる．式(5.16)からわかるように，u の速度分布は，右辺第1項の直線の速度分布と第2項の放物線の速度分布との代数和であることがわかる．また，x 軸方向への圧力こう配のない流れ，すなわち $dp/dx=0$ においては，速度分布は直線となり，この流れを**クエットの流れ**（Couette flow）という．

なお，$dp/dx>0$ の場合には流れに逆流部分が生じ，これらの速度分布を図(b)に示してある．

5.3 滑らかな円管内の流れ

5.3.1 層流の場合

半径 r_0 のまっすぐな円管内を，非圧縮性粘性流体が層流の状態で定常的に流れる場合を考える．

図5.3に示すように，任意の半径 r, 微小長さ dx の同心円柱部分を考え，圧力降下による力と，円柱外周上のせん断応力による力との流れ方向の釣合いの式から

$$\tau = -\frac{r}{2}\frac{dp}{dx} \quad \left(\frac{dp}{dx}<0\right) \tag{5.18}$$

を得る．いま，x 方向の2点間の距離を l, 圧力差 $p_1 - p_2 = \Delta p > 0$ とすると，式(5.18)は次式で表される．

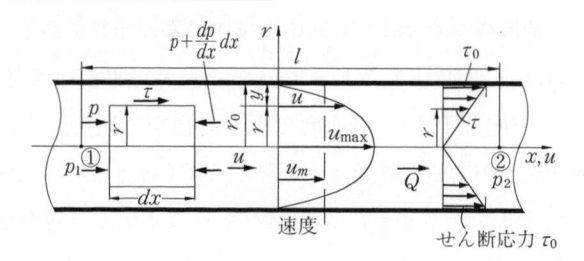

図5.3 円管内の層流

$$\tau = \frac{r}{2}\frac{\Delta p}{l} \tag{5.19}$$

半径 r_0 における管壁面上のせん断応力を τ_0 とすると，式(5.18)を用いて

$$\tau_0 = -\frac{r_0}{2}\frac{dp}{dx} \tag{5.20}$$

となる．また，管中心 $r=0$ においては $\tau=0$ となる．

前節の平行2平板間の流れにおいても述べたように，管軸に垂直な断面上での圧力は一定であって，流体粒子はすべて管軸方向に移動し，半径方向の速度成分は0である．したがって，式(5.18)において dp/dx は一定であるから，τ は管壁に向かって直線的に大きくなり，その分布を図5.3に示す．

つぎに，管内を層流の状態で流れる場合の速度分布を求める場合，ニュートンの粘性法則 $\tau = \mu du/dy$ を用いるが，y の代わりに r を用いると，y と r は向きが逆で，$y = r_0 - r$ より $dy = -dr$ となるから

$$\tau = -\mu \frac{du}{dr} \tag{5.21}$$

式(5.21)と式(5.18)より，x 軸方向の u の速度分布および円管内を通る流量 Q はそれぞれ

$$u = -\frac{1}{4\mu}\frac{dp}{dx}(r_0^2 - r^2) \tag{5.22}$$

$$Q = \int_0^{r_0} 2\pi r u\, dr = -\frac{1}{8\mu}\frac{dp}{dx}\pi r_0^4 \tag{5.23}$$

で表される．式(5.22)より，円管内の層流速度分布は，$r=0$ を頂点とする回転放物体の形状で示されることがわかる．$r=0$ で速度は最大 $u_{\max}$ となり

$$u_{\max} = -\frac{r_0^2}{4\mu}\frac{dp}{dx} \tag{5.24}$$

で与えられる。また, 平均流速 u_m は

$$u_m = \frac{Q}{\pi r_0^2} = -\frac{r_0^2}{8\mu}\frac{dp}{dx} \tag{5.25}$$

となるから, 式(5.24)と式(5.25)からつぎの関係が得られる。

$$u_m = \frac{1}{2}u_{\max} \tag{5.26}$$

また, 2点①-②間の距離 l における圧力差を $p_2 - p_1 = \Delta p$, 管直径を $d(=2r_0)$ とすると, 式(5.23)は

$$Q = \frac{\pi r_0^4}{8\mu}\frac{\Delta p}{l} = \frac{\pi d^4}{128\mu}\frac{\Delta p}{l} \tag{5.27}$$

となり, これより

$$\Delta p = \frac{128\mu l Q}{\pi d^4} = \frac{32\mu l u_m}{d^2} \tag{5.28}$$

また, 式(5.28)を単位重量あたりのエネルギーをヘッドの単位 h で表すと

$$h = \frac{\Delta p}{\rho g} = \frac{32\mu l u_m}{\rho g d^2} \tag{5.29}$$

これらの式(5.27), (5.28), (5.29)を**ハーゲン・ポアズイユの式**(Hagen-Poiseuille formula)といい, 圧力降下 Δp(または損失ヘッド h)や流量 Q を実験的に求めることによって, 流体の粘度 μ をこれらの式から求めることができる。

5.3.2 同心二重円管内を流れる層流

図5.4に示すように, 外側の円管の内半径 r_0, 内側の円管の外半径 r_i の同心二重円管内を, 非圧縮性粘性流体が層流状態で定常的に流れる場合について述べる。

図において, 同心二重円管の間の任意の半径 r の部分に厚さ dr, 長さ dx の微小な円環状の流体を考える。これに作用する x 軸方向の圧力差による力と粘性による力の釣合い条件の式と, ニュートンの粘性法則とから, 同心二重円管内を層流で流れる速度 u の分布は次式で与えられる (問題5.8参照)。

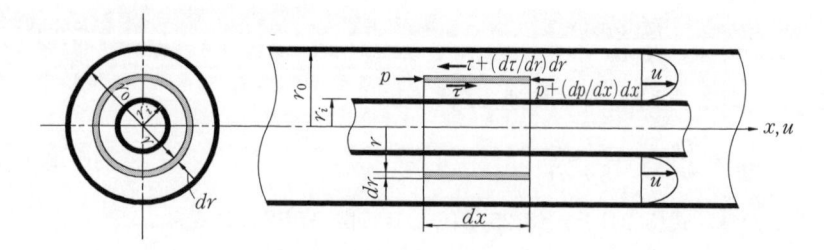

図5.4 同心二重円管内の層流

$$u = -\frac{1}{4\mu}\frac{dp}{dx}\left\{r_0^2 - r^2 + \frac{r_0^2 - r_i^2}{\ln(r_i/r_0)}\ln\frac{r_0}{r}\right\} \tag{5.30}$$

したがって，管内を流れる流量 Q は次式で与えられる。

$$Q = \int_{r_i}^{r_0} 2\pi r u dr = -\frac{\pi}{8\mu}\frac{dp}{dx}\left\{r_0^4 - r_i^4 - \frac{(r_0^2 - r_i^2)^2}{\ln(r_0/r_i)}\right\} \tag{5.31}$$

5.3.3 乱流の場合

滑らかなまっすぐな円管内を，非圧縮性粘性流体が乱流の状態で定常的に流れる場合について述べる。

（1）**速度分布の指数法則**　　上記の乱流速度分布の一つの式として，プラントルおよび**カルマン**（Kármán）が簡単な仮定を設けることにより導いた**1/7 乗の指数法則**（seventh power law）といわれる次式がある。

$$\frac{u}{u_{\max}} = \left(\frac{y}{r_0}\right)^{\frac{1}{7}} \tag{5.32}$$

ここで，図5.5で示すように，u は管壁から y の距離における速度，$u_{\max}$ は管中心 $y = r_0$ における最大速度，r_0 は管半径である。この式は簡単な指数関数であるが，実際の速度分布にかなり近似している。なお，この指数 1/7 は

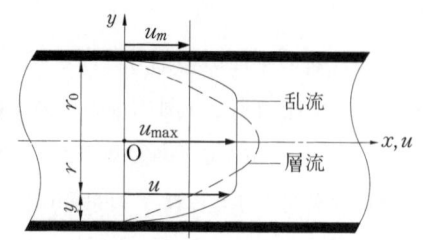

図5.5 乱流速度分布

レイノルズ数が $Re=10^4 \sim 3\times 10^4$ の範囲で実験値とよく一致し，レイノルズ数が変われば指数も変化する．そこで，式(5.32)の指数を $1/n$ として一般化した次式が用いられる．

$$\frac{u}{u_{\max}} = \left(\frac{y}{r_0}\right)^{\frac{1}{n}} \tag{5.33}$$

n の値はレイノルズ数が高いほど大きくなり，実験によって求められた n の値を**表5.1**に示す．

表5.1 指数法則における n の値

Re	4×10^3	$10^4 \sim 3\times 10^4$	1.2×10^5	3.5×10^5	3.2×10^6
n	6	7	8	9	10

なお，層流の場合，平均流速 u_m と最大速度 $u_{\max}$ との比は $u_m/u_{\max}=0.5$ であったが，乱流においては，扁平な速度分布を示し，レイノルズ数が高くなるほどその傾向が強くなり，$Re=10^5$ 付近では $u_m/u_{\max} \fallingdotseq 0.817$ となる（問題5.9参照）．

（2）**速度分布の対数法則**　5.1.2項で述べたように，乱流が滑らかな固体壁面に沿って流れる場合，壁面にごく近いところでは，流体粒子の混合作用が抑えられて，図5.6に示すような粘性底層と呼ばれる厚さ δ_0 の層流の薄い層ができる．この層はきわめて薄いから，層内の速度分布はほぼ直線とみなすことができる．したがって，壁面上のせん断応力を τ_0 とすると，$\tau_0=\mu(u/y)$ と考えられ，$\mu=\rho\nu$ であるから

$$\frac{\tau_0}{\rho} = \nu \frac{u}{y} \quad (y \leq \delta_0) \tag{5.34}$$

となる．ここで，流れは乱流であるので，u は時間平均速度を表す．

上式の左辺の平方根をとって $\sqrt{\tau_0/\rho}=u_*$ と表したとき，u_* は速度の次元をもつので**摩擦速度**（friction velocity）と呼ばれる．式(5.34)を u_* を用いて変形すると

$$\frac{u}{u_*} = \frac{u_* y}{\nu} \tag{5.35}$$

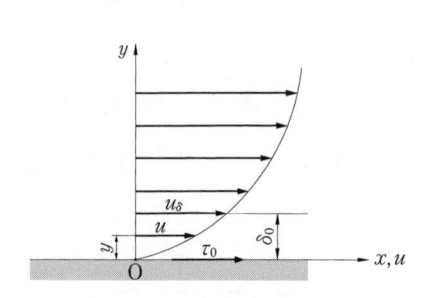

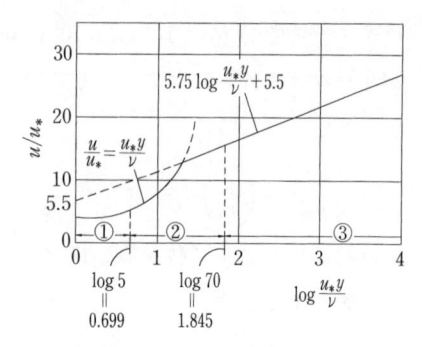

図 5.6　粘性底層近くの流れ　　　図 5.7　滑らかな円管内の乱流速度分布

となる。$y=\delta_0$ のときの速度を $u=u_\delta$ とおくと，上式は

$$\frac{u_\delta}{u_*}=\frac{u_* \delta_0}{\nu}\equiv R_\delta \tag{5.36}$$

となり，R_δ はレイノルズ数である。この式は，粘性底層の領域における速度分布を表しており，これを**図 5.7** に示す。

また，壁からかなり離れたところでは，これも 5.1.2 項で述べたように，式(5.1)の右辺第 1 項の粘性によるせん断応力 $\mu du/dy$ はほぼ 0 とみなしてよく，レイノルズ応力によるもののみを考えればよい。

そこで，混合距離理論で得られた式(5.8)において，$\tau'=\tau_0$, $\sqrt{\tau_0/\rho}=u_*$ とおくと

$$\tau_0=\rho k^2 y^2 \left(\frac{du}{dy}\right)^2$$

$$u_*^2=\frac{\tau_0}{\rho}=k^2 y^2 \left(\frac{du}{dy}\right)^2$$

$$\therefore\quad u_*=\sqrt{\frac{\tau_0}{\rho}}=ky\frac{du}{dy} \tag{5.37}$$

となり，上式を変数分離して積分すると次式が得られる。

$$\frac{u}{u_*}=\frac{1}{k}\ln y+c=\frac{2.30}{k}\log y+c \tag{5.38}$$

上式において，$y=\delta_0$ のとき $u=u_\delta$ とし，式(5.36)の関係を用いると，積分

定数 C は

$$C = R_\delta - \frac{1}{k} \ln \delta_0 = R'_\delta - \frac{2.30}{k} \log \delta_0 \tag{5.39}$$

これを式(5.38)に代入すると

$$\frac{u}{u_*} = \frac{1}{k} \ln \frac{y}{\delta_0} + R_\delta = \frac{2.30}{k} \log \frac{y}{\delta_0} + R_\delta \tag{5.40}$$

また，式(5.36)から $\delta_0 = R_\delta \nu / u_*$ であるから，これを式(5.40)に代入すると

$$\frac{u}{u_*} = \frac{1}{k} \ln \frac{u_* y}{R_\delta \nu} + R_\delta = \frac{1}{k} \ln \frac{u_* y}{\nu} - \frac{1}{k} \ln R_\delta + R_\delta \tag{5.41}$$

または

$$\frac{u}{u_*} = \frac{2.30}{k} \log \frac{u_* y}{R_\delta \nu} + R_\delta = \frac{2.30}{k} \log \frac{u_* y}{\nu} - \frac{2.30}{k} \log R_\delta + R_\delta \tag{5.41}'$$

となる．ここで，k は5.1.3項で述べたように実験から得られた値0.4であり，また，式(5.41)と式(5.41)′の右辺第2項と第3項の代数和は5.5になることを**ニクラゼ**（Nikuradse）が実験的に得ているので，これらの値を代入すると上の二つの式はそれぞれ

$$\frac{u}{u_*} = 2.5 \ln \frac{u_* y}{\nu} + 5.5 \tag{5.42}$$

$$\frac{u}{u_*} = 5.75 \log \frac{u_* y}{\nu} + 5.5 \tag{5.43}$$

となる．また，式(5.38)において，$y = r_0$ で $u = u_{\max}$ であるから，この条件と $k = 0.4$ を用いると

$$\frac{u_{\max} - u}{u_*} = -2.5 \ln \frac{y}{r_0} = -5.75 \log \frac{y}{r_0} \tag{5.44}$$

を得る．式(5.42)，(5.43)，(5.44)はいずれも対数関数で表示されているので，**速度分布の対数法則**（logarithmic law of velocity distribution）または**普遍速度分布法則**（universal velocity distribution law）と呼ぶ．また，式(5.44)の関係式を**速度欠損則**（velocity defect law）と呼ぶ．

なお，式(5.42)，(5.43)の適用範囲は $y u_* / \nu > 70$ であり，式(5.35)の粘性底層での速度分布の適用範囲は，$y u_* / \nu < 5$ である．

また，粘性底層に近い $5 < yu_*/\nu < 70$ では，**遷移層**（buffer layer または transition layer）が存在し，この領域では粘性によるせん断応力とレイノルズ応力が同程度の大きさとなる。

5.4 粗面円管の速度分布

実用の円管の壁面は，一般に凹・凸があるので，管壁面が粗い場合の流れを検討することは重要である。しかし，管壁面の粗滑の程度は凹・凸の大小，形状，凹・凸の間隔，その他数多くの因子によるので，学問的な扱いは容易でない。したがって，実験された結果も少ない。

ニクラゼは，管内壁にほぼ一定の粒径 ε をもつ砂を張り付けて，人工的に得られる粗面管について実験を行った。管径を d とした場合，ε/d を**相対粗度**（relative roughness）という。

管内の流れが層流の場合に粗さの影響がみられないのは，分子粘性の影響が大きく，慣性の影響がごく小さいために，壁面の凹・凸による流れの乱れがごく壁面近くに限定されるためであるとされている。また，乱流の場合においても，壁面の凹・凸が粘性底層の内部にあるときは，その影響は外側の乱流域にまで及ばないので，滑らかな管と同じと考えてよい。

ここで，前節に示した式(5.36)の粘性底層の厚さ δ_0 の代わりに ε を用いて $\varepsilon u_*/\nu$ としたとき，これを**粗さレイノルズ数**（roughness Reynolds number）という。この値によって粗さの程度は，つぎの三つの領域に分類される。

① 流体力学的に滑らかな領域：$0 \leq \varepsilon u_*/\nu \leq 5$
② 中間的な粗さの領域：$5 \leq \varepsilon u_*/\nu \leq 70$
③ 完全粗面の領域：$\varepsilon u_*/\nu > 70$

③の完全粗面の場合，滑らかな場合と比較して，同一圧力こう配のもとでは流速が遅くなるが，混合距離 l の測定値は滑らかな壁面の場合と変わらないことが実験によって確認されている。したがって，粗い壁面の場合についても，速度分布の対数法則の式(5.38)が成り立つと考えてよい。

そこで，ニクラゼは完全粗面の場合の乱流速度分布の式を

$$\frac{u}{u_*}=\frac{1}{k}\ln\frac{y}{\varepsilon}+B=\frac{2.30}{k}\log\frac{y}{\varepsilon}+B \tag{5.45}$$

と表した。ここで，B は粗さレイノルズ数 $\varepsilon u_*/\nu$ の関数で，完全粗面の領域では $B=8.5$ になることを見出した。

また，$k=0.4$ を上式に代入すると，粗面円管の乱流速度分布は

$$\frac{u}{u_*}=2.5\ln\frac{y}{\varepsilon}+8.5=5.75\log\frac{y}{\varepsilon}+8.5 \tag{5.46}$$

となる。なお，上式で管中心 $y=r_0$ における速度を $u_{\max}$ とした式と式(5.46)の差をとると，ε と 8.5 は消去されて

$$\frac{u_{\max}-u}{u_*}=-2.5\ln\frac{y}{r_0}=-5.75\log\frac{y}{r_0} \tag{5.47}$$

となる。これは，前節の式(5.44)の滑らかな管の場合と同一になる。したがって，管壁面の滑粗にかかわらず最大速度 $u_{\max}$ に対する速度欠損則は，同じ関係式で表されることがわかる。

5.5 直管の管摩擦係数

5.5.1 円管の管摩擦

管入口から助走区間における流れについては，次節で述べることにし，ここでは助走区間を過ぎた十分発達した流れについて考える。この場合には，速度分布は一定の形状をもつようになり，流体摩擦による損失の割合，断面を通る運動エネルギーが一定となる。

図5.8に示すように，内径 d のまっすぐな円管内を密度 ρ の非圧縮性流体が平均流速 v で定常的に流れる場合を考える。この場合，管軸長さ l だけ離れた2点の圧力を p_1, p_2 とした場合，摩擦による**圧力損失**（pressure loss）$p_1-p_2=\Delta p$，**損失ヘッド**（loss of head）h は

$$h=\frac{p_1-p_2}{\rho g}=\frac{\Delta p}{\rho g}=\lambda\frac{l}{d}\frac{v^2}{2g} \tag{5.48}$$

で表される。λ は**管摩擦係数**（friction factor）と呼ばれる無次元の係数で，式(5.48)を**ダルシー・ワイズバッハの式**（Darcy-Weisbach equation）とい

130   5. 流体摩擦

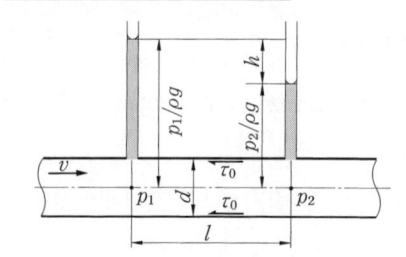

図 5.8 管摩擦損失

い，層流，乱流を問わず成り立つ（問題 5.11 参照）．

5.5.2　滑らかな円管の管摩擦係数

（1）　層流の場合　円管内の流れが層流の場合には，2 点間 l における圧力損失 Δp はハーゲン・ポアズイユの式(5.28)で表されるから，これと，式(5.48)から得られる $\Delta p = \lambda(l/d)(\rho v^2/2)$ とを等しいとおくと

$$\frac{32\mu l v}{d^2} = \lambda \frac{l}{d} \frac{\rho v^2}{2}$$

$$\therefore \quad \lambda = \frac{64\mu}{\rho v d} = \frac{64\nu}{vd} = \frac{64}{Re} \tag{5.49}$$

これより層流の場合の管摩擦係数は，Re 数のみの関数であることがわかる．

（2）　乱流の場合　乱流の管摩擦係数 λ は，そのメカニズムは複雑であるために十分解明されていない．したがって，層流のように λ の理論式はなく，実験式または半理論式が用いられ，以下によく用いられている式について述べる．

レイノルズ数 $Re = 3 \times 10^3 \sim 10^5$ において，つぎの実験式がある．

$$\lambda = 0.3164 Re^{-1/4} \tag{5.50}$$

この式を**ブラジウスの抵抗公式**（Blasius' resistance formula）といい，乱流速度分布の 1/7 乗指数法則に対応する抵抗公式である．ただ，$Re > 10^5$ においては，λ は実験値よりも小さくなる．

つぎに，速度分布の対数法則から導かれた理論式の係数をわずかに補正した $Re = 3 \times 10^3 \sim 3 \times 10^6$ の範囲で用いられる次式は**カルマン・ニクラゼの公式**（Kármán–Nikuradse's formula）といわれ，十分高いレイノルズ数において

も成立し，また，超音速および亜音速の圧縮性流れにおいても成り立つ．

$$\frac{1}{\sqrt{\lambda}} = 2.0 \log(Re\sqrt{\lambda}) - 0.8 \tag{5.51}$$

さらに，高いレイノルズ数 $Re=10^5 \sim 3 \times 10^6$ の範囲で実験値とよく合う，つぎの**ニクラゼの実験式**がある．

$$\lambda = 0.0032 + 0.221 Re^{-0.237} \tag{5.52}$$

5.5.3 粗面円管の管摩擦係数

5.4節において述べたように，流れが層流の場合には壁面の粗さの影響はみられないことから，管摩擦係数 λ は壁面の粗さに無関係であるが，乱流の場合の λ は，レイノルズ数 Re および相対粗度 ε/d の関数となり，ε/d が大きいほど λ は大きくなる．また，レイノルズ数が十分高い場合の λ は，レイノルズ数に無関係に ε/d のみの関数となる．

5.4節で述べた完全粗面の領域，すなわち $\varepsilon u_*/\nu > 70$ では，式(5.46)から導いた理論式の係数をわずかに補正したつぎの式が成立する．

$$\frac{1}{\sqrt{\lambda}} = 1.74 - 2.0 \log \frac{\varepsilon}{a} = 1.14 - 2.0 \log \frac{\varepsilon}{d} \tag{5.53}$$

ここで，a は管半径であり，λ はレイノルズ数には無関係で相対粗度のみで定まることがわかる．

また，実用される各種の材質の円管の管摩擦係数を近似的に与える式として，つぎに示す**コールブルック**（Colebrook）の式がある．

$$\frac{1}{\sqrt{\lambda}} = -2 \log\left(\frac{\varepsilon}{3.71d} + \frac{2.51}{Re\sqrt{\lambda}}\right) \tag{5.54}$$

この式は，滑らかな円管の λ の式(5.51)と，完全粗面の円管の λ の式(5.53)の中間の領域における λ の値を示すもので，この場合は Re と ε/d の両方の関数になる．

以上のように，λ に関して各種の式があるが，実用的にはこれらの式をもとに作成した線図，すなわち名高い**ムーディ線図**（Moody diagram）を用いるのが便利である．図5.9にムーディ線図を示す．右軸は相対粗度 ε/d，左軸は管摩擦係数 λ であり，レイノルズ数 Re と ε/d を与えることにより λ の値を

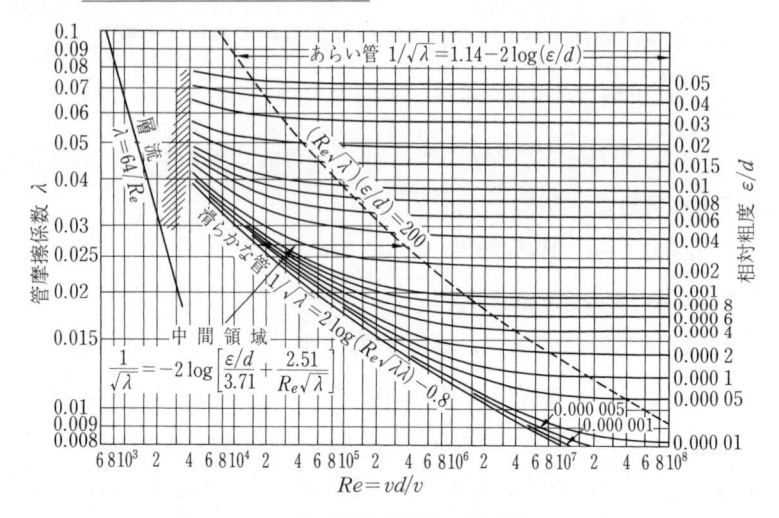

図 5.9 ムーディ線図（「機械工学便覧」による）

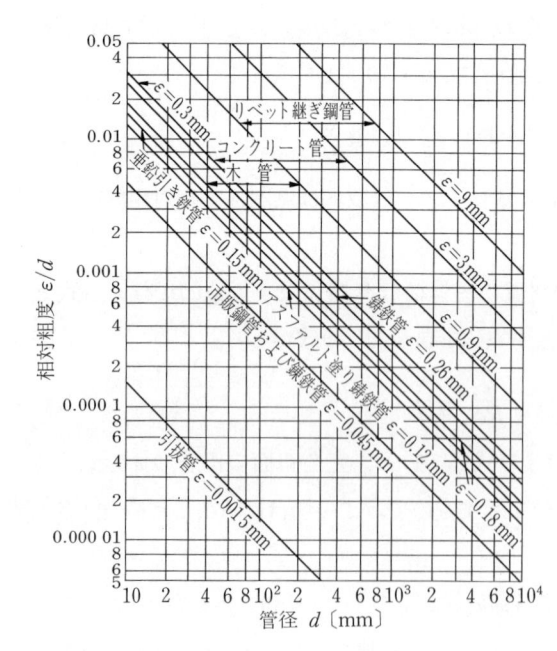

図 5.10 実用管の相対粗度（「機械工学便覧」による）

求めることができる。

また，**図 5.10** に各種実用管の管径 d に対する相対粗度 ε/d を示し，**図**

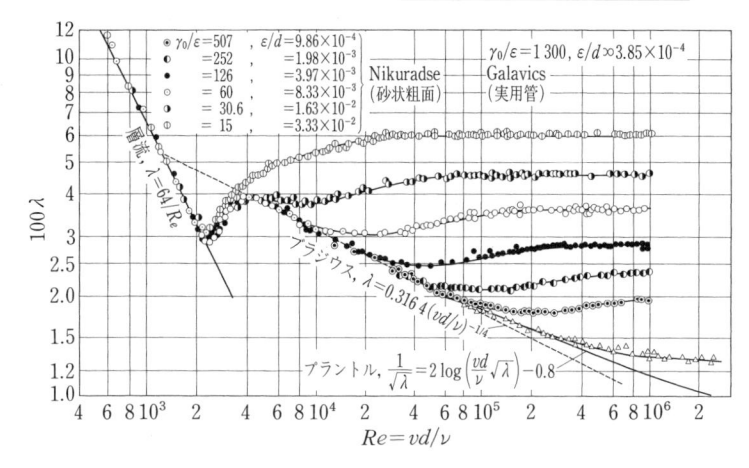

図5.11 粗面円管の管摩擦係数とレイノルズ数の関係
（日本機械学会編「管路・ダクトの流体抵抗」による）

5.11には，ニクラゼが円管内に種々の砂粒を張り付けた粗面円管の管摩擦係数とレイノルズ数の関係を実験的に求めた結果を示してある．比較のために，層流における $\lambda = 64/Re$，ブラジウスの実験による抵抗公式 $\lambda = 0.3164 Re^{-1/4}$ および実用管に対するガラビクスの実験結果を併記してある．

5.5.4 円形断面でない直管の摩擦損失

管路の断面形状が円形でない場合の直管の摩擦による損失ヘッド h は，式(5.48)の d の代わりに $4m$ を代表寸法として用いる．すなわち

$$h = \lambda \frac{l}{4m} \frac{v^2}{2g} \tag{5.55}$$

で表される．ここで，m は**水力平均深さ**（hydraulic mean depth）または流体平均深さで

$m =$ 流路断面積(A)/流路断面で流体が接している固体壁の長さ(s)である．分母の s は**ぬれ縁の長さ**（wetted perimeter）と呼ばれる．

したがって，レイノルズ数 Re および相対粗さ ε/d はそれぞれ

$$Re = \frac{4mv}{\nu}, \quad \frac{\varepsilon}{d} = \frac{\varepsilon}{4m} \tag{5.56}$$

5.6 助走区間における流れと圧力損失ヘッド

5.3～5.5節においては，粘性流体がまっすぐな管内を層流または乱流の状態で流れるとき，十分に発達した流れの場合についての管内の速度分布や摩擦損失について述べた。

ここでは，大きいタンク内にある流体が，丸味を付けたラッパ形入口からまっすぐな円管内を層流または乱流の状態で流れるとき，流れが十分発達するまでの速度分布や圧力損失について述べる。

5.6.1 助走区間における流れ

図5.12に示すように，流体がまっすぐな円管に流入するとき，入口形状がラッパ形であるために，入口直後の速度 v は一様な分布を示し，下流に進むに従って，管表面に境界層（7.1節参照）が発達し，その厚さ δ はしだいに増加する。したがって，管断面の中央部での速度の平坦部分が減少し，ある距離 L_e に達すると，境界層の厚さ δ は管の半径 $r_0=d/2$ と一致し，それ以後は，管表面の摩擦の影響は管の断面全体に及ぶようになる。このような状態になると，流れの速度分布は流れ方向に変化しなくなり，いわゆる，流れが十分発達した層流または乱流の速度分布を示すようになる。この距離 L_e を**助走距離**（inlet length）といい，この区間を通常**助走区間**（inlet region）という。

図のようなラッパ形入口をもった円形断面の管路に流入する場合の助走距離

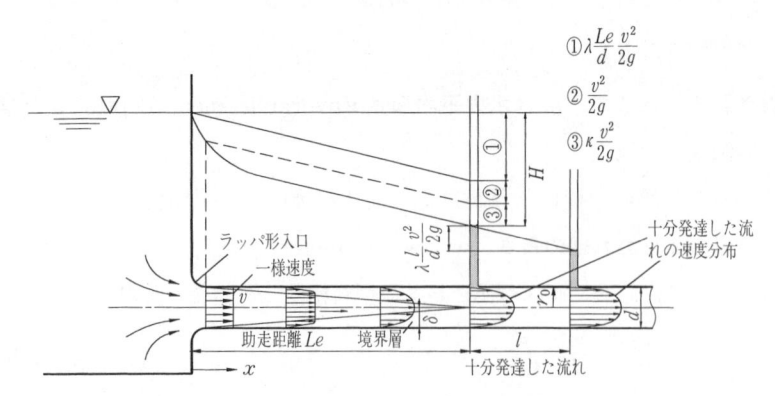

図5.12 助走区間における速度分布および損失ヘッド

5.6 助走区間における流れと圧力損失ヘッド

L_e については，多くの理論的・実験的研究が報告されているが，一般的に次式が用いられている．

層流では，$L_e = (0.06 \sim 0.065) Re \cdot d$ (5.57)

乱流では，$L_e = (25 \sim 40) d$ (5.58)

ここで，$Re = vd/\nu$, d は管直径，v は管内平均流速，ν は流体の動粘度である．

5.6.2 助走区間における圧力損失ヘッド

助走区間を過ぎた距離 $x > L_e$ の流れでは，先に述べたように，速度分布の形状は一定であるから速度ヘッドは変化しない．ゆえに，図5.12に示したように，十分発達した流れの長さ l 間の圧力損失ヘッドは，管摩擦による $\lambda(l/d)v^2/2g$ のみとなる．しかし，助走区間における圧力損失ヘッドは，タンクから管へ流入することにより生じる速度ヘッドに対応する $v^2/2g$, L_e の区間の管壁の摩擦抵抗による損失ヘッド $\lambda(L_e/d)v^2/2g$ と，さらに助走区間特有の圧力損失ヘッド $kv^2/2g$ を考える必要がある．

この $kv^2/2g$ は，一様な速度分布から十分発達した分布へ移行するのに要したエネルギー損失ヘッドと助走区間における管壁近くの速度こう配が，十分発達した流れの速度こう配に比べて大きいために，粘性応力が増すことによる余分の圧力損失ヘッドを加えたものである．

したがって，助走区間 L_e における全圧力損失ヘッドを H とすると

$$H = \frac{v^2}{2g} + \lambda \frac{L_e}{d} \frac{v^2}{2g} + k \frac{v^2}{2g} \quad (5.59)$$

で表される．

ここで，係数 k の値についても多くの理論および実験による研究結果があるが，層流では $k = 1.25 \sim 1.33$，乱流では $k = 0.06 \sim 0.09$ が知られている．

なお，式(5.59)においては，タンクが管に流入するときの損失ヘッド $\xi_1 v^2/2g$† は小さいとして考慮していない．

また，式(5.59)の右辺第1項と第3項をまとめて $1+k = \xi$ とおき，次式で

---

† 6.1.1項参照．

136 5. 流体摩擦

表すこともある。

$$H = \lambda \frac{L_e}{d} \frac{v^2}{2g} + \xi \frac{v^2}{2g} \tag{5.60}$$

演習問題

【5.1】 乱流の二次元流れにおいて，流れ方向（x 方向）およびそれに垂直な y 方向の変動速度成分をそれぞれ u', v' とし，流体の密度を ρ としたとき，乱れによって付加されるせん断応力 τ'（レイノルズ応力）は，次式

$$\tau' = -\rho \overline{u'v'} \tag{5.2}$$

で表されることを示せ。

〔解〕 図 5.13(a) に示したように，流れの速度の時間的平均値を $\bar{u}$ とし，x, y 方向の変動速度成分をそれぞれ u', v' とすると，x 方向の分速度は $u = \bar{u} + u'$，y 方向の分速度は二次元流れであるから，y 方向の速度の時間的平均値は $\bar{v} = 0$ であり，$v = v'$ となる。ここで，ある時間 T の間の平均速度 $\bar{u}$ は

$$\bar{u} = \frac{1}{T} \int_0^T u \, dt$$

で与えられ，変動成分 u', v' の時間的平均はいずれも 0 で次式となる。

(a)

(b)

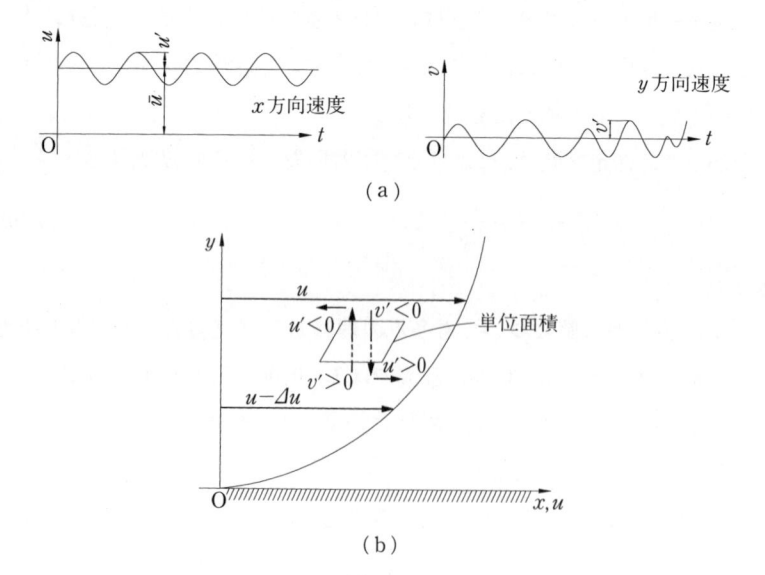

図 5.13

$$\bar{u}' = \frac{1}{T}\int_0^T u' dt = 0, \quad \bar{v}' = \frac{1}{T}\int_0^T v' dt = 0$$

いま，図(b)に示すように，x 軸に平行な単位面積をもつ平面を考え，ここを通過する流体の単位時間あたりの運動量の変化が単位面積に作用する x 方向の力（せん断応力）に等しいという運動量の法則[†]を適用する。

この平面を単位時間に y 方向に通過する流体の質量は $\rho v'$ で，この質量がもっている運動量の x 方向の成分は $\rho v' u$ である。したがって，平面を通過する前後において，運動量の x 方向の成分が $\rho v' u$ だけ変化することになり，これの時間的平均値を求めると

$$\frac{1}{T}\int_0^T \rho v' u \, dt = \frac{1}{T}\int_0^T \rho v'(\bar{u}+u') dt$$
$$= \frac{1}{T}\int_0^T \rho \bar{u} v' dt + \frac{1}{T}\int_0^T \rho u' v' dt = \rho \overline{u'v'}$$

となる。この $\rho\overline{u'v'}$ は $\rho u'v'$ の時間的平均値であり，この運動量に相当する力が，平面上にせん断応力 τ' として作用することになる。

ここで，u', v' の符号について考える。図(b)に示すように，$v' > 0$ のときは，u 方向の遅い速度の粒子が上向きに面を通るから上面の $\bar{u}$ は減少し，$u' < 0$ となる。反対に，$v' < 0$ のときは $u' > 0$ となり，$\overline{u'v'}$ はつねに負となる。したがって，τ' を正にするためにつぎのように，右辺に負号を付けた式を得る。

$$\tau' = -\rho \overline{u'v'} \tag{5.2}$$

【5.2】 図5.2(a)に示すように，固定した2枚の平行平板の間を非圧縮性粘性流体が定常な層流状態で x 方向に流れるときの u の速度分布が式(5.9)で与えられることを証明せよ。また，下の平板は固定し，上の平板を x の負の方向へ U の速度で動く場合の速度分布式を求め，そのときの速度分布図の概略を図(b)にならって描け。ただし，流れは二次元流れとする。

〔解〕 図(a)に示したように，2枚の平板間に体積が $dx \times dy \times 1$ の微小流体粒子を考えると，その各面には，圧力による力と粘性による摩擦力が働く。流れは二次元流れであるから，x 方向に働く力について考えればよい。

圧力による力は 　　　 $p \, dy - \left(p + \frac{dp}{dx} dx\right) dy = -\frac{dp}{dx} dx \, dy$ 　　　 (1)

せん断応力による力は 　 $-\tau \, dx + \left(\tau + \frac{d\tau}{dy} dy\right) dx = \frac{d\tau}{dy} dx \, dy$ 　　　 (2)

これらの力の釣合いから，次式が成り立つ。

　　　式(1)+式(2) $= -\frac{dp}{dx} dx \, dy + \frac{d\tau}{dy} dx \, dy = 0$ 　　　 (3)

[†] 8章参照。

138　5. 流　体　摩　擦

ゆえに

$$\frac{d\tau}{dy} = \frac{dp}{dx} \tag{4}$$

の関係を得る。また，流れは層流であるから，ニュートンの粘性法則よりせん断応力は $\tau = \mu du/dy$ であり，この関係を用いると式(4)は

$$\frac{d^2 u}{dy^2} = \frac{1}{\mu}\frac{dp}{dx} \tag{5}$$

μ は粘度が一定であり，圧力こう配 dp/dx は一つの断面上では等しく，y の関数ではないと考えられるから，式(5)を y について2回積分すると

$$u = \frac{1}{2\mu}\frac{dp}{dx} y^2 + C_1 y + C_2 \tag{6}$$

ここで，C_1, C_2 の積分定数を決定する。

境界条件として，$y=0$ で $u=0$ であり，$y=h$ においても $u=0$ であるから，$C_2=0, C_1=-(1/2\mu)(dp/dx)h$ となり，これらを式(5)に代入すると

$$u = -\frac{1}{2\mu}\frac{dp}{dx}(hy - y^2) \qquad (7) = 式(5.9)$$

つぎに，上の平板が x 軸の負の方向に U の速度で動く場合は，式(6)の積分定数 C_1, C_2 を求めるときの境界条件として，$y=0$ のとき $u=0$，$y=h$ のとき $u=-U$ とおけばよい。すなわち，$C_2=0, C_1=-\{U/h+(1/2\mu)(dp/dx)h\}$ となる。これらを式(6)に代入すると

$$u = -\frac{U}{h} y - \frac{1}{2\mu}\frac{dp}{dx}(hy - y^2) \tag{8}$$

この速度分布の概略を図(b)にならって描くと，図5.14のようになる。

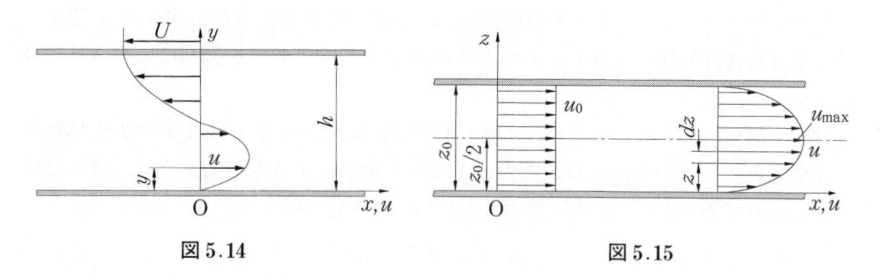

図5.14

図5.15

【5.3】 図5.15に示すように，2枚の平行な平板で作られた流路の入口において，一様の流速 $u_0 = 4 \text{ cm/s}$ で流入したグリセリンが下流で $u = az(z_0 - z)$ で表せる放物線形速度分布になったとする。下流での $u_{\max}$ を求めよ。

〔解〕 平板の紙面に垂直方向の幅を b [cm]，z 方向の微小深さを dz とすると，微小流路断面積は $dA = bdz$ である。流量を Q [cm³/s] とすると入口から下流まで

変化しないから，z における流速 $u=az(z_0-z)$ を用いると流量は次式で表される．

$$Q=z_0 bu_0=\int udA=\int_0^{z_0} az(z_0-z)bdz=ab\left[z\frac{z_0^2}{2}-\frac{z^3}{3}\right]_0^{z_0}=\frac{abz_0^3}{6} \quad (1)$$

これより係数 a は

$$a=\frac{6u_0}{z_0^2} \quad (2)$$

ゆえに，u は次式で表される．

$$u=\frac{6u_0}{z_0^2}z(z_0-z) \quad (3)$$

$u_{\max}$ は，平板間の中心線上すなわち $z=z_0/2$ で生じるから

$$u_{\max}=\frac{6u_0}{z_0^2}\cdot\frac{z_0}{2}\cdot\frac{z_0}{2}=\frac{3u_0}{2} \quad (4)$$

ゆえに，$u_0=4\,\mathrm{cm/s}$ を式(4)に代入すると

$$u_{\max}=3\times\frac{4}{2}=6\,\mathrm{cm/s}$$

【5.4】 間隔を $h=2\,\mathrm{mm}$ 隔てた平行2平板間に，粘度 $\mu=1.14\,\mathrm{mPa\cdot s}$ の水（密度 $\rho=999.1\,\mathrm{kg/m^3}$）が満たされている．一方の板を固定し，他方の板を $U=2\,\mathrm{m/s}$ で動かすとき，2平面間に作用するせん断応力 τ はいくらか．ただし，2平面間の速度 u の分布は直線的，すなわちクエットの流れを示すものとする．

〔解〕 クエットの流れは，式(5.16)において，右辺第2項は0であるから速度 u の分布は

$$u=\frac{U}{h}y \quad (1)$$

式(1)を y で微分すると，$du/dy=U/h$ となり，これをニュートンの粘性法則の式 $\tau=\mu du/dy$ に代入すると

$$\tau=\frac{\mu U}{h} \quad (2)$$

上式に $\mu=1.14\,\mathrm{mPa\cdot s}=1.14\times10^{-3}\,\mathrm{Pa\cdot s}=1.14\times10^{-3}\,\mathrm{N/m^2\cdot s}$，$U=2\,\mathrm{m/s}$，$h=2\,\mathrm{mm}=2\times10^{-3}\,\mathrm{m}$ を代入すると

$$\tau=\frac{1.14\times10^{-3}\times2}{2\times10^{-3}}=1.14\,\mathrm{N/m^2}=1.14\,\mathrm{Pa}$$

【5.5】 図5.16に示すように，水平面と $\theta=40°$ 傾斜した断面が一様な内径 $d=60\,\mathrm{mm}$ の円管内を密度 $\rho=900\,\mathrm{kg/m^3}$，動粘度 $\nu=0.0002\,\mathrm{m^2/s}$ の油が流れている．$l=10\,\mathrm{m}$ 離れた2点①，②の圧力が，それぞれ $p_1=350\,\mathrm{kPa}$，$p_2=250\,\mathrm{kPa}$ である．流れが層流であると仮定して，(a)流れは上昇しているか，下降しているか．(b)①-②間の流動による損失ヘッド H_l 〔m〕を求めよ．(c)流量 Q 〔$\mathrm{m^3/s}$〕を求めよ．

(d) 流速 v [m³/s] を求めよ. (e) レイノルズ数 Re を求めよ. (f) 流れが層流と仮定したのは妥当であったか否かを確かめよ.

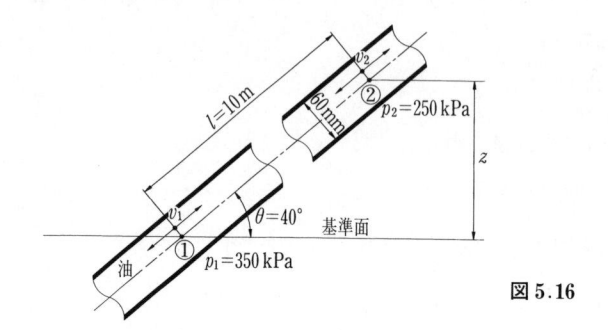

図 5.16

〔解〕 流れが上昇していると仮定して,断面 ① を基準として,①-② 間に修正ベルヌーイの式†を適用すると

$$\frac{p_1}{\rho g}+\frac{v_1^2}{2g}=\frac{p_2}{\rho g}+\frac{v_2^2}{2g}+z+H_l \tag{1}$$

断面が一様であるから $v_1=v_2$, したがって上式は

$$\frac{p_1}{\rho g}=\frac{p_2}{\rho g}+z+H_l \tag{2}$$

ここで,$\rho=900$ kg/m³, $p_1=350\times10^3$ Pa, $p_2=250\times10^3$ Pa, $z=l\sin\theta=10\sin 40°$ $=6.43$ m を式 (2) に代入すると,損失ヘッド H_l は

$$H_l=\frac{p_1}{\rho g}-\frac{p_2}{\rho g}-z=\frac{(350-250)\times 10^3}{900\times 9.8}-6.43=4.91 \text{ m} \tag{3}$$

(a) 損失ヘッドが正の値をもつから,流れは上昇する.

(b) 損失ヘッド は $H_l=4.91$ m.

(c) 流れが層流であると仮定すると,ハーゲン・ポアズイユの法則より,流量 Q と管長 l を流動する間の管摩擦損失ヘッド H_l との間には,式 (5.27) より

$$Q=\frac{\pi\rho g d^4 H_l}{128\mu l}=\frac{\pi g d^4 H_l}{128\nu l} \tag{4}$$

の関係がある.上式に $d=60\times 10^{-3}$ m, $\nu=0.0002$ m²/s, $H_l=4.91$ m, $\rho=900$ kg/m³, $l=10$ m を代入すると

$$Q=\frac{\pi\times 9.8\times 0.06^4\times 4.91}{128\times 0.0002\times 10}=0.00765 \text{ m}^3/\text{s}$$

(d) 管内流速は $v=Q/A$ より求まり,$A=(\pi/4)\times 0.06^2$ m² であるから

$$v=\frac{0.00765\times 4}{0.06^2\pi}=2.71 \text{ m/s}$$

---

† 式 (6.15) 参照.

(e) レイノルズ数は $Re=\dfrac{dv}{\nu}$ より求まり，$d=0.06$ m，$v=2.71$ m/s，$\nu=0.0002$ m²/s を代入すると

$$Re=\frac{2.71\times 0.06}{0.0002}=813$$

(f) $Re=813$ は臨界レイノルズ数 2300 より小さいから流れは層流であり，仮定は正しいことがわかる。

【5.6】 半径 r_0 の滑らかな円管内を密度 ρ の流体が層流状態で流れるとき，任意の断面を単位時間に通る流体の運動エネルギー E_1 を求めよ。また，円管内の平均流速を u_m とし，u_m が断面上で一様に分布していると仮定したときの運動エネルギー E_2 と比較せよ。

〔解〕 滑らかな円管内を層流の状態で流れるときの速度分布は，式(4.16)

$$u=-\frac{1}{4\mu}\frac{dp}{dx}(r_0^2-r^2) \qquad (1)=式(4.16)$$

から回転放物体の形状になることはすでに述べた。まず，このときの運動エネルギー E_1 を求める。

任意の半径 r の位置における速度を u とすると，半径 r における微小厚み dr の環状部分を通過する流体の単位時間あたりの質量は，$\rho\cdot 2\pi r\cdot dr\cdot u$ であるから，運動エネルギーは $\rho\cdot 2\pi r\cdot dr\cdot u(u^2/2)=\rho\pi u^3 r dr$ となる。ゆえに，任意の断面での単位時間あたりの全体の運動エネルギー E_1 は

$$E_1=\rho\pi\int_0^{r_0}u^3 r\,dr \qquad (2)$$

ここで，u は式(4.16)と式(5.25)の $u_m=-(r_0^2/8\mu)(dp/dx)$ とから，dp/dx を消去すると

$$u=2u_m\left\{1-\left(\frac{r}{r_0}\right)^2\right\} \qquad (3)$$

と表せる。式(3)を式(2)に代入して積分し，$\pi r_0^2 u_m=Q$ を用いると

$$E_1=\rho\pi\int_0^{r_0}\left[2u_m\left\{1-\left(\frac{r}{r_0}\right)^2\right\}\right]^3 r\,dr=\rho\pi u_m^3 r_0^2=\rho Q u_m^2 \qquad (4)$$

つぎに，半径 r_0 の円管内を平均流速 u_m で一様に分布している場合を考える。一般に，質量を m とすると運動エネルギーは $(1/2)mu_m^2$ であり，単位時間，単位質量あたりの運動エネルギーは $u_m^2/2$ である。そこで，断面全体を単位時間あたりに通過する流体の質量は $\rho\pi r_0^2 u_m$ であるから，全体の運動エネルギー E_2 は

$$E_2=\rho\pi r_0^2 u_m\frac{u_m^2}{2}=\frac{\rho}{2}Q u_m^2 \qquad (5)$$

したがって，E_1 と E_2 を比較すると

$$E_1 = 2E_2 \tag{6}$$

【5.7】 内径 $d=60$ mm, 長さ $l=400$ m の水平管路内を, 比重 $s=0.85$ の原油が流量 $Q=0.120$ m³/min の割合で送られている。管路における圧力降下が $\Delta p=250$ kPa であるとき, この油の粘度 μ を求めよ。

〔解〕 流れが層流であると仮定すれば, ハーゲン・ポアズイユの式(5.28)を用いることができる。

$$\Delta p = \frac{128\mu l Q}{\pi d^4} \tag{1} = 式(5.28)$$

上式を変形して

$$\mu = \frac{\Delta p(\pi d^4)}{128 l Q} \tag{2}$$

を得る。ここで, $\Delta p=250\times 10^3$ Pa, $d=6\times 10^{-2}$ m, $l=400$ m, $Q=0.120/60$ m³/s を式(2)に代入すると

$$\mu = \frac{250\times 10^3 \times \pi \times (6\times 10^{-2})^4 \times 60}{128\times 400\times 0.120} = 0.099 \text{ Pa·s}$$

ここで, レイノルズ数 $Re=u_m d/\nu$ の値を計算し, この流れが層流であるか否かを確かめる。ここで, $u_m=4Q/\pi d^2$, $\nu=\mu/\rho$ であるから, Re は

$$Re = \frac{4Q\rho}{\pi d \mu} \tag{3}$$

となり, $Q=0.120/60$ m³/s, $\rho=s\times 10^3 = 850$ kg/m³, $d=6\times 10^{-2}$ m, $\mu=0.099$ Pa·s を式(3)に代入すると

$$Re = \frac{4\times 0.12\times 850}{6\times 10^{-2}\times 0.099\times 60\times \pi} = \frac{408}{1.120} = 364.3$$

となり, 臨界レイノルズ数 2 320 より小さいから層流と仮定したことは正しく, 粘度は $\mu=0.099$ Pa·s となる。

【5.8】 図5.4に示すような外管の内半径 r_0, 内管の外半径 r_i の同心二重円管内を, 非圧縮性粘性流体が層流状態で定常的に流れる場合, u の速度分布が式(5.30)で与えられることを導け。

〔解〕 図5.4に示すように, 任意の半径 r, 長さ dx, 厚さ dr の同心の微小な円筒を考え, それに作用する圧力による力とせん断応力による力の x 軸方向での釣合いを考えると次式を得る。

$$p\cdot 2\pi r dr - \left(p+\frac{dp}{dx}dx\right)2\pi r dr - \left(\tau + \frac{d\tau}{dr}dr\right)2\pi(r+dr)dx + \tau\cdot 2\pi r dx = 0 \tag{1}$$

上式で二次の微小項を省略して整理すると

$$\frac{dp}{dx}+\frac{d\tau}{dr}+\frac{\tau}{r}=\frac{dp}{dx}+\frac{1}{r}\left\{\frac{d(\tau r)}{dr}\right\}=0 \tag{2}$$

式(2)に rdr を乗じ，r について積分する．ここで，圧力こう配 dp/dx は r に関係なく一定であるので

$$\int\frac{dp}{dx}(rdr)+\int\frac{d(\tau r)}{dr}dr=\frac{dp}{dx}\frac{r^2}{2}+\tau r=C_1 \tag{3}$$

式(3)の τ にニュートンの粘性法則より得られる $\tau=\mu du/dy=-\mu du/dr$ を代入し，両辺に dr/r を乗じてさらに r について積分する．

$$\frac{1}{2}\frac{dp}{dx}\int rdr-\mu\int\frac{du}{dr}dr=C_1\int\frac{dr}{r} \tag{4}$$

式(4)は

$$\frac{1}{4}\frac{dp}{dx}r^2-\mu u=C_1\ln r+C_2 \tag{5}$$

ここで，境界条件 $r=r_i$ で $u=0$，$r=r_0$ で $u=0$ を用いて積分定数 C_1, C_2 を求めると

$$C_1=-\frac{\dfrac{dp}{dx}\dfrac{r_0^2-r_i^2}{4}}{\ln(r_i/r_0)} \tag{6}$$

$$C_2=\frac{dp}{dx}\left\{\frac{r_0^2}{4}+\frac{r_0^2-r_i^2}{4}\frac{\ln r_0}{\ln(r_i/r_0)}\right\} \tag{7}$$

したがって，層流の速度分布は式(5)を変形して，これに C_1, C_2 の値を代入すれば求まり

$$u=\frac{1}{\mu}\left(\frac{1}{4}\frac{dp}{dx}r^2-C_1\ln r-C_2\right)$$
$$=-\frac{1}{4\mu}\frac{dp}{dx}\left\{r_0^2-r^2+\frac{r_0^2-r_i^2}{\ln(r_i/r_0)}\ln\frac{r_0}{r}\right\} \tag{8}=\text{式}(5.30)$$

【5.9】 十分に発達した円管内の速度分布はすでに述べたとおり，乱流の場合は 1/7 乗の指数法則の式より

$$u=u_{\max}\left(\frac{y}{r_0}\right)^{\frac{1}{7}} \tag{5.32}$$

で表せる．この場合の平均流速 u_m と管中心の最大流速 $u_{\max}$ との比が $u_m/u_{\max}=0.817$ になることを証明せよ．ただし，r_0 は管の半径，y は管壁からの距離で，u は半径 r または y における流速である．

〔解〕 流量は $Q=\pi r_0^2 u_m$ であるから，平均流速は

$$u_m=\frac{Q}{\pi r_0^2} \tag{1}$$

乱流の場合の速度分布の式において，$r=r_0-y$ の関係があるから，$r=0$ で $y=$

r_0, $r=r_0$ で $y=0$ である。ゆえに流量 Q は

$$Q=\int_0^{r_0} 2\pi r u dr = \int_0^{r_0} 2\pi r u_{\max}\left(\frac{y}{r_0}\right)^{\frac{1}{7}} dr = 2\pi u_{\max} r_0^{-\frac{1}{7}} \int_{r_0}^{0} y^{\frac{1}{7}}(r_0-y)(-dy)$$

$$= 2\pi u_{\max} r_0^{-\frac{1}{7}} \left\{\int_{r_0}^{0} r_0 y^{\frac{1}{7}}(-dy) + \int_0^{r_0} y^{\frac{8}{7}} dy\right\}$$

$$= 2\pi u_{\max} r_0^{-\frac{1}{7}} \left[-\frac{7}{8} r_0 y^{\frac{8}{7}} + \frac{7}{15} y^{\frac{15}{7}}\right]_{r_0}^{0} = 2\pi u_{\max} r_0^{-\frac{1}{7}} \left(\frac{7}{8} r_0 r_0^{\frac{8}{7}} - \frac{7}{15} r_0^{\frac{15}{7}}\right)$$

$$= 2\pi u_{\max} r_0^{\frac{15-1}{7}} \left(\frac{7}{8} - \frac{7}{15}\right) = 2\pi u_{\max} r_0^2 \times \frac{49}{120} = \pi u_{\max} r_0^2 \times \frac{49}{60} \quad (2)$$

これより，乱流の場合の平均流速 u_m は式(1)と式(2)から

$$u_m = \frac{Q}{\pi r_0^2} = \frac{49}{60} u_{\max} = 0.817 u_{\max}$$

となり，これより

$$\frac{u_m}{u_{\max}} = 0.817$$

【5.10】 滑らかな円管内の速度分布が対数法則に従うとしたとき，管壁から y_1 および y_2 における速度を u_1, u_2 とすれば，管壁におけるせん断応力 τ_0 は

$$\tau_0 = \rho \left\{\frac{u_2-u_1}{5.75 \log(y_2/y_1)}\right\}^2$$

で与えられることを証明せよ。

〔解〕 乱流速度分布の対数法則の式(5.43)を用いて，管壁からの距離 y_1 および y_2 における速度をそれぞれ u_1, u_2 とすると

$$\frac{u_1}{u_*} = 5.75 \log \frac{u_* y_1}{\nu} + 5.5 \quad (1)$$

$$\frac{u_2}{u_*} = 5.75 \log \frac{u_* y_2}{\nu} + 5.5 \quad (2)$$

となり，両式の差(2)-(1)を求めると

$$\frac{u_2-u_1}{u_*} = 5.75 \left(\log \frac{u_* y_2}{\nu} - \log \frac{u_* y_1}{\nu}\right) = 5.75 \log(y_2/y_1) \quad (3)$$

ここで，摩擦速度 $u_* = \sqrt{\tau_0/\rho}$ であるから，これを上式に代入して整理すると

$$\tau_0 = \rho \left\{\frac{u_2-u_1}{5.75 \log(y_2/y_1)}\right\}^2 \quad (4)$$

【5.11】 内径 d のまっすぐな円管内を，密度 ρ の非圧縮性粘性流体が平均流速 v で定常的に流れる場合，管長 l における損失ヘッド h が，式(5.48)のダルシー・ワイズバッハの式で表されることを導け。

〔解〕 図5.8に示すような内径 d の断面が一様な水平管路内の流れを，距離 l について考える。管壁には，流れに抗してせん断応力 τ_0 が作用する。いま，管壁表

面の摩擦係数を C_f としたとき, τ_0 はつぎの式で定義される.

$$\tau_0 = C_f \frac{1}{2}\rho v^2 \tag{1}$$

ここで, ρ は流体の密度, v は管内平均流速である.

つぎに, 上流側の管内の圧力を p_1, l 離れた下流の圧力を p_2 としたとき, 単位面積あたりの圧力低下は $p_1 - p_2 = \Delta p$ である. ゆえに, 距離 l 間に生じる力の釣合いより次式が成り立つ.

$$\Delta p \frac{\pi}{4} d^2 = \tau_0 \pi d l$$

これより, Δp は

$$\Delta p = 4\frac{l}{d}\tau_0 \tag{2}$$

式(1)と式(2)とから, Δp は次式で表すことができる.

$$\Delta p = 2C_f \frac{l}{d}\rho v^2 \tag{3}$$

圧力降下 Δp を ρg で割って損失ヘッド h で表すと

$$h = \frac{\Delta p}{\rho g} = 2C_f \frac{l}{d}\frac{v^2}{g} \tag{4}$$

ここで, $4C_f = \lambda$ とおくと

$$h = \frac{\Delta p}{\rho g} = \frac{p_1 - p_2}{\rho g} = \lambda \frac{l}{d}\frac{v^2}{2g} \tag{5} =式(5.48)$$

【5.12】 比重 $s = 0.85$, 粘度 $\mu = 35 \times 10^{-3}$ Pa·s の油が, 内径 $d = 10$ cm の水平な円管内を平均流速 $u_m = 0.5$ m/s の速度で流れている. この流れは, 層流であるか乱流であるかを確かめよ. また, 管長 $l = 150$ m における損失圧力 Δp を求めよ.

〔解〕 流れが層流であるか否かを確かめるには, レイノルズ数を求めて, その値が臨界レイノルズ数 $Re = 2\,320$ 以下であるかどうかを確かめればよい.

油の密度 $\rho = \rho_w \cdot s = 0.85 \times 10^3 = 850$ kg/m³

ゆえに, 動粘度は

$$\nu = \frac{\mu}{\rho} = \frac{35 \times 10^{-3}}{850} = 4.11 \times 10^{-5} \text{ m}^2/\text{s} \tag{1}$$

また, $d = 10$ cm $= 0.1$ m, $u_m = 0.5$ m/s であるから, これらを次式に代入すると

$$Re = \frac{du_m}{\nu} = \frac{0.1 \times 0.5}{4.11 \times 10^{-5}} = 1\,217$$

となり, $2\,320$ 以下であるから流れは層流である.

つぎに, $l = 150$ m における損失圧力 Δp を求める. 流れが層流であるから, 管摩擦係数 λ は式(5.49)より求まる. すなわち

$$\lambda = \frac{64}{Re} = \frac{64}{1\,217} = 0.053$$

ゆえに，損失圧力 Δp は，式(5.48)のダルシー・ワイズバッハの式を変形した次式より求まる．

$$\Delta p = \lambda \frac{l}{d} \frac{\rho u_m^2}{2}$$

上式に $\lambda = 0.053$, $l = 150$ m, $d = 0.1$ m, $\rho = 850$ kg/m³, $u_m = 0.5$ m/s を代入すると

$$\Delta p = 0.053 \times \frac{150 \times 850 \times 0.5^2}{2 \times 0.1} = 8\,446.9 \text{ Pa} = 8.45 \text{ kPa}$$

【5.13】 図 5.17 に示すような注射筒を用いて $Q = 0.4$ cm³/s の割合で液を注入するとき，ピストンを押す力 F を求めよ．ただし，注射液は，密度 $\rho = 900$ kg/m³，粘性係数 $\mu = 0.002$ Pa·s であるとし，$d_1 = 10$ mm の大きい筒の部分の損失は無視できるものとする．

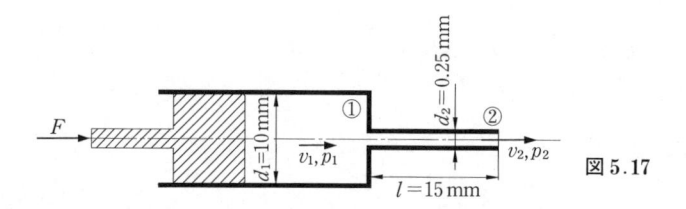

図 5.17

〔解〕 注射針出口の速度 v_2 は，②の断面積を A_2，流量を Q とすると連続の式より $v_2 = Q/A_2$ となる．ここで，$Q = 0.4 \times 10^{-6}$ m³/s, $A_2 = (\pi/4)d_2^2 = (\pi/4) \times 0.25^2 \times 10^{-6}$ であるから

$$v_2 = \frac{0.4 \times 10^{-6} \times 4}{0.25^2 \times 10^{-6} \times \pi} = 8.149 \text{ m/s}$$

つぎに，注射針内の流れが層流であるか否かを知るためにレイノルズ数 Re を次式で求める．

$$Re = \frac{v_2 d_2}{\nu} = \frac{\rho v_2 d_2}{\mu} \tag{1}$$

上式に，$\rho = 900$ kg/m³, $v_2 = 8.149$ m/s, $d_2 = 0.25 \times 10^{-3}$ m, $\mu = 0.002$ Pa·s $= 0.002$ (N/m²)·s $= 0.002$ kg/(m·s) を代入すると

$$Re = \frac{900 \times 8.149 \times 0.25 \times 10^{-3}}{0.002} = 916.8$$

これより，流れは層流であることがわかる．

したがって，管摩擦係数 λ は次式より求まる．

$$\lambda = \frac{64}{Re} = \frac{64}{916.8} = 0.07 \tag{2}$$

ゆえに，損失ヘッド h は次式より求まり

$$h = \lambda \frac{l}{d_2} \frac{v_2^2}{2g} \tag{3}$$

$\lambda = 0.07$, $l = 1.5 \times 10^{-2}$ m, $d_2 = 0.25 \times 10^{-3}$ m, $v_2 = 8.15$ m/s, $g = 9.8$ m/s² を上式に代入すると

$$h = 0.07 \times \frac{1.5 \times 10^{-2}}{0.25 \times 10^{-3}} \times \frac{8.15^2}{2 \times 9.8} = 14.2 \text{ m}$$

つぎに，ピストンを押す力 F を求めるために，まず断面①と②の圧力差 $p_1 - p_2$ の値を知る必要がある．

そこで，①と②との間に修正ベルヌーイの式を適用する．

$$\frac{p_1}{\rho g} + \frac{v_1^2}{2g} + z_1 = \frac{p_2}{\rho g} + \frac{v_2^2}{2g} + z_2 + h \tag{4}$$

ここで，d_1 は d_2 に比べてかなり大きいので，断面①の流速 v_1 は 0 とみなせる．また，$z_1 = z_2$ であるとすると式（4）は

$$\frac{p_1 - p_2}{\rho g} = \frac{v_2^2}{2g} + h \tag{5}$$

ゆえに，圧力差 $p_1 - p_2$ は次式で表され，それぞれ値を代入すると

$$p_1 - p_2 = \rho g \left(\frac{v_2^2}{2g} + h \right) \tag{6}$$

$$= 900 \times 9.8 \times \left(\frac{8.15^2}{2 \times 9.8} + 14.2 \right) = 155\,134 \text{ Pa} = 155.1 \text{ kPa}$$

ピストンの断面積は $A_1 = (\pi/4) d_1^2 = (\pi/4) \times 0.01^2$ m² であるから，ピストンに加える力 F は

$$F = A_1 (p_1 - p_2) = \frac{0.01^2 \times \pi}{4} \times 155\,134 = 12.2 \text{ N}$$

【5.14】 直径 $d = 10$ mm の管内流れのレイノルズ数が $Re = 1\,800$ であるとき，管長 $l = 100$ m についての摩擦損失水頭が $h = 30$ m であった．この場合の毎分あたりの流量 Q を求めよ．

〔解〕 流れは層流であるから，管摩擦損失係数 λ は，式（5.49）を用いて

$$\lambda = \frac{64}{Re} = \frac{64}{1\,800} = 0.035\,56 \tag{1}$$

つぎに，ダルシー・ワイズバッハの式（5.48）$h = \lambda (l/d)(v^2/2g)$ を変形して，管内平均流速 v を求める．

$$v = \sqrt{2gh \frac{d}{\lambda l}} \tag{2}$$

上式に $g = 9.8$ m/s², $h = 30$ m, $d = 10 \times 10^{-3}$ m, $l = 100$ m, $\lambda = 0.035\,56$ を代入すると

$$v = \sqrt{2 \times 9.8 \times 30 \times \frac{10 \times 10^{-3}}{0.035\,56 \times 100}} = 1.29\,\text{m/s}$$

ゆえに，毎分あたりの流量 $Q\,\text{m}^3/\text{min}$ は，管断面積が $A = (\pi/4)d^2 = (\pi/4) \times 0.01^2\,\text{m}^2$ であるから

$$Q = 60 A v = 60 \times \left(\frac{\pi \times 0.01^2}{4}\right) \times 1.29 = 6.08 \times 10^{-3}\,\text{m}^3/\text{min}$$

【5.15】 図 5.18 に示すように，管路内を流量 Q_0 で流れる流体が，管長，管径がそれぞれ l_1, d_1 および l_2, d_2 の水平な 2 本の十分に長い管に分かれて大気中に放出されているときの，それぞれの管の流量 Q_1, Q_2 を求めよ。ただし，分岐による損失は無視する。

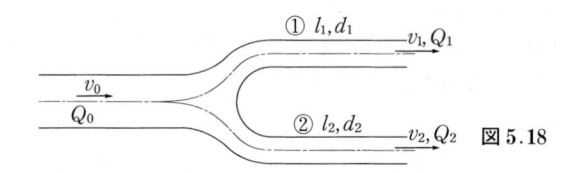

図 5.18

〔解〕 この場合，分岐後の損失が等しくなるように分岐され，摩擦損失のみを考える。管①の流速 v_1，管②の流速 v_2 は，それぞれ次式で表される。

$$v_1 = \frac{4Q_1}{\pi d_1^2}, \quad v_2 = \frac{4Q_2}{\pi d_2^2} \tag{1}$$

ゆえに，損失水頭を h とするとつぎの関係式が成り立つ。

$$h = \lambda_1 \frac{l_1}{d_1} \frac{1}{2g} \left(\frac{4Q_1}{\pi d_1^2}\right)^2 = \lambda_2 \frac{l_2}{d_2} \frac{1}{2g} \left(\frac{4Q_2}{\pi d_2^2}\right)^2 \tag{2}$$

これより

$$\lambda_1 \frac{l_1 Q_1^2}{d_1^5} = \lambda_2 \frac{l_2 Q_2^2}{d_2^5} \tag{3}$$

が得られ，Q_1 と Q_2 の関係は次式となる。

$$\frac{Q_1}{Q_2} = \sqrt{\frac{\lambda_2}{\lambda_1} \frac{l_2}{l_1} \frac{d_1^5}{d_2^5}} \tag{4}$$

また

$$Q_0 = Q_1 + Q_2 \tag{5}$$

の関係があるから，$Q_1 = Q_0 - Q_2$，$Q_2 = Q_0 - Q_1$ であり，これらを式 (4) に代入すると，Q_1, Q_2 はそれぞれ次式で求まる。

$$Q_1 = \frac{Q_0\sqrt{\dfrac{\lambda_2}{\lambda_1}\dfrac{l_2}{l_1}\dfrac{d_1^5}{d_2^5}}}{1+\sqrt{\dfrac{\lambda_2}{\lambda_1}\dfrac{l_2}{l_1}\dfrac{d_1^5}{d_2^5}}} \tag{6}$$

$$Q_2 = \frac{Q_0}{1+\sqrt{\dfrac{\lambda_2}{\lambda_1}\dfrac{l_2}{l_1}\dfrac{d_1^5}{d_2^5}}} \tag{7}$$

【5.16】 管摩擦損失係数 λ がブラジウスの式に従うとして，20 ℃の水を直径 $d=100$ mm の管内に $Q=1.5$ m³/min の割合で送水している場合の長さ $l=1$ km あたりの損失水頭 h 〔m〕および必要動力 P 〔kW〕を求めよ．

〔解〕 まず，管内の流速 v は流量を Q，管断面積を A とすると，連続の式より

$$v = \frac{Q}{A} \tag{1}$$

$Q=1.5$ m³/min$=1.5/60$ m³/s, $A=(\pi/4)d^2=(\pi/4)\times 0.1^2$ を式(1)に代入すると

$$v = \frac{(1.5/60)}{(0.1^2\pi/4)} = 3.18 \text{ m/s}$$

20 ℃の水の動粘度 ν を表 1.4 より 1.004×10^{-6} m²/s とすると，レイノルズ数 Re は

$$Re = \frac{v\cdot d}{\nu} = \frac{3.18\times 0.1}{1.004\times 10^{-6}} = 3.17\times 10^5 \tag{2}$$

となり，流れが乱流であるからブラジウスの式(5.50)を適用して管摩擦損失係数 λ を求める．

$$\lambda = 0.3164 Re^{-0.25} = 0.3164\times(3.17\times 10^5)^{-0.25} = 0.0133 \tag{3}$$

管摩擦損失ヘッド h はダルシー・ワイズバッハの式(5.48)を適用し，それぞれの値を代入すると

$$h = \lambda\frac{l}{d}\frac{v^2}{2g} = 0.0133\times\frac{1000}{0.1}\times\frac{3.18^2}{2\times 9.8} = 68.62 \text{ m} \tag{4}$$

ゆえに，損失に打ち勝って水を流すのに必要な動力 P は次式で求まる．

$$P = \rho g Q h \tag{5}$$

20 ℃の水の密度は $\rho=998.204$ kg/m³ であり，$g=9.8$ m/s², $Q=1.5/60$ m³/s, $h=68.62$ m を式(5)に代入すると

$$P = 998.204\times 9.8\times\frac{1.5}{60}\times 68.62 = 16782 \text{ W} = 16.78 \text{ kW}$$

【5.17】 動粘度 $\nu=1.14\times 10^{-6}$ m²/s，密度 $\rho=999$ kg/m³ の水が，内径 $d=35$ cm のまっすぐな鋳鉄管内を平均流速 $u_m=2.5$ m/s で流れる場合，管の長さ $l=120$ m についての損失ヘッド h 〔m〕ならびに管壁におけるせん断応力 τ_0 〔N/m²〕を求め

よ。ただし，管内壁の粗さは $\varepsilon = 2$ mm とする。

〔解〕 まず，レイノルズ数 Re を求める。

$u_m = 2.5$ m/s, $d = 0.35$ m, $\nu = 1.14 \times 10^{-6}$ m^2/s であるから

$$Re = \frac{u_m d}{\nu} = \frac{2.5 \times 0.35}{1.14 \times 10^{-6}} = 7.68 \times 10^5$$

つぎに，相対粗度は $\varepsilon = 2$ mm $= 0.2$ cm, $d = 35$ cm であるから

$$\frac{\varepsilon}{d} = \frac{0.2}{35} = 0.0057$$

したがって，管摩擦係数 λ は図 5.9 のムーディ線図より求まり，$\lambda = 0.032$ となる。
ゆえに，管摩擦損失ヘッド h は式(5.48)より

$$h = \lambda \frac{l}{d} \frac{u_m^2}{2g} = 0.032 \times \frac{120}{0.35} \times \frac{2.5^2}{2 \times 9.8} = 3.5 \text{ m}$$

つぎに，管壁面上のせん断応力 τ_0 を求める。

式(5.19)の $\tau = (r/2)(\Delta p/l)$ において，$r = r_0$ で $\tau = \tau_0$ であるから

$$\tau_0 = \frac{r_0}{2} \frac{\Delta p}{l} \tag{1}$$

また，管摩擦による円管の圧力降下 Δp は，式(5.48)を変形して

$$\Delta p = \lambda \frac{l}{d} \frac{\rho u_m^2}{2} = \lambda \frac{l}{4 r_0} \rho u_m^2 \tag{2}$$

式(2)を式(1)に代入すると

$$\tau_0 = \frac{\lambda \rho u_m^2}{8} \tag{3}$$

上式に $\lambda = 0.032$, $\rho = 999$ kg/m^3, $u_m = 2.5$ m/s を代入すると

$$\tau_0 = \frac{0.032 \times 999 \times 2.5^2}{8} = 25 \text{ N/m}^2 \tag{4}$$

【5.18】 内径 $d = 90$ mm の滑らかな管内を，動粘度 $\nu = 0.658 \times 10^{-6}$ m^2/s, 密度 $\rho = 992$ kg/m^3 の温水が流量 $Q = 0.45$ m^3/min で流れている。長さ $l = 500$ m の間の摩擦損失ヘッド h 〔m〕，管壁のせん断応力 τ_0 〔N/m^2〕を求めよ。
また，摩擦速度 u_* 〔m/s〕および粘性底層の厚さ δ_0 〔mm〕はいくらとなるか。ただし，管摩擦係数 λ はブラジウスの式を用いて求め，乱流の速度分布は対数法則に従うものとする。

〔解〕 まず，レイノルズ数 Re を求める。管内を流れる流体の平均流速 u_m は，$d = 0.09$ m, $Q = 0.45/60$ m^3/s であるから

$$u_m = \frac{4Q}{\pi d^2} = \frac{4 \times 0.45}{\pi \times 0.09^2 \times 60} = 1.18 \text{ m/s}$$

ゆえに，Re は

$$Re = \frac{u_m d}{\nu} = \frac{1.18 \times 0.09}{0.658 \times 10^{-6}} = 1.612 \times 10^5$$

管摩擦係数 λ は，ブラジウスの式(5.50)より

$$\lambda = 0.3164 Re^{-1/4} = 3.164 \times (1.612 \times 10^5)^{-\frac{1}{4}} = 0.016$$

ゆえに，摩擦損失ヘッド h [m]は

$$h = \lambda \frac{l}{d} \frac{u_m^2}{2g} = 0.016 \times \frac{500}{0.09} \times \frac{1.18^2}{2 \times 9.8} = 6.35 \text{ m}$$

つぎに，管壁のせん断応力 τ_0 は，前問の式(3)を用いて求めると

$$\tau_0 = \frac{\lambda \rho u_m^2}{8} = \frac{0.016 \times 992 \times 1.18^2}{8} = 2.76 \text{ N/m}^2$$

摩擦速度 u_* は，次式に $\rho = 992 \text{ kg/m}^3$，$\tau_0 = 2.76 \text{ N/m}^2$ を代入すると

$$u_* = \sqrt{\frac{\tau_0}{\rho}} = \sqrt{\frac{2.76}{992}} = 0.053 \text{ m/s}$$

また，粘性底層の厚さを δ_0 とすると，粘性底層での速度分布の適用範囲は $yu_*/\nu < 5$ とされているから，$y = \delta_0$ のとき，$\delta_0 u_*/\nu = 5$ とすると

$$\delta_0 = \frac{5\nu}{u_*} = \frac{5 \times 0.658 \times 10^2}{0.053} = 62 \times 10^{-6} \text{ m} = 0.062 \text{ mm}$$

【5.19】 動粘度 $\nu = 14.23 \text{ mm}^2/\text{s}$，密度 $\rho = 1.25 \text{ kg/m}^3$ の空気が，縦 $a = 40 \text{ cm}$，横 $b = 35 \text{ cm}$ の長方形のダクト内を平均流速 $u_m = 15 \text{ m/s}$ で流れるとき，長さ $l = 80 \text{ m}$ の間の圧力損失 Δp を求めよ。ただし，ダクト内壁の粗さは $\varepsilon = 0.15 \text{ mm}$ とし，摩擦係数 λ はムーディ線図より求めよ。

〔解〕 ダクト内の形状が長方形であるから，まず水力平均深さ m を求める。
$a = 0.4 \text{ m}$, $b = 0.35 \text{ m}$ を次式に代入すると

$$m = \frac{a \cdot b}{2(a+b)} = \frac{0.4 \times 0.35}{2 \times (0.4 + 0.35)} = 0.093 \text{ m}$$

$4m$ が円管の直径 d に相当するから，レイノルズ数 Re は次式で求められ，$4m = 0.372 \text{ m}$，$\nu = 14.23 \times 10^{-6} \text{ m}^2/\text{s}$，$u_m = 15 \text{ m/s}$ を代入すると

$$Re = \frac{4m \cdot u_m}{\nu} = \frac{0.372 \times 15}{14.23 \times 10^{-6}} = 3.92 \times 10^5$$

$\varepsilon = 0.15 \text{ mm}$ であるから，相対粗度は

$$\frac{\varepsilon}{d} = \frac{\varepsilon}{4m} = \frac{0.15 \times 10^{-3}}{4 \times 0.093} = 4.03 \times 10^{-4}$$

ゆえに，図5.9のムーディ線図より，管摩擦係数は $\lambda = 0.017$ となる。これらの値を用いると，圧力損失 Δp は

$$\Delta p = \rho g h = \lambda \frac{l}{4m} \frac{\rho u_m^2}{2} = 0.017 \times \frac{80}{4 \times 0.093} \times \frac{1.25 \times 15^2}{2} = 514.1 \text{ Pa}$$

6 管路と水路

6.1 管　　　路

　流体あるいは固体を含む流体を管で輸送する場合，種々のエネルギー損失が生じる。**管摩擦**（pipe friction）による損失ヘッド h は，ダルシー・ワイズバッハの式として次式で表される（5.5.1項および問題5.11参照）。

$$h = \lambda \frac{l}{d} \frac{v^2}{2g} \tag{6.1}$$

ここで，d は管内径，l は管の長さ，v は管内平均流速，g は重力加速度であり，λ は管摩擦係数と呼ばれる無次元数で，レイノルズ数（$Re = vd/\nu$）と管壁の粗さの関数である。ここで，ν は動粘度である。

　この管摩擦のほかに，流路断面積の大きさの変化，流れの方向の変化，弁などによる種々のエネルギー損失が生じる。これらのエネルギー損失のヘッドは，管摩擦による損失ヘッド h と区別して h_s, h_e などと表す。また，管出口の速度エネルギーも一般に損失ヘッドとなる。

　流路断面積の変化などの場合のように，その前後で平均流速が変化するときの損失ヘッド h_s は，損失係数 ζ_1, ζ_2 を用いて次式で表される。

$$h_s = \zeta_1 \frac{v_1^2}{2g} \quad (v_1 > v_2 \text{ の場合}) \tag{6.2}$$

$$h_s = \zeta_2 \frac{v_2^2}{2g} \quad (v_1 < v_2 \text{ の場合}) \tag{6.3}$$

ただし，v_1 は断面積変化前における平均流速，v_2 は断面積変化後における平均流速である。

　また，流れの方向変化による損失の場合（$v_1 = v_2$）には，添字1，2は省略して表す。一般に，損失係数 ζ はレイノルズ数の関数であり，一部の場合を除

6.1 管　　　路　　153

いて実験的に求められるもので，以下に，実在流体の定常流におけるいくつかの場合について示す．

6.1.1 管路入口における損失ヘッド

　管路が壁面に垂直に取り付けてある管路入口における損失係数は，形状によって異なる．種々の入口形状とそれに対する損失係数 ζ の値を図 6.1 に示す．

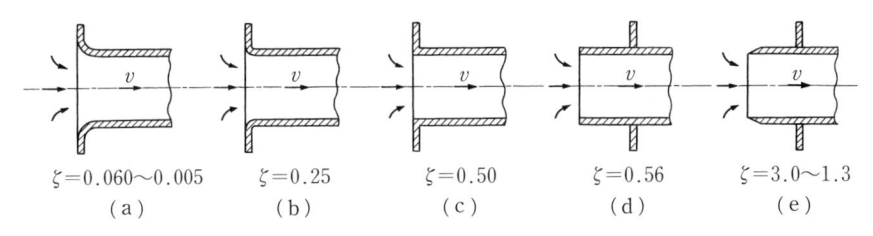

$\zeta=0.060\sim0.005$ 　　$\zeta=0.25$ 　　$\zeta=0.50$ 　　$\zeta=0.56$ 　　$\zeta=3.0\sim1.3$
　　（a）　　　　　　（b）　　　　　（c）　　　　　（d）　　　　　　（e）

図 6.1　管路入口形状と損失係数

　また，管が壁面に対して角度 θ の傾きをもって取り付けてある場合の損失係数 ζ_θ は，図 6.2 に示すように $\zeta_\theta=\zeta+\zeta'$ となる．この場合 ζ の値は入口の形状が異なれば，それに応じて異なった値を用いるが，図 6.2 の形状は，図 6.1(c)に相当するから $\zeta=0.50$ となる．

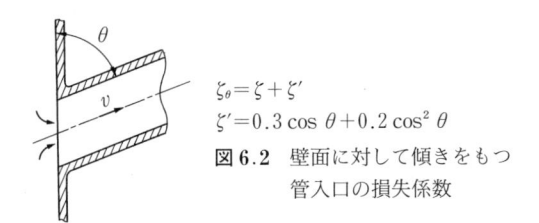

$\zeta_\theta=\zeta+\zeta'$
$\zeta'=0.3\cos\theta+0.2\cos^2\theta$

図 6.2　壁面に対して傾きをもつ管入口の損失係数

6.1.2 断面積が急変する場合の損失

　図 6.3 に示すような流路断面積が，急激に広くなる場合の損失ヘッド h_s（問題 6.1 参照）は

$$h_s=\xi\frac{(v_1-v_2)^2}{2g}=\xi\left(1-\frac{A_1}{A_2}\right)^2\frac{v_1^2}{2g} \tag{6.4}$$

または，大きいほうの流速 v_1 を基準とした損失係数 ζ_1 を用いて

$$h_s=\zeta_1\frac{v_1^2}{2g} \tag{6.5}$$

で表す。この損失は**カルノーの損失**（Carnot's loss）と呼ばれている。

ここで，A_1, A_2 は管路の拡大前後の断面積であり，また，ξ の値はベルヌーイの式，連続の式および運動量の法則を適用して求めると1となり，実験結果も1に近い値となっている。ゆえに，損失係数 ζ_1 は

$$\zeta_1 = \left(1 - \frac{A_1}{A_2}\right)^2 \tag{6.6}$$

となる。管路から大きな水槽へ流出する場合には，式(6.6)で A_2 が大きくなり，$A_1/A_2 \fallingdotseq 0$ すなわち $\zeta_1 \fallingdotseq 1$ となり，速度ヘッド分が損失となる。

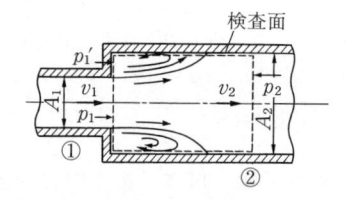

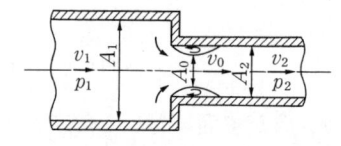

図 6.3　断面積が急激に広くなる場合　　図 6.4　断面積が急激に狭くなる場合

つぎに，流路断面積が急激に狭くなる場合は，図 6.4 に示すように，流れの断面積が A_1 から A_0 まで収縮した後，下流の A_2 まで広がる。収縮時の損失は比較的小さく無視できると考え，前述の急激に広くなる場合と関連づけて，損失ヘッド h_s は次式で表される（問題 6.3 参照）。

$$h_s = \frac{(v_0 - v_2)^2}{2g} = \left(\frac{1}{C_c} - 1\right)^2 \frac{v_2^2}{2g} \tag{6.7}$$

または，大きいほうの流速 v_2 を基準にとって

$$h_s = \zeta_2 \frac{v_2^2}{2g} \tag{6.8}$$

したがって

$$\zeta_2 = \left(\frac{1}{C_c} - 1\right)^2 \tag{6.9}$$

ここで，$C_c = A_0/A_2$ を**収縮係数**（coefficient of contraction）という。なお，ζ_2 には A_1 から A_0 までの区間の損失も含まれるので，厳密には $\zeta_2 > (1/C_c - 1)^2$ の関係となる。

6.1 管路

表 6.1 にワイズバッハ（Weisbach）の実験結果による C_c と ζ_2 の値を示す。

表 6.1 断面積が急激に狭くなる場合の C_c と ζ_2 の値

A_2/A_1	0.1	0.2	0.3	0.4	0.5	0.6	0.7	0.8	0.9	1.0
C_c	0.61	0.62	0.63	0.65	0.67	0.70	0.73	0.77	0.84	1.00
ζ_2	0.41	0.38	0.34	0.29	0.24	0.18	0.14	0.089	0.036	0

（「機械工学便覧」による）

6.1.3 断面積が漸次変化する場合の損失ヘッド

流体を扱う機械や装置には損失が少なく，流路断面積を拡大したり，また高速の流れのもつ速度エネルギーを圧力エネルギーに変える必要がある場合がよくあり，このときには，図 6.5 に示すような円形広がり管が用いられる。

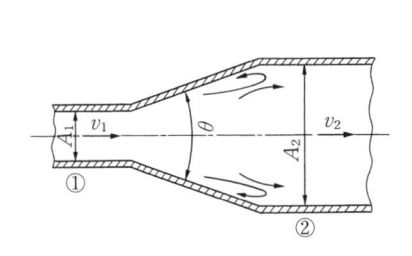

図 6.5 断面積がゆるやかに広くなる場合

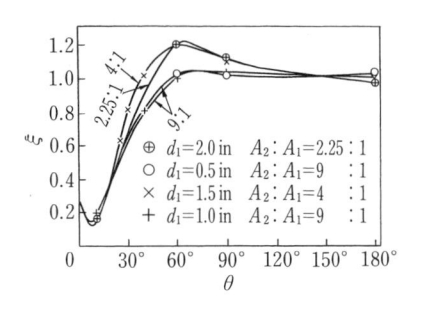

図 6.6 円形広がり管の ξ の値
（「機械工学便覧」による）

この場合の損失ヘッド h_s は，流路断面積が急激に広くなる場合と同じ式 (6.4) で与えられる。この場合の係数 ξ は，ギブソン（Gibson）が実験により得ており，その結果を図 6.6 に示す。円形断面では広がり角 $\theta \fallingdotseq 5°30'$ で ξ が最小となり，その値は約 0.135 である。

流路断面積が漸次狭くなる場合の損失ヘッドは，管壁の摩擦損失以外の損失はほとんどなく，消防用ノズルでは摩擦損失を含めて $\zeta_2=0.03 \sim 0.05$ と小さい値である。

6.1.4 曲がり管の損失ヘッド

図 6.7 に示すように，管路の内径 d または幅に対して曲率半径 ρ の大きな曲がり管を一般に**ベンド**（bend）という。

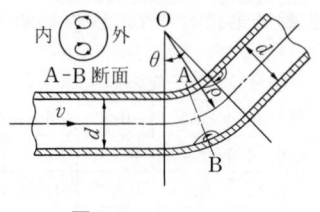

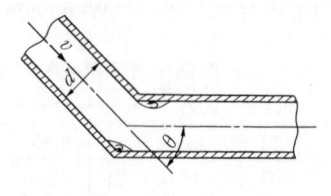

図6.7 ベンド　　　　図6.8 エルボ

θ の角度で方向変化している場合の損失ヘッド h_b は

$$h_b = \zeta_b \frac{v^2}{2g} = \left(\zeta + \lambda \frac{l}{d}\right)\frac{v^2}{2g} \tag{6.10}$$

で表される。ここで，ζ_b は全損失係数，ζ は曲げられるために生じる二次流れ，はく離などによる損失係数，λ は管摩擦係数，l はベンドの中心線長さである。滑らかな壁面の場合の全損失係数 ζ_b に対して，つぎの式がある。

$$Re\left(\frac{d}{\rho}\right)^2 < 364 \text{ では，} \zeta_b = 0.00515\alpha\theta Re^{-0.2}\left(\frac{\rho}{d}\right)^{0.9} \tag{6.11}$$

$$Re\left(\frac{d}{\rho}\right)^2 > 364 \text{ では，} \zeta_b = 0.00431\alpha\theta Re^{-0.17}\left(\frac{\rho}{d}\right)^{0.84} \tag{6.12}$$

ここで，$Re = vd/\nu$, θ は度，α は表6.2のように与えられる。

表6.2　式(6.11), (6.12)の α の値

θ	45°	90°	180°
α	$1 + 5.13\left(\frac{\rho}{d}\right)^{-1.47}$	$0.95 + 4.42\left(\frac{\rho}{d}\right)^{-1.96}$ （$\rho/d < 9.85$ の場合） 1.0 （$\rho/d > 9.85$ の場合）	$1 + 5.06\left(\frac{\rho}{d}\right)^{-4.52}$

(「機械工学便覧」による)

図6.8に示すように，直管を軸に対して90度以外の角度で切断して接続したものを**エルボ**（elbow）といい，この場合の損失ヘッド h_e は

$$h_e = \zeta_e \frac{v^2}{2g} \tag{6.13}$$

で表され，曲がり角 θ に対して，損失係数 ζ_e はつぎの近似式で与えられる。

$$\zeta_e = 0.946 \sin^2\frac{\theta}{2} + 2.05 \sin^4\frac{\theta}{2} \tag{6.14}$$

なお，曲率半径の小さいベンドをエルボということがある。

そのほか管路において，流動損失を考えなければならない部分としては，合流および分岐管部，弁およびコック部がある．合流管および分岐管部の損失係数は，方向変化と流路断面積の変化を組み合わせた場合と考えることができ，交差角，断面積の比および流量比などにより変わるものである．また，弁およびコックは，流路断面積の変化による損失ヘッドを変えて流量を調整するものであり，それらの損失係数は形式，口径および開度などにより変わる．これらの損失係数は便覧などを参照されたい．

管路が十分に長い $l/d \geqq 2\,000$ の場合の損失ヘッドは，弁およびコックを除けば管摩擦損失のみを考慮すればよい．また，種々の損失係数は，経年変化することを考慮しておく必要がある．変化のしかたは，管の材質，流体の種類などにより異なるので，それぞれの場合に応じて推定することになるであろう．

6.1.5　管路の総損失

第3章において，粘性を考慮しないベルヌーイの式とその応用について説明したが，**図6.9**に示すような配管系において，粘性をもつ実際の流体が流れる場合について考える．①-②間を流れる場合，これまでに述べたように，種々の管内損失があるので，それらの総損失ヘッドを H_l とすると，ベルヌーイの式は次式のようになる．

$$\frac{v_1^2}{2g}+\frac{p_1}{\rho g}+z_1=\frac{v_2^2}{2g}+\frac{p_2}{\rho g}+z_2+H_l \tag{6.15}$$

この式は，**修正ベルヌーイの式**（modified Bernoulli's equation）と呼ばれており，式(6.15)や図からわかるように，下流側の全エネルギーヘッドは，上流側のものより H_l だけ減少している．

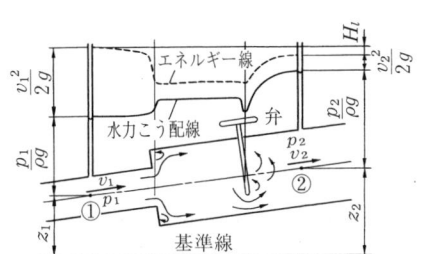

図6.9　水力こう配線とエネルギー線

158   6. 管 路 と 水 路

　図の管路の軸を通る鉛直面内において，位置ヘッドと圧力ヘッドの和を管路に沿って結んだ線を**水力こう配線**（hydraulic grade line）といい，水力こう配線に速度ヘッドを加えた全ヘッド，すなわち，$v^2/2g + p/\rho g + z$ に相当する高さを結んだ線を**エネルギー線**（energy line）という。

　一般に，管路の入口から出口までには，管摩擦損失のほかに入口損失，出口損失，曲がり，断面変化，弁などの損失があり，これらの総和を管路の総損失ヘッドという。この損失ヘッドは式(6.15)の H_l に相当するもので，H_l は次式で表される。

$$H_l = \sum_{①-②} \lambda \frac{l}{d} \frac{v^2}{2g} + \sum_{①-②} \zeta \frac{v^2}{2g} \tag{6.16}$$

ここで，λ, d, l, v は，それぞれの管の摩擦係数，管内径，管の長さ，管内平均流速であり，ζ は摩擦損失以外のそれぞれの損失係数である。

6.1.6　管路網の流量計算

　管路に分岐や合流する部分があるものを**管路網**（pipe network）と呼ぶ。管路網においては，各分岐部における流量配分を求めることが問題となる。この場合，つぎの二つの条件を用いて解くことになる。

（1）　管路網内のいずれの点においても，流入量と流出量とは等しい（連続の式）。

（2）　管路網内にある閉じた管路（以後，閉管路と記す）において，これを1周する全損失ヘッドは0になる（ただしこのとき，流体が時計まわりに流れるときの損失ヘッドを正とすれば，反時計まわりに流れるときは負として，閉管路に沿って損失ヘッドを合計する）。

　ここで，管路網の各管を流れる量を求めることができる**ハーディ・クロス法**（method of Hardy Cross）という近似計算法を説明する。

　正確な流量配分を求めるためには，各部の諸損失を正しく評価することが必要となるが，すでに述べたように，管内径 d に比べて十分に大きい管の長さ l の管路（$l/d \geqq 2\,000$）においては，管摩擦以外の損失を無視して求めることになる。この場合，損失ヘッド h は，流量 Q の2乗に比例することになる。すな

わち，ダルシー・ワイズバッハの式(6.1)よりつぎの式が成り立つ。

$$h=\lambda\frac{l}{d}\frac{v^2}{2g}=\lambda\frac{l}{d}\frac{1}{2g}\left(\frac{4Q}{\pi d^2}\right)^2 \tag{6.17}$$

これを

$$h=kQ^2 \tag{6.18}$$

とおくと

$$k=\lambda\frac{l}{d}\frac{1}{2g}\frac{16}{\pi^2 d^4}=\frac{16}{2g\pi^2}\lambda\frac{l}{d^5}=0.0827\lambda\frac{l}{d^5} \tag{6.19}$$

ハーディ・クロス法では，まず各管の損失ヘッド h' と流量 Q' を仮定すると，式(6.18)より $h'=k(Q')^2$ が与えられる。実際の損失ヘッドを h，流量を Q とし，これらと仮定した h', Q' との関係を

$$h=h'+\mathit{\Delta}h \tag{a}$$

$$Q=Q'+\mathit{\Delta}Q \tag{b}$$

とおくと

$$h=k(Q')^2+\mathit{\Delta}h=k(Q-\mathit{\Delta}Q)^2+\mathit{\Delta}h \tag{c}$$

この式を整理し，$(\mathit{\Delta}Q)^2$ の項を省略すると

$$\mathit{\Delta}h=2kQ\,\mathit{\Delta}Q \tag{d}$$

が得られる。式(d)の Q に $(Q'+\mathit{\Delta}Q)$ を代入して，さらに $(\mathit{\Delta}Q)^2$ の項を省略すると，近似的に

$$\mathit{\Delta}h=2k(Q'+\mathit{\Delta}Q)\mathit{\Delta}Q\fallingdotseq 2kQ'\mathit{\Delta}Q \tag{e}$$

とおくことができる。つぎに，一つの閉管路においては(2)の条件から $\sum h=0$ でなければならないから

$$\sum h=\sum h'+\sum \mathit{\Delta}h=0 \tag{f}$$

管路網を形成する一つの閉管路に対して，$\mathit{\Delta}Q$ は一様に分配されるものと仮定し，$\mathit{\Delta}h$ の代わりに式(e)を用いると

$$\sum h\fallingdotseq \sum h'+2\mathit{\Delta}Q\sum kQ'=0 \tag{g}$$

$$\therefore\quad \mathit{\Delta}Q=-\frac{\sum h'}{2\sum kQ'} \tag{6.20}$$

この式より最初に仮定した流量 Q' によって，その補正値 $\mathit{\Delta}Q$ を求めることが

できる。これにより第2近似値 $Q''=Q'+\Delta Q$ を求めることができ，これを繰り返して ΔQ が 0 になるまで行えば，実際の流量 Q を求めることができる。

6.2 水　　　路

河川，運河のように，上方が開放されて自由表面をもつ流路を**開きょ**（open channel）といい，断面形状およびこう配 i が一定のとき，定常状態で流れる場合の平均流速 v〔m/s〕を与える公式にはつぎのものがある。

6.2.1 シェジーの式

次式は，**シェジー**（Chézy）**の式**という。

$$v=\sqrt{2gmi/\lambda}=C\sqrt{mi} \tag{6.21}$$

ここで，λ は抵抗係数，m は 5.4.4 項で述べた水力平均深さ（流体平均深さ）で，C は流速係数である（問題 6.19 参照）。C の値はガンギェ（Ganguillet），クッタ（Kutta）によれば，粗度係数 n を用いたつぎの経験式がある。

$$C=\frac{23+(1/n)+(0.00155/i)}{1+\{23+(0.00155/i)\}(n/\sqrt{m})} \tag{6.22}$$

粗度係数 n の値は水路によって異なり，それを**表 6.3** に示す。

表6.3　式(6.22)の n の値

水路の種類	n の値	水路の種類	n の値
閉　管　路		土の開さく水路， 直線状で等断面	0.017〜0.025
黄　銅　管	0.009〜0.013	自　然　河　川	
鋳　鉄　管	0.011〜0.015	線形，断面とも規則	
純セメント平滑面	0.010〜0.013	正しく，水深が大	0.025〜0.033
コンクリート管	0.012〜0.016	同上で河床がれき	0.030〜0.040
人　工　水　路		（礫），草岸のもの	
滑らかな木材	0.010〜0.014	蛇行していて，水深	0.040〜0.055
コンクリート巻	0.012〜0.018	が小さいもの	
粗　石　空　積	0.025〜0.035		

（「機械工学便覧」による）

6.2.2 指数形の公式

次式は**マニング**（Manning）**の式**で，取扱いが簡単で実用的な式である。

$$v=(1/n)m^{2/3}i^{1/2} \tag{6.23}$$

粗度係数 n の値は，C の値を求める式(6.22)と共通である。

演習問題

【6.1】 図6.3に示すように，非圧縮性の流体が断面積 A_1 から A_2 に急拡大する円管内を流れるときの損失ヘッド h_s の表示式を，運動量の法則，連続の式，ベルヌーイの式を用いて導け。

〔解〕 断面①および断面②において，圧力を p_1, p_2，平均流速を v_1, v_2，断面積を A_1, A_2 とする。また，管の急拡大部の円環状の端面に作用する圧力を p_1' とすると，実験的に $p_1'=p_1$ を得ているので，図の検査面について運動量の法則†を適用する。

圧力差による力は，流れ方向に対して $p_1 A_1 + p_1'(A_2-A_1) - p_2 A_2 = (p_1-p_2)A_2$ となる。この力と，単位時間あたりの運動量の変化量 $\rho A_1 v_1(v_2-v_1)$ とは等しいから

$$\rho A_1 v_1(v_2-v_1) = (p_1-p_2)A_2 \tag{1}$$

また，連続の式 $A_1 v_1 = A_2 v_2$ より

$$A_2 = A_1 \frac{v_1}{v_2} \tag{2}$$

式(2)を式(1)に代入して整理すると

$$\frac{p_1-p_2}{\rho} = v_2(v_2-v_1) \tag{3}$$

断面の急拡大による損失ヘッドを h_s として，管路が水平なときの式(6.15)の修正ベルヌーイの式を適用すると

$$\frac{p_1-p_2}{\rho g} = \frac{v_2^2-v_1^2}{2g} + h_s \tag{4}$$

式(3)，(4)より，損失ヘッド h_s は

$$h_s = \frac{1}{2g}(v_1-v_2)^2 = \left(1-\frac{A_1}{A_2}\right)^2 \frac{v_1^2}{2g} \tag{5}$$

この式と式(6.4)とを比較したとき，先に述べたように，ξ の値が理論的には1になることがわかる。

【6.2】 図6.5に示すように，管断面積 A が①から②にゆるやかに広がっている水平な円管内を流体が流れている。このとき，流体のもっている運動エネルギーのいくらかは圧力エネルギーに変換される。①-②間で，広がりによる損失があるときの圧力上昇 p_2-p_1 と損失を無視したときの圧力上昇 $p_2'-p_1$ との比を η で表し，これを**圧力回復率**（pressure recovery factor）または**ディフューザ効率**（efficiency of

---

† 8.1節参照。

diffuser) という。

この圧力回復率 η は次式で示されることを導け。ただし，A_1, A_2 はそれぞれ断面 ①，② の断面積，ζ は広がりによる損失係数である。

（1） $\eta = (p_2 - p_1) \Big/ \left[\dfrac{\rho v_1^2}{2} \left\{ 1 - \left(\dfrac{A_1}{A_2}\right)^2 \right\} \right]$ 　　　　　　　　　　（a）

（2） $\eta = 1 - \dfrac{\zeta}{1 - \left(\dfrac{A_1}{A_2}\right)^2}$ 　　　　　　　　　　（b）

〔解〕（1） 損失を考えないときの断面②における圧力を p_2' とすると，管路が水平なときのベルヌーイの式は

$$p_1 + \frac{\rho}{2} v_1^2 = p_2' + \frac{\rho}{2} v_2^2 \tag{1}$$

これより，理論圧力上昇は

$$p_2' - p_1 = \frac{\rho}{2} v_1^2 \left\{ 1 - \left(\frac{v_2}{v_1}\right)^2 \right\} \tag{2}$$

連続の式 $A_1 v_1 = A_2 v_2$ より $v_2/v_1 = A_1/A_2$，これを式（2）に代入すると

$$p_2' - p_1 = \frac{\rho}{2} v_1^2 \left\{ 1 - \left(\frac{A_1}{A_2}\right)^2 \right\} \tag{3}$$

一方，損失を考えたときの断面②の圧力を p_2 とすると，圧力上昇は $p_2 - p_1$ であるから，η の定義式より

$$\eta = \frac{p_2 - p_1}{p_2' - p_1} = (p_2 - p_1) \Big/ \left[\frac{\rho v_1^2}{2} \left\{ 1 - \left(\frac{A_1}{A_2}\right)^2 \right\} \right] \tag{4}＝（a）$$

（2） つぎに損失係数 ζ を用いると，損失圧力は $\zeta \cdot \rho v_1^2 / 2$ となるから，断面②の圧力 p_2 は $p_2 = p_2' - \zeta \cdot \rho v_1^2 / 2$ と表せる。これを式（a）に代入すると

$$\eta = \frac{p_2' - \zeta \dfrac{\rho}{2} v_1^2 - p_1}{p_2' - p_1} = 1 - \frac{\zeta \dfrac{\rho}{2} v_1^2}{p_2' - p_1} = 1 - \frac{\zeta \dfrac{\rho}{2} v_1^2}{\dfrac{\rho}{2} v_1^2 \left\{ 1 - \left(\dfrac{A_1}{A_2}\right)^2 \right\}} = 1 - \frac{\zeta}{1 - \left(\dfrac{A_1}{A_2}\right)^2}$$

$$\tag{5}＝（b）$$

【6.3】 図6.4に示したような断面積が急激に狭くなる管路を流れる損失係数 ζ は式(6.9)で示されることを導け。

〔解〕 断面積 A_1 から収縮部 A_0 までの損失は小さいとして無視できるので，A_0 から A_2 までの急拡大の損失のみを考えればよい。

急拡大による損失ヘッド h_s は，先の問題6.1より

$$h_s = \zeta \frac{v_0^2}{2g} = \left(1 - \frac{A_0}{A_2} \right)^2 \frac{v_0^2}{2g} \tag{1}$$

と表せる。ここで，v_0 は収縮部における平均流速である。

また連続の式 $A_0 v_0 = A_2 v_2$ より $v_0 = A_2 v_2 / A_0$ である。これを式 (1) に代入すると

$$h_s = \left(1 - \frac{A_0}{A_2}\right)^2 \left(\frac{A_2}{A_0}\right)^2 \frac{v_2^2}{2g} = \left(\frac{A_2}{A_0} - 1\right)^2 \frac{v_2^2}{2g} \tag{2}$$

ここで，$A_0/A_2 = C_c$（収縮係数）とおくと

$$h_s = \left(\frac{1}{C_c} - 1\right)^2 \frac{v_2^2}{2g} \tag{3}$$

ゆえに，損失係数 ζ_2 は

$$\zeta_2 = \left(\frac{1}{C_c} - 1\right)^2 \tag{6.9}$$

【6.4】 管断面積が $A_1 = 800\,\mathrm{cm}^2$ から $A_2 = 1\,600\,\mathrm{cm}^2$ に急拡大している管路内を，流量 $9\,\mathrm{m}^3/\mathrm{min}$ の水が流れているときの損失ヘッド h_s はいくらになるか。また，水の流れが逆流して急縮小するときの損失ヘッド h'_s はいくらになるか。

〔解〕 流路断面積が変化する場合の損失ヘッドは，大きいほうの平均流速を用いて表されるので，急拡大の場合は上流側の流速 v_1 を求める必要がある。そこで，流量を Q とすると v_1 は

$$v_1 = \frac{Q}{A_1} \tag{1}$$

ここで，$Q = 9\,\mathrm{m}^3/\mathrm{min} = 9/60\,\mathrm{m}^3/\mathrm{s} = 0.15\,\mathrm{m}^3/\mathrm{s}$, $A_1 = 800\,\mathrm{cm}^2 = 800 \times 10^{-4}\,\mathrm{m}^2$ を式 (1) に代入すると

$$v_1 = \frac{0.15}{800 \times 10^{-4}} = 1.875\,\mathrm{m/s}$$

断面積が急拡大するときの損失ヘッド h_s は，式 (6.5)，(6.6) を用いて

$$h_s = \zeta_1 \frac{v_1^2}{2g} = \left(1 - \frac{A_1}{A_2}\right)^2 \frac{v_1^2}{2g} \tag{2}$$

で表される。上式に $A_1 = 800\,\mathrm{cm}^2$, $A_2 = 1\,600\,\mathrm{cm}^2$, $v_1 = 1.875\,\mathrm{m/s}$ を代入すると

$$h_s = \left(1 - \frac{800}{1\,600}\right)^2 \times \frac{1.875^2}{2 \times 9.8} = 0.044\,8\,\mathrm{m}$$

つぎに，逆流して断面積が急縮小するときの損失ヘッド h'_s は式 (6.8) を用いて

$$h'_s = \zeta_2 \frac{v_2^2}{2g} \tag{3}$$

で表される。この場合は流れが急縮小するので，図 6.4 の記号を用いればよい。したがって，$A_2/A_1 = 800/1\,600 = 0.5$ であるので，表 6.1 より得られる $\zeta_2 = 0.24$ および $v_2 = 1.875\,\mathrm{m/s}$ を式 (3) に代入すると，損失ヘッド h'_s は

$$h'_s = 0.24 \times \frac{1.875^2}{2 \times 9.8} = 0.043\,0\,\mathrm{m}$$

【6.5】 毎秒 $10\,\mathrm{m}^3$ の割合で送水している管路における総損失ヘッド H_l が $20\,\mathrm{m}$

であるとき，エネルギーの損失動力 L_l を求めよ。

〔解〕 水の密度 $\rho=1\,000\,\text{kg/m}^3$，流量 $Q=10\,\text{m}^3/\text{s}$，総損失ヘッド $H_l=20\,\text{m}$ を次式に代入すると

$$\text{エネルギーの損失動力 } L_l = \rho g Q H_l = 1\,000 \times 9.8 \times 10 \times 20$$
$$= 1\,960 \times 10^3\,\text{kgm}^2/\text{s}^3 = 1\,960\,\text{kW}$$

【6.6】 図 6.10 に示すように，直径 100 mm の管を付けた大きな水槽から排水している。水槽表面①から管出口②までの流動損失ヘッドが 6 m であるとき，管内の平均流速と流量を求めよ。

〔解〕 ①と②との間に損失を考慮した修正ベルヌーイの式を適用すると

$$\frac{p_1}{\rho g} + \frac{v_1^2}{2g} + Z_1 = \frac{p_2}{\rho g} + \frac{v_2^2}{2g} + Z_2 + H_l \tag{1}$$

ここで，p は圧力，v は流速，Z は基準面からの高さ，H_l は①と②との間の流動損失ヘッド，ρ は密度，g は重力加速度であり，添字1および2はそれぞれ図の①および②における値を示している。$Z_1 - Z_2 = 10\,\text{m}$，$H_l = 6\,\text{m}$ であり，また，水槽表面および管出口は大気に開放されていると考えると $p_1 = p_2 =$ 大気圧であり，水槽の容積が大きいとすると v_1 は 0 と見なせる。ゆえに，式(1)は

$$Z_1 = \frac{v_2^2}{2g} + Z_2 + H_l \tag{2}$$

これより

$$\frac{v_2^2}{2g} = Z_1 - Z_2 - H_l$$

$$\therefore\ v_2 = \sqrt{2g(Z_1 - Z_2 - H_l)} = \sqrt{2 \times 9.8 \times (10-6)} = 8.85\,\text{m/s}$$

つぎに，管断面積 $A_2 = \pi d^2/4$ であるから，流量 Q は

$$Q = A_2 v_2 = \frac{\pi \times 0.1^2 \times 8.85}{4} = 0.069\,5\,\text{m}^3/\text{s}$$

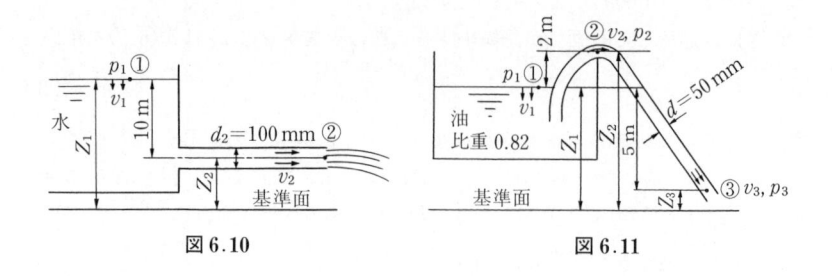

図 6.10

図 6.11

【6.7】 図 6.11 に示すように，直径 $d = 50\,\text{mm}$ のサイホンを用いて油槽から比重 $s = 0.82$ の油を排出している。①から②，②から③までの流動損失ヘッドをそれ

それ $H_{l1}=1.5$ m, $H_{l2}=2.4$ m とするとき，サイホンからの排油量と点②の圧力を求めよ．

〔解〕 ①と③との間に修正ベルヌーイの式を適用すると

$$\frac{p_1}{\rho g}+\frac{v_1^2}{2g}+Z_1=\frac{p_3}{\rho g}+\frac{v_3^2}{2g}+Z_3+H_l \tag{1}$$

記号表示は問題6.6と同じであり，添字3は図の③における値を示す．

$Z_1-Z_3=5$ m, $H_l=H_{l1}+H_{l2}=1.5+2.4=3.9$ m であり，また，前問と同様に $p_1=p_3=$ 大気圧，v_1 は0と見なすと，式(1)より速度 v_3 は

$$v_3=\sqrt{2g(Z_1-Z_3-H_l)}=\sqrt{2\times 9.8\times(5-3.9)}=4.64 \text{ m/s}$$

ゆえに，排油量 Q は

$$Q=v_3\pi d^2/4=4.64\times\pi\times 0.05^2/4=0.00911 \text{ m}^3/\text{s}$$

つぎに，①と②との間に修正ベルヌーイの式を適用すると

$$\frac{p_1}{\rho g}+\frac{v_1^2}{2g}+Z_1=\frac{p_2}{\rho g}+\frac{v_2^2}{2g}+Z_2+H_{l1} \tag{2}$$

ここで，$v_1=0$ であるから，式(2)を整理すると

$$p_2-p_1=\rho g\left(Z_1-Z_2-\frac{v_2^2}{2g}-H_{l1}\right) \tag{3}$$

式(3)に $\rho=1000s=1000\times 0.82=820$ kg/m³, $Z_1-Z_2=-2$ m, $v_2=v_3=4.64$ m/s, $H_{l1}=1.5$ m を代入すると

$$p_2-p_1=820\times 9.8\times\left(-2-\frac{4.64^2}{2\times 9.8}-1.5\right)=8036\times(-4.6)=-36966 \text{ Pa}$$
$$\fallingdotseq -37 \text{ kPa}$$

$p_1=0$ より

$$p_2(\text{gauge})=-37 \text{ kPa}$$

【6.8】 図6.12に示すように，高低差のある異径管で送水している．断面①における流速と圧力がそれぞれ $v_1=2$ m/s, $p_1=300$ kPa と与えられているとき，断面②における流速 v_2 と圧力 p_2 を求めよ．ただし，①-②間の流動損失ヘッド H_l を3mとする．

〔解〕 ①と②との間に修正ベルヌーイの式を適用すると

$$\frac{p_1}{\rho g}+\frac{v_1^2}{2g}+Z_1=\frac{p_2}{\rho g}+\frac{v_2^2}{2g}+Z_2+H_l \tag{1}$$

①，②における流路断面積をそれぞれ A_1, A_2 とすると，$A_1=\pi d_1^2/4, A_2=\pi d_2^2/4$ であり，流量 $Q=A_1v_1=A_2v_2$ であるから，流速 v_2 は

$$v_2=(A_1/A_2)v_1=(d_1/d_2)^2 v_1=4v_1=4\times 2=8 \text{ m/s} \tag{2}$$

式(1)を変形すると

$$\frac{p_2-p_1}{\rho g}=\frac{v_1^2-v_2^2}{2g}+Z_1-Z_2-H_l \tag{3}$$

これより

$$p_2=\frac{\rho(v_1^2-v_2^2)}{2}+\rho g(Z_1-Z_2)-\rho g H_l+p_1 \tag{4}$$

式(4)に $p_1=300\times1\,000$ Pa, $\rho=1\,000$ kg/m³, $Z_1-Z_2=2$ m, $H_l=3$ m, $v_1=2$ m/s, $v_2=8$ m/s を代入すると,圧力 p_2 は

$$p_2=\frac{1\,000\times(2^2-8^2)}{2}+1\,000\times9.8\times2-1\,000\times9.8\times3+3\times10^5$$

$$=-30\times10^3-9.8\times10^3+300\times10^3=260\times10^3\,\text{Pa}=260\,\text{kPa}$$

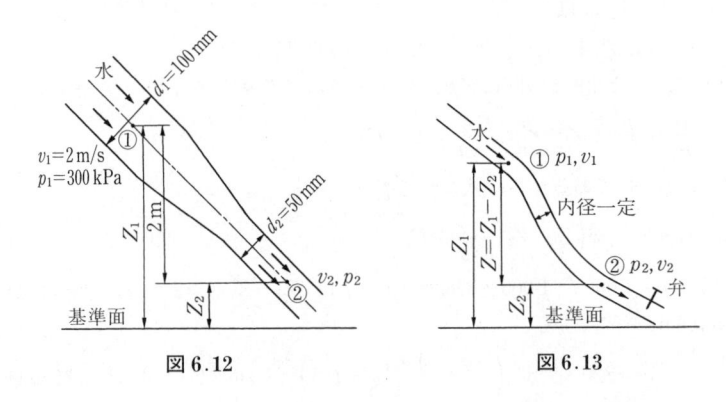

図 6.12

図 6.13

【6.9】 図 6.13 に示した内径一定の管路において,管路の2点①,②における圧力をそれぞれ p_1, p_2 とする。出口に付けた弁を閉じて流れを完全に止めたとき, $p_2-p_1=30$ kPa であり,弁を開けて水を流したとき, $p_2-p_1=20$ kPa であった。このときの①-②間の流動による損失ヘッド H_l を求めよ。

〔解〕 弁を開けているとき,①と②との間に修正ベルヌーイの式を適用すると

$$\frac{p_1}{\rho g}+\frac{v_1^2}{2g}+Z_1=\frac{p_2}{\rho g}+\frac{v_2^2}{2g}+Z_2+H_l \tag{1}$$

内径一定であるから,連続の式より $v_1=v_2$ である。ゆえに,式(1)を整理して

$$\frac{p_2-p_1}{\rho g}=Z_1-Z_2-H_l \tag{2}$$

弁を閉じたときは流速 $v_1=v_2=0$ であり,損失も生じないから, $H_l=0$

$$\frac{p_2-p_1}{\rho g}=Z_1-Z_2=Z \tag{3}$$

$p_2-p_1=30\times10^3$ Pa, $\rho=1\,000$ kg/m³ を式(3)に代入すると

$$Z=Z_1-Z_2=\frac{30\times1\,000}{1\,000\times9.8}=3.06\,\text{m}$$

つぎに，式（2）を変形すると

$$H_l = Z_1 - Z_2 - \frac{p_2 - p_1}{\rho g} \tag{4}$$

弁を開けたとき，式（4）に $Z_1-Z_2=3.06$ m，$p_2-p_1=20\times 10^3$ Pa，$\rho=1\,000$ kg/m³ を代入すると，①-② 間の損失ヘッド H_l は

$$H_l = 3.06 - \frac{20\times 10^3}{1\,000\times 9.8} = 1.02 \text{ m}$$

【6.10】 図 6.14 に示す内径一定の送水管路において，①，② 点の圧力計がそれぞれ 300 kPa，150 kPa を示すとき，①-② 間の総損失ヘッド H_l を求めよ。

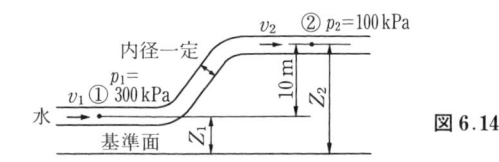

図 6.14

〔解〕 ①と②との間に修正ベルヌーイの式を適用すると

$$\frac{p_1}{\rho g} + \frac{v_1^2}{2g} + Z_1 = \frac{p_2}{\rho g} + \frac{v_2^2}{2g} + Z_2 + H_l \tag{1}$$

内径一定より，$v_1=v_2$ であり，式（1）を変形すると

$$H_l = \frac{p_1 - p_2}{\rho g} + Z_1 - Z_2 \tag{2}$$

式（2）に $p_1=300\times 10^3$ Pa，$p_2=150\times 10^3$ Pa，$\rho=1\,000$ kg/m³，$Z_1-Z_2=-10$ m を代入すると，①-② 間の総損失ヘッド H_l は

$$H_l = \frac{(300-150)\times 1\,000}{1\,000\times 9.8} - 10 = 5.31 \text{ m}$$

【6.11】 直径 $d=20$ cm の円管と，一辺の長さ $a=20$ cm の正方形管の水力平均深さ m を求めよ。ただし，流体は管内を充満して流れているものとする。

〔解〕 水力平均深さは $m=$（流路断面積）/（ぬれ縁の長さ） で求まるから

円管の場合：流路断面積 $=\pi d^2/4$，ぬれ縁の長さ $=\pi d$ より

$$m = \frac{\pi\times 20^2/4}{\pi\times 20} = 5.00 \text{ cm}$$

正方形管の場合：流路断面積 $=a^2$，ぬれ縁の長さ $=4a$ より

$$m = \frac{20\times 20}{4\times 20} = 5.00 \text{ cm}$$

両者は同値となる。

なお，円形断面の水力平均深さ m は直径 d の 1/4，すなわち $m=d/4$ となるこ

とがわかる．したがって，$d=4m$ となり，断面が円形以外の場合は第5章においても述べたように，レイノルズ数や摩擦損失ヘッドを求めるとき，d の代わりに $4m$ を用いて計算すればよいことがわかる．

　この $4m$ は相当直径と呼ばれる．

【6.12】 断面積が同じである円形断面の水力平均深さと，正方形断面のそれとでは，どちらが何パーセント大きいか．ただし，流体は管内を充満して流れているものとする．

〔解〕 円形の直径を d，正方形の一辺の長さを a とし，水力平均深さをそれぞれ m_e, m_s とすると，断面積 A は等しいから

$$A = \frac{\pi d^2}{4} = a^2$$

これより，a と d との関係は

$$a = \frac{d\sqrt{\pi}}{2}$$

ゆえに，水力平均深さはそれぞれつぎのように表せる．

円形断面の場合 ： $m_e = \dfrac{\pi d^2}{4\pi d} = \dfrac{d}{4} = 0.25d$

正方形断面の場合： $m_s = \dfrac{a^2}{4a} = \dfrac{a}{4} = \dfrac{d\sqrt{\pi}}{8} = 0.222d$

両辺の比をとると

$$\frac{m_e}{m_s} = \frac{0.25d}{0.222d} = 1.126$$

これより，円形断面のほうが正方形断面の 1.126 倍となり，12.6%大きいことになる．

【6.13】 大きな水槽から直径 20 cm の管で毎分 2.4 m³ の水を放流しようとする．管出口から水槽水面までの高さが 20 m であり，管内には 2 個のベンドが用いられている．管摩擦係数 λ を 0.03，管入口損失係数 ζ_i を 0.5，ベンド2個分の損失係数 ζ_b を 0.5 としたとき，放流できる管の長さ l を求めよ．

〔解〕 まず，管内を流れる流速 v は

$$v = \frac{Q}{A} = \frac{(2.4/60)}{(\pi \times 0.2^2/4)} = 1.27 \text{ m/s}$$

管内を流れる総損失ヘッド H_l は，式(6.16)より

$$H_l = \lambda \frac{l}{d} \frac{v^2}{2g} + \zeta_i \frac{v^2}{2g} + \zeta_b \frac{v^2}{2g} \tag{1}$$

であり，これと位置ヘッド $h=20$ m とを等しくおくと，放流できる管長 l が求まる．ゆえに，式(1)を変形すると，l は次式で求まる．

$$l = \left\{H_l - (\zeta_i + \zeta_b)\frac{v^2}{2g}\right\}\frac{d}{\lambda}\frac{2g}{v^2} = \frac{d}{\lambda}\left\{\frac{2g}{v^2}H_l - (\zeta_i + \zeta_b)\right\} \qquad (2)$$

式(2)に $H_l = h = 20$ m, $v = 1.27$ m/s, $d = 0.2$ m, $\lambda = 0.03$, $\zeta_i = 0.5$, $\zeta_b = 0.5$ を代入すると

$$l = \frac{0.2}{0.03} \times \left\{\frac{2 \times 9.8}{1.27^2} \times 20 - (0.5 + 0.5)\right\} = 1\,614 \text{ m}$$

ここで，入口損失，ベンドの損失を無視すると $l = 1\,620$ m となる。

この問題からわかるように，先に述べた $l/d \geq 2\,000$ の長い管路であるならば，摩擦損失の大きさに比べて，入口や極端に多くない場合の曲がり部などの他の損失および出口の速度ヘッドは，ほとんど無視できる大きさであることがわかる。ただし，出口の速度ヘッドは消防ホースのように，管路端にノズルを取り付けて高速度で噴出する場合には無視できなくなる。

【6.14】図6.15に示すように，直径 $d = 50$ cm，長さ $l = 8$ km の管路で高地にある貯水池から，水面下 $H = 60$ m にある別の貯水池へ水を供給している。管摩擦係数が0.03で，管路の途中に1個あたりの損失ヘッドが $0.2v^2/2g$ に相当する15個の曲管部および1個あたりの損失ヘッドが $1.5v^2/2g$ に相当する5個の弁があるとき，管路内の平均流速 v を求めよ。また1日1人あたり平均 0.2 m³ の水を供給するものとすれば何人に給水できるかを求めよ。ただし，H は一定に保たれているものとする。

〔解〕 貯水池の水面①，②には大気圧 p_0 が作用し，そこでの流速 v_1, v_2 を 0 とみなす。管内流速を v，管内径を d，管長を l，管摩擦係数を λ，曲管1個の損失係数を ζ_b，弁1個の損失係数を ζ_v とし，管の入口，出口の損失は管が長いために無視すると，総損失ヘッド H_l は次式で示される。

$$H_l = \lambda\frac{l}{d}\frac{v^2}{2g} + 15\zeta_b\frac{v^2}{2g} + 5\zeta_v\frac{v^2}{2g} = \frac{v^2}{2g}\left(\lambda\frac{l}{d} + 15\zeta_b + 5\zeta_v\right) \qquad (1)$$

この H_l が両貯水池の高低差 H に等しいと考えられるから，$\lambda = 0.03$, $l = 8 \times 10^3$ m, $d = 0.5$ m, $\zeta_b = 0.5$, $\zeta_v = 1.5$, $g = 9.8$ m/s² を式(1)に代入し，$H = 60$ m とすると

$$\frac{v^2}{2g}\left(0.03 \times \frac{8 \times 10^3}{0.5} + 15 \times 0.2 + 5 \times 1.5\right) = 60 \text{ m}$$

これより

$$(480 + 3 + 7.5)\frac{v^2}{2g} = 60 \text{ m}$$

ゆえに，求める管内平均流速 v は

$$v = \sqrt{\frac{60 \times 2 \times 9.8}{490.5}} = 1.55 \text{ m/s}$$

つぎに，管内を流れる水量 Q は，管断面積は $A = \pi d^2/4$ であるから

$$Q = Av = \pi \times 0.5^2 \times 1.55/4 = 0.304 \text{ m}^3/\text{s}$$

170   6. 管 路 と 水 路

1日は秒に換算して $60×60×24=86\,400$ s。ゆえに，1日あたりの流量は
$$Q=0.304×86\,400=26\,266 \text{ m}^3/\text{day}$$
1日1人あたりの供給量 $q=0.2$ m³/day であるから，求める人数 N は
$$N=\frac{Q}{q}=\frac{26\,266}{0.2}=131\,330 \text{ 人}$$

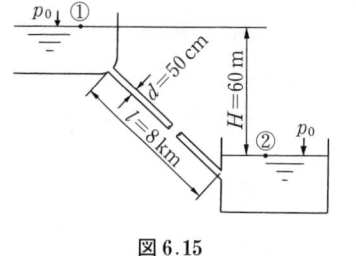

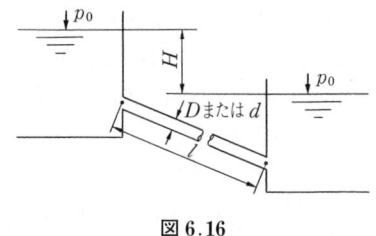

図 6.15

図 6.16

【6.15】 図 6.16 に示すように，水面差が H である大きな二つの水槽間を直径 D の管1本で送水している。これと同じ流量を管径 d の2本の管で送る場合，二つの管径 D と d の比はいくらとなるか。ただし，管長 l は等しく，$l/D≧2\,000$ とし，管摩擦係数 λ および管入口の損失係数 ζ_i は，管径に関係なく等しいものとする。

〔解〕 直径 D の場合，両水槽の水面間に修正ベルヌーイの式を用いると
$$H=\zeta_i\frac{v_D^2}{2g}+\lambda\frac{l}{D}\frac{v_D^2}{2g}+\frac{v_D^2}{2g}=\frac{v_D^2}{2g}\left(\zeta_i+\frac{\lambda l}{D}+1\right) \tag{1}$$

ここで，v_D は管径 D 内の平均流速，$\zeta_i\frac{v_D^2}{2g}$ は管入口損失ヘッド，$\lambda\frac{l}{D}\frac{v_D^2}{2g}$ は管摩擦損失ヘッド，$\frac{v_D^2}{2g}$ は管出口損失ヘッド，H は両水面の位置ヘッドの差である。これより，管内平均流速 v_D は
$$v_D=\sqrt{\frac{2gH}{\zeta_i+\lambda l/D+1}} \tag{2}$$
ゆえに，流量を Q とすると
$$Q=\frac{\pi}{4}D^2v_D=\frac{\pi}{4}\sqrt{\frac{2gHD^4}{\zeta_i+\lambda l/D+1}} \tag{3}$$

つぎに，直径 d の管を2本使用する場合も修正ベルヌーイの式を用いる。管2本は並列管路であるから，それぞれの損失ヘッドは H である。ゆえに次式を得る。
$$H=\zeta_i\frac{v_d^2}{2g}+\lambda\frac{l}{d}\frac{v_d^2}{2g}+\frac{v_d^2}{2g}=\frac{v_d^2}{2g}\left(\zeta_i+\lambda\frac{l}{d}+1\right) \tag{4}$$
ここで，v_d は管径 d 内の平均流速である。
$$v_d=\sqrt{\frac{2gH}{\zeta_i+\lambda l/d+1}} \tag{5}$$

ゆえに，流量 Q は

$$Q = 2 \times \frac{\pi}{4} d^2 v_d = \frac{\pi}{2} \sqrt{\frac{2gHd^4}{\zeta_i + \lambda l/d + 1}} \tag{6}$$

式(3)と式(6)は等しいから

$$\frac{\pi}{4} \sqrt{\frac{2gHD^4}{\zeta_i + \lambda l/D + 1}} = \frac{\pi}{2} \sqrt{\frac{2gHd^4}{\zeta_i + \lambda l/d + 1}} \tag{7}$$

ここで，題意より $l/D \geqq 2\,000$ であり，6.1.4項で述べたように，弁やコックが用いられていないから，管入口，出口の損失ヘッドは無視できる。すなわち，式(7)の根号内の ζ_i と1は省略できる。ゆえに，式(7)を整理すると

$$\frac{1}{2}\sqrt{D^5} = \sqrt{d^5} \tag{8}$$

これより，$D/d = 4^{1/5} = 1.32$ または $D = 1.32d$ となる。

なお，太い管1本の断面積を A_D，細い管2本分の断面積を A_d とすると

$$A_D = \frac{\pi}{4}D^2 = \frac{\pi d^2}{4} \times 1.32^2 = \frac{\pi d^2}{4} \times 1.7424 = 1.37d^2$$

$$A_d = \frac{\pi}{4}d^2 \times 2 = 1.57d^2$$

となり，太い管1本のほうが断面積が小さくてよいことがわかる。

また，管に作用する圧力は同じであるので，両管の厚みを共に t とすると，管材料の体積 V_D，V_d はそれぞれ次式となる。

$$V_D = \pi t (D+t) l = \pi t (1.32d+t) l$$
$$V_d = \pi t (d+t) l \times 2 = \pi t (2d+2t) l$$

これより明らかに，細い管2本のほうが多くの材料を必要とすることがわかる。

【6.16】 図6.17に示すように，管の直径が $d_1 = 30$ cm から $d_2 = 20$ cm に急激に縮小した管路内を水が流れている。管径の急変前後の圧力差 $p_1 - p_2$ を水銀マノメータで測定したところ，液面差 $h = 60$ mm であった。このときの流量を求めよ。ただし，水銀の比重は13.6とする。

〔解〕 管断面積の急縮小による損失ヘッドを h_s，損失係数を ζ_2，断面②の流速を v_2，収縮係数を C_c とすると，式(6.7)より

$$h_s = \left(\frac{1}{C_c} - 1\right)^2 \frac{v_2^2}{2g}$$

ここで，C_c は表6.1より求める。断面積の比は $A_2/A_1 = 20^2/30^2 = 0.444$ であるから $C_c = 0.66$ と見込み，式(6.9)より

$$\zeta_2 = \left(\frac{1}{C_c} - 1\right)^2 = 0.265$$

断面①と②との間に修正ベルヌーイの式を適用すると

$$\frac{p_1}{\rho g}+\frac{v_1^2}{2g}=\frac{p_2}{\rho g}+\frac{v_2^2}{2g}+h_s$$

ここで，$h_s=\zeta v_2^2/2g=0.265v_2^2/2g$ である．両辺に ρg を乗じて整理し，連続の式から得られる $v_1=(A_2/A_1)v_2$ を用いると

$$p_1-p_2=\frac{\rho}{2}v_2^2\left\{1-\left(\frac{A_2}{A_1}\right)^2\right\}+\rho g h_s=\frac{\rho}{2}v_2^2\left\{1-\left(\frac{A_2}{A_1}\right)^2+0.265\right\} \tag{1}$$

一方，水銀マノメータの圧力差 p_1-p_2 は，水銀柱で h [m] であるから

$$p_1-p_2=(\rho_g-\rho)gh \tag{2}$$

ここで，ρ_g，ρ はそれぞれ水銀および水の密度である．式（1）と式（2）は等しく，v_2 について整理すると

$$(\rho_g-\rho)gh=\frac{\rho}{2}v_2^2\left\{1-\left(\frac{A_2}{A_1}\right)^2+0.265\right\}$$

より

$$v_2=\sqrt{\frac{2(\rho_g-\rho)gh}{\rho\{1.265-(A_2/A_1)^2\}}} \tag{3}$$

$\rho=1\,000$ kg/m^3，$\rho_g=1\,000\times13.6=13\,600$ kg/m^3，$h=60\times10^{-3}$ m，$A_2/A_1=0.444$ を式（3）に代入すると，縮小管の流速 v_2 は

$$v_2=\sqrt{\frac{2\times(13\,600-1\,000)\times9.8\times60\times10^{-3}}{1\,000\times(1.265-0.444^2)}}=3.72 \text{ m/s}$$

ゆえに，流量 Q は

$$Q=v_2A_2=\frac{3.72\times\pi\times0.2^2}{4}=0.117 \text{ m}^3/\text{s}$$

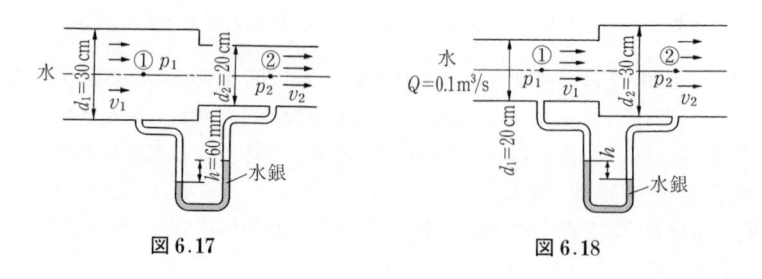

図 6.17　　　　　　　　　図 6.18

【6.17】図 6.18 に示すような急激に広くなる管路に，流量 0.1 m^3/s の割合で送水したときの水銀マノメータの液面差 h を求めよ．

〔解〕断面①と②との間に修正ベルヌーイの式を適用すると

$$\frac{p_1}{\rho g}+\frac{v_1^2}{2g}=\frac{p_2}{\rho g}+\frac{v_2^2}{2g}+h_s \tag{1}$$

損失ヘッド h_s は，式（6.5）より

$$h_s = \zeta_1 \frac{v_1^2}{2g}$$

また，式(6.6)より

$$\zeta_1 = \left(1 - \frac{A_1}{A_2}\right)^2$$

ここで，$A_1/A_2 = d_1^2/d_2^2 = 4/9$ より，$\zeta_1 = (1-4/9)^2 = 0.309$ である。
　また，$v_1 = Q/A_1 = 0.1/(\pi \times 0.2^2/4) = 3.183$ m/s より，急拡大による損失ヘッド h_s は

$$h_s = 0.309 \times \frac{3.183^2}{2 \times 9.8} = 0.160 \text{ m}$$

式(1)を変形して，上の値を代入すると

$$p_2 - p_1 = \frac{\rho}{2}(v_1^2 - v_2^2) - 0.160 \rho g \tag{2}$$

が得られ，式(2)に $\rho = 1\,000$ kg/m³, $v_1 = 3.183$ m/s, $v_2 = 0.1/(\pi \times 0.3^2/4) = 1.415$ m/s を代入すると，拡大前後の管内の圧力差は

$$p_2 - p_1 = \frac{1\,000}{2} \times (3.183^2 - 1.415^2) - 0.160 \times 1\,000 \times 9.8 = 2\,497 \text{ Pa}$$

この圧力差を水銀マノメータの液面差 h を用いて表すと

$$p_2 - p_1 = (\rho_g - \rho) g h \tag{3}$$

これより h はつぎのように求まる。

$$h = \frac{p_2 - p_1}{(\rho_g - \rho)g} = \frac{2\,497}{(13\,600 - 1\,000) \times 9.8} = 0.020\,2 \text{ m} = 20.2 \text{ mm}$$

【6.18】 図6.19のような鋳鉄製の管路網の各管を流れる流量を求めよ。ただし，管摩擦係数 λ は，ダルシーの実用公式 $\lambda = (1/1\,000) \times (20 + 1/2d)$ によるものとする。ただし，d の単位は m を用いるものとする。

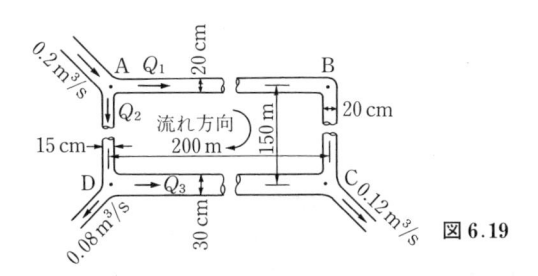

図6.19

〔解〕 ダルシーの実用公式は，あまり大きくない新しい鋳鉄製の管に対する管摩擦係数を与える式であり，これを用いて各管径に対する λ の値を求める。

管径 15 cm の A–D 間は，$\lambda = \dfrac{1}{1\,000}\left(20 + \dfrac{1}{2\times 0.15}\right) = 0.023\,3$

管径 20 cm の A–B 間，B–C 間は，$\lambda = \dfrac{1}{1\,000}\left(20 + \dfrac{1}{2\times 0.2}\right) = 0.022\,5$

管径 30 cm の C–D 間は，$\lambda = \dfrac{1}{1\,000}\left(20 + \dfrac{1}{2\times 0.3}\right) = 0.021\,7$

ここで，流速を v，流量を Q，管長を l，管内径を d とすると，損失ヘッドはダルシー・ワイズバッハの式より

$$h = \lambda \frac{l}{d}\frac{v^2}{2g} = \lambda \frac{l}{d}\frac{1}{2g}\left(\frac{4Q}{\pi d^2}\right)^2 \tag{1}$$

で表せる。これを

$$h = kQ^2 \tag{2}$$

とおくと

$$k = \lambda \frac{l}{d}\frac{1}{2g}\frac{16}{\pi^2 d^4} = \frac{16}{2g\pi^2}\lambda \frac{l}{d^5} = 0.082\,7\,\lambda \frac{l}{d^5} \tag{3}$$

これより，k は λ, l, d の関数であり，単位は $\mathrm{s^2/m^5}$ であることがわかる。そこで，同一径の管路に対する k の値を求める。

管路 A → B → C に対して，$k_1 = 0.082\,7 \times 0.022\,5 \times 350/0.2^5 = 2\,035\ \mathrm{s^2/m^5}$

管路 A → D に対して，$k_2 = 0.082\,7 \times 0.023\,3 \times 150/0.15^5 = 3\,806\ \mathrm{s^2/m^5}$

管路 C → D に対して，$k_3 = 0.082\,7 \times 0.021\,7 \times 200/0.3^5 = 148\ \mathrm{s^2/m^5}$

各管の流れの方向と流量を図のように付けると，Q_1, Q_2, Q_3 の間につぎの関係を得る。

$$Q_1 + Q_2 = 0.2\ \mathrm{m^3/s} \tag{4}$$

$$Q_2 - Q_3 = 0.08\ \mathrm{m^3/s} \tag{5}$$

また式(2)を用いて流れの方向を考えると，$h_1 = k_1 Q_1^2,\ h_2 = -k_2 Q_2^2,\ h_3 = -k_3 Q_3^2$ となり，管路網を一巡した損失ヘッドは $\sum h = h_1 + h_2 + h_3 = 0$ であるから次式を得る。

$$k_1 Q_1^2 - k_2 Q_2^2 - k_3 Q_3^2 = 2\,035 Q_1^2 - 3\,806 Q_2^2 - 148 Q_3^2 = 0 \tag{6}$$

式(4), (5)より，$Q_1 = 0.2 - Q_2,\ Q_3 = Q_2 - 0.08$ となり，これを式(6)に代入すると

$$2\,035 \times (0.2 - Q_2)^2 - 3\,806 \times Q_2^2 - 148 \times (Q_2 - 0.08)^2 = 0$$

これを整理すると

$$1\,919 Q_2^2 + 790.32 Q_2 - 80.452\,8 = 0$$

上式を解くと，つぎの二つの解を得る。

$Q_2 = 0.084\,5\ \mathrm{m^3/s}$ および $-0.496\ \mathrm{m^3/s}$

しかし，$Q_2 > 0$ であるから，$Q_2 = 0.084\,5\ \mathrm{m^3/s}$ となり，式(4), (5)を用いて

$Q_1 = 0.115\,5\ \mathrm{m^3/s},\ \ Q_3 = 0.004\,5\ \mathrm{m^3/s}$

【6.19】 図 6.20 に示すような長方形断面の開きょにおける，定常な一様流に対する流速を与えるシェジーの式(6.21)を導け。

〔解〕 図において，流れ方向に長さ l の部分について考える。流れの断面積を A，ぬれ縁の長さを s，水路底面の傾き角を θ とする。また，流体の壁面上の摩擦応力を τ_0 とする。長さ l の部分の流体の重量は $\rho g A l$ であり，この力の流れ方向の成分 $\rho g A l \sin \theta$ と，壁面上の流体の摩擦力 $\tau_0 s l$ とが釣り合うから

$$\tau_0 s l = \rho g A l \sin \theta \tag{1}$$

が成り立つ。傾き角 θ は一般に小さいので，$\sin \theta \fallingdotseq \tan \theta$ であるから，これをこう配 i とおき，水力平均深さを $A/s = m$ とおけば，式(1)より

$$\tau_0 = \rho g (A/s) \sin \theta = \rho g m i \tag{2}$$

一方，τ_0 は摩擦抵抗係数 C_f を用いて実験的に $\tau_0 = C_f \rho v^2 / 2$ で表せるから，これと式(2)を等しいとおくと

$$v = \sqrt{\frac{2g}{C_f}} \sqrt{mi} = C\sqrt{mi} \tag{6.21}$$

ここで，$C = \sqrt{2g/C_f}$ で単位は $m^{1/2}/s$ である。

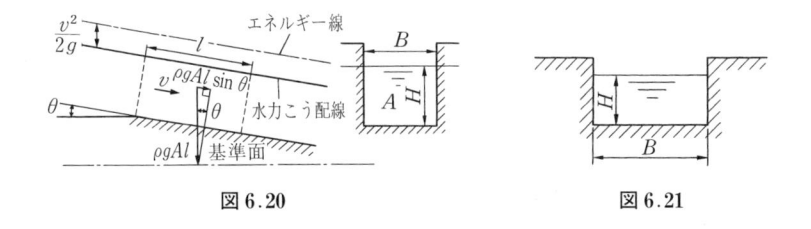

図 6.20

図 6.21

【6.20】 図 6.21 に示すような断面積が一定の長方形水路において，平均流速が最大となる幅 B と水深 H との関係を求めよ。

〔解〕 シェジーの式 $v = C\sqrt{mi}$ において，水力平均深さ m が最大となる条件のときに v は最大となる。ここで，流体の断面積を A とすると

$$A = BH = 一定$$

$$\therefore \quad B = \frac{A}{H} \tag{1}$$

水力平均深さの定義より

$$m = \frac{A}{B + 2H} = \frac{A}{(A/H) + 2H} = \frac{AH}{A + 2H^2} \tag{2}$$

ここで，m が最大となるための H を求めるために，式(2)を H で微分して 0 とおくと

$$\frac{dm}{dH} = \frac{A(A+2H^2)-4AH^2}{(A+2H^2)^2} = \frac{A(A-2H^2)}{(A+2H^2)^2} = 0 \tag{3}$$

これより，m が最大となる条件は

$$H = \sqrt{\frac{A}{2}} = \sqrt{\frac{BH}{2}} \tag{4}$$

ゆえに，長方形の断面積一定の水路で最大流速が得られる B と H との関係は，式(4)より

$$B = 2H$$

【6.21】 長方形水路の幅が 4 m でこう配 i が 1/1 000 であるとき，水深が 1.5 m のときの流速 v [m/s]，流量 Q [m³/s] を求めよ。流速係数はガンギェ・クッタの式 (6.22) で求まるものとし，粗度係数 $n=0.015$ とする。

〔解〕 シェジーの式(6.21) $v=C\sqrt{mi}$ を用いて，開きょの平均流速 v を求める。

まず，水力平均深さは $m=$(流れの断面積 A)/(ぬれ縁の長さ s) より

$$m = \frac{4 \times 1.5}{4 + 2 \times 1.5} = 0.857 \text{ m}$$

水力こう配 $i=1/1\,000=10^{-3}$ で，流速係数 C はつぎのガンギェ・クッタの式を用いる。

$$C = \frac{23+(1/n)+(0.001\,55/i)}{1+\{23+(0.001\,55/i)\}(n/\sqrt{m})} \tag{6.22}$$

式(6.22)に $n=0.015, m=0.857$ m, $i=10^{-3}$ を代入して

$$C = \frac{23+(1/0.015)+(0.001\,55/10^{-3})}{1+\{23+(0.001\,55/10^{-3})\}\times(0.015/\sqrt{0.857})} = 65.26$$

ゆえに，流速 v は

$$v = C\sqrt{mi} = 65.26 \times \sqrt{0.857 \times 10^{-3}} = 1.91 \text{ m/s}$$

流量 Q は

$$Q = Av = 4 \times 1.5 \times 1.91 = 11.46 \text{ m}^3/\text{s}$$

【6.22】 図 6.22 に示すように，断面が円形である管路を，水が充満していない状態で流れているときの水力平均深さ m を求めよ。

〔解〕 図に示すように，水が満たされている部分の中心角を θ [rad] とすると，流

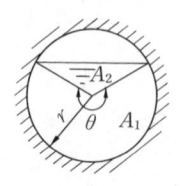

図 6.22

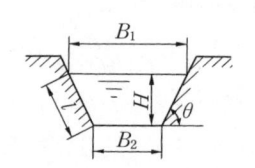

図 6.23

路断面積 A は扇状の部分の面積 A_1 と頂角を $(2\pi-\theta)$ とする二等辺三角形の部分の面積 A_2 に分けられ，それぞれの面積は，半径を r とすると $A_1=r^2\theta/2$ と $A_2=r^2\{\sin(2\pi-\theta)\}/2=-r^2(\sin\theta)/2$ であり，ぬれ縁の長さ s は $r\theta$ であるから

$$m=\frac{A}{s}=\frac{r^2\theta/2-r^2(\sin\theta)/2}{r\theta}=\frac{r}{2}\left(1-\frac{\sin\theta}{\theta}\right)$$

【6.23】 図 6.23 の台形断面水路において，断面積 A および傾き角 θ が一定のとき，最大流量が得られる B_2 と H との関係を求めよ．また，$\theta=60°$ のときの B_2 と H との関係はどうなるか．

〔解〕 最大流量を得るためには，平均流速が最大になるような関係を求めればよい．すなわち，シェジーの公式より m を最大にするか，ぬれ縁の長さ s を最小にする条件を求めればよい．水路の斜辺のぬれ縁の長さを l とすると，$l=H/\sin\theta$ であるから

ぬれ縁の長さ： $s=B_2+2l=B_2+\dfrac{2H}{\sin\theta}$ (1)

流体の断面積： $A=\dfrac{(B_1+B_2)H}{2}$

ここで，$B_1=B_2+2H/\tan\theta$ の関係を上式に代入すると

$$A=H\left(B_2+\frac{H}{\tan\theta}\right) \tag{2}$$

式(2)より

$$B_2=\frac{A}{H}-\frac{H}{\tan\theta} \tag{3}$$

これを式(1)に代入すると

$$s=\frac{A}{H}-\frac{H}{\tan\theta}+\frac{2H}{\sin\theta} \tag{4}$$

s が最小になる H を求めるために，式(4)を H で微分して 0 とおく．

$$\frac{ds}{dH}=-\frac{A}{H^2}-\frac{1}{\tan\theta}+\frac{2}{\sin\theta}=-\frac{A}{H^2}-\frac{\cos\theta-2}{\sin\theta}=0 \text{ より}$$

$$A\sin\theta+H^2(\cos\theta-2)=0 \tag{5}$$

$$H=\pm\sqrt{\frac{A\sin\theta}{2-\cos\theta}} \quad (\text{負の値は不適}) \tag{6}$$

すなわち，s が最小になる H は式(6)で得られ，このときの B_2 の値は，この H を式(3)に代入すれば求まる．すなわち

$$B_2=\sqrt{\frac{A(2-\cos\theta)}{\sin\theta}}-\sqrt{\frac{A\cos^2\theta}{\sin\theta(2-\cos\theta)}} \tag{7}$$

式(6)と式(7)の比をとって，H と B_2 との関係を求める．

178   6. 管 路 と 水 路

$$\frac{B_2}{H} = \frac{\sqrt{\frac{A(2-\cos\theta)}{\sin\theta}} - \sqrt{\frac{A\cos^2\theta}{\sin\theta(2-\cos\theta)}}}{\sqrt{\frac{A\sin\theta}{2-\cos\theta}}}$$

$$= \frac{\sqrt{2-\cos\theta} \times \sqrt{\frac{A(2-\cos\theta)}{\sin\theta}} - \sqrt{\frac{(2-\cos\theta)A\cos^2\theta}{\sin\theta(2-\cos\theta)}}}{\sqrt{A\sin\theta}}$$

$$= \frac{(2-\cos\theta)\sqrt{\frac{A}{\sin\theta}} - \sqrt{\frac{A\cos^2\theta}{\sin\theta}}}{\sqrt{A\sin\theta}} = \frac{\sqrt{\frac{A}{\sin\theta}}(2-\cos\theta-\cos\theta)}{\sqrt{A\sin\theta}}$$

$$= \frac{2(1-\cos\theta)}{\sin\theta} \tag{8}$$

$\theta=60°$ の場合の H と B_2 との関係は, $\sin 60°=\sqrt{3}/2$, $\cos 60°=1/2$ を式(8)に代入して

$$\frac{B_2}{H} = \frac{2\{1-(1/2)\}}{\sqrt{3}/2} = \frac{2}{\sqrt{3}}$$

ゆえに, $B_2=2H/\sqrt{3}$ または $H=\sqrt{3}B_2/2$ のとき, 最大流量が得られる.

【6.24】 図6.24に示すような傾斜した平面を流下する水流において, 底から y の位置の速度 u は, $u=U_0(y/h)^{1/7}$ で表せる. 水面の流速 $U_0=1.5$ m/s, 水深 $h=2$ m で幅 $b=10$ m であるとき, 体積 $V=10^4$ m³ の水を流すのに要する時間 T を求めよ.

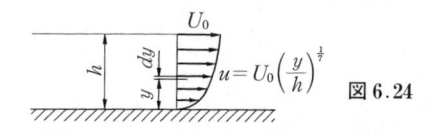

図6.24

〔解〕 底面から y の距離において微小長さ dy を考えると, 微小面積 $dA=bdy$ を通る流量 dQ は

$$dQ = udA = ubdy \tag{1}$$

ゆえに, 全流量は式(1)を積分することによって求まる. すなわち

$$Q = \int udA = \int_0^h U_0\left(\frac{y}{h}\right)^{\frac{1}{7}}(bdy) = U_0 bh^{-\frac{1}{7}}\left[\frac{7}{8}y^{\frac{8}{7}}\right]_0^h = \frac{7}{8}U_0 bh \tag{2}$$

式(2)に $U_0=1.5$ m/s, $h=2$ m, $b=10$ m を代入すると, 全流量 Q は

$$Q = \frac{7}{8}\times 1.5\times 2\times 10 = 26.25 \text{ m}^3/\text{s}$$

ゆえに, 体積 $V=10^4$ m³ の水を流すのに要する時間 T は

$$T = \frac{V}{Q} = \frac{10^4}{26.25} = 381 \text{ s} = 6.35 \text{ min}$$

7 物体まわりの流れ

7.1 はじめに

　流体中にある物体が流体と相対的に運動するとき，物体は流体から力を受ける。この力の流れ方向の分力を**抗力**（drag）または**抵抗**（resistance）D，流れに垂直方向の分力を**揚力**（lift）Lという。

　抗力，揚力は，物体表面に働く圧力や摩擦力の分布が，流れの方向に関して物体の前後あるいは上下面で対称でないために生じるものである。したがって，これらの力は物体の形状と流れに対しておかれる姿勢に大きく依存する。

　また，流れのレイノルズ数や表面の滑粗によっても大きく変わるので，理論的に予測することはかなり難しい。そこで，物体に作用する抗力，揚力は，実験的に求められた無次元量の**抗力係数**（drag coefficient）C_D，**揚力係数**（lift coefficient）C_Lを用いた次式で求めることになる。

$$D = C_D \frac{1}{2} \rho U^2 S \tag{7.1}$$

$$L = C_L \frac{1}{2} \rho U^2 S \tag{7.2}$$

ここで，ρ, U, Sはそれぞれ流体の密度，流体と物体の相対速度，物体の基準面積である。基準面積としては，物体の流れに垂直な面への投影面積を用いることが多いが，翼形の場合は翼の面積（翼弦長×翼幅）を用いる。すなわち，抗力係数，揚力係数は基準面積に作用する全動圧力に対する割合として定義し，通常レイノルズ数，表面の滑粗の関数として表される。

　抗力，揚力の大きさには，物体のまわりの壁面近くに形成される**境界層**（boundary layer）の様子が大きく影響するので，まずその挙動に注目しなけ

7.2 平板上の境界層

ここでは図 7.1 に示すように，一様な流れの中に流れに平行におかれた薄い平板について述べる。この平板には揚力が生じることはなく，抗力は平板の厚さが十分薄いとすると，平板の前面，後面に作用する圧力による**圧力抗力**（pressure drag）D_p は無視できるほど小さく，平板表面に作用する粘性による**摩擦抗力**（frictional drag）† D_f が大部分を占める。したがって，平板表面近傍の流れに注目する。

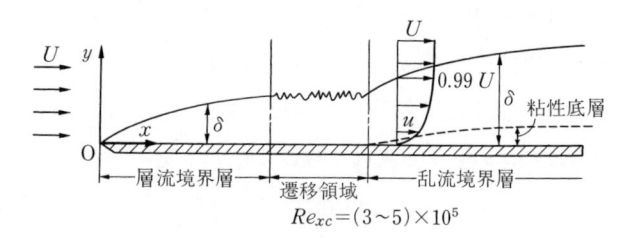

図 7.1 平板上の境界層

平板表面では流体の粘性のために流速は 0 となるが，平板から十分に離れたところにおける流速は一様な流速 U となる。このように，平板表面近傍の狭い範囲で流速 0 から流速 U まで変化することになり，この部分の速度こう配 du/dy は大きく，粘度の小さい流体であっても流れに作用するせん断応力は大きくなる。

このせん断応力が作用する薄い層を境界層といい，その外側の流れは非粘性の流れと見なすことができ，主流と呼ばれる。境界層内の流れは平板の入口近くでは層流であるが，一般に下流では乱流になる。流れは急に層流から乱流に変わるのではなく，両者が入り交じる**遷移領域**（transition region）が存在する。前者を**層流境界層**（laminar boundary layer），後者を**乱流境界層**（turbulent boundary layer）といい，この領域では境界層は急激に成長する。

---

† 先に述べた流体が物体に作用する抗力 D は，圧力抗力 D_p と摩擦抗力 D_f の和で与えられる。

また乱流境界層の物体表面のごく近くでは，**粘性底層**（viscous sublayer）といわれるかなり薄い層内に，層流に近い流れが生じる．平板の先端からの距離 x を用いた**局所レイノルズ数**（local Reynolds number）を $Re_x = Ux/\nu$ で表すと，層流から乱流に遷移する臨界レイノルズ数は，一般に $Re_{xc} = 3 \times 10^5 \sim 5 \times 10^5$ とされており，主流の乱れの程度の大きいものほど Re_{xc} は小さい値となる．ここで，ν は動粘度である．

境界層内の速度 u は，壁面からの距離 y を増すにしたがって大きくなり，u が主流の一様な速度 U となるまでの距離 y を境界層厚さ δ で表す．境界層厚さ δ を正確に決めることは難しいので，実験的には物体の表面から測って，速度が $u = 0.99U$ になる位置までの距離を δ としている．この定義による境界層厚さにはあいまいな点が残るので，物理的意味をもつ次式で定義される**排除厚さ**（displacement thickness）δ^*，**運動量厚さ**（momentum thickness）θ が用いられる．

$$\delta^* = \frac{1}{U}\int_0^\delta (U-u)dy = \int_0^\delta \left(1 - \frac{u}{U}\right)dy \tag{7.3}$$

$$\theta = \frac{1}{\rho U^2}\int_0^\delta \rho u(U-u)dy = \frac{1}{U^2}\int_0^\delta u(U-u)dy$$

$$= \int_0^\delta \frac{u}{U}\left(1 - \frac{u}{U}\right)dy \tag{7.4}$$

δ^* は，境界層が生成したために主流が外側に排除されたと考えられる平均的な距離で，θ は，境界層ができたために流体が失う運動量を対象にとった厚さである（問題 7.1 参照）．

境界層内の速度 u の分布は，層流境界層に対しては**ブラジウスの方程式**（Blasius' equation）の解が有名であるが，近似的なものとして，層流境界層，乱流境界層に対してそれぞれ次式がある．

$$\frac{u}{U} = \frac{3}{2}\left(\frac{y}{\delta}\right) - \frac{1}{2}\left(\frac{y}{\delta}\right)^3 \cdots\cdots 層流境界層 \tag{7.5}$$

$$\frac{u}{U} = \left(\frac{y}{\delta}\right)^{\frac{1}{7}} \cdots\cdots\cdots\cdots\cdots 乱流境界層 \tag{7.6}$$

層流境界層に比べて，乱流境界層の速度分布は壁面近傍まで大きい速度を維持しており，大きい運動量をもっている。

平板上の境界層厚さ δ は，先端からの距離 x と局所レイノルズ数 Re_x を用いて以下のようになる。

$$\delta = 4.91x\left(\frac{1}{Re_x}\right)^{\frac{1}{2}} \cdots\cdots 層流境界層 \tag{7.7}$$

$$\delta = 0.37x\left(\frac{1}{Re_x}\right)^{\frac{1}{5}} \cdots\cdots 乱流境界層 \tag{7.8}$$

長さが l の平板片面上の摩擦抗力（単位幅あたり）D_f は，次式から求めることができる。

$$D_f = C_f \frac{1}{2}\rho U^2 l \tag{7.9}$$

ここで，C_f は**摩擦抗力係数**（frictional drag coefficient）でレイノルズ数 $Re_l = Ul/\nu$ の関数となり，層流境界層，乱流境界層および遷移層に対してそれぞれ次式がある。

境界層が層流の場合

$$C_f = 1.328\,Re_l^{-\frac{1}{2}} \quad (Re_l < 5\times 10^5)$$
$$\cdots\cdots ブラジウス（Blasius）の厳密解 \tag{7.10}$$

境界層が平板全長にわたって乱流の場合

$$C_f = 0.074\,Re_l^{-\frac{1}{5}} \quad (3\times 10^5 < Re_l < 10^7) \cdots\cdots ブラジウスの式 \tag{7.11}$$

$$C_f = \frac{0.455}{(\log_{10} Re_l)^{2.58}} \quad (10^6 < Re_l < 10^9)$$
$$\cdots\cdots シュリヒティング（Schlichting）の式 \tag{7.12}$$

平板上で境界層が層流から途中で乱流に遷移する場合

$$C_f = 0.74\,Re_l^{-\frac{1}{5}} - \frac{A}{Re_l} \cdots\cdots プラントル（Prandtl）の式 \tag{7.13}$$

$$C_f = \frac{0.455}{(\log_{10} Re_l)^{2.58}} - \frac{A}{Re_l} \cdots\cdots プラントル・シュリヒティングの式 \tag{7.14}$$

ここで，A の値はつぎに示すとおり Re_l によって変化する。

$Re_l = 3\times10^5$ のとき $A = 1\,050$, $Re_l = 5\times10^5$ のとき $A = 1\,700$
$Re_l = 10^6$ のとき $A = 3\,300$, $Re_l = 3\times10^6$ のとき $A = 8\,700$

7.3　円柱および球まわりの流れ

　ここでは，主として一様な流速 U の流れの中にある直径 d の円柱まわりの流れについて述べるが，球の場合も流れが三次元流れになることを除いてほぼ同様と考えてよい。この場合には，形状および流れが流れ方向に関して対称であるので揚力が生じない。抗力は，低レイノルズ数域では摩擦抗力が主となる場合もあるが，それ以上のレイノルズ数域では，円柱の上流側表面と下流側表面に作用する圧力差に基づく圧力抗力が大部分を占めるようになる。

　前節の平板上の境界層は，極低レイノルズ数である場合を除いて，平板の後端で平板から離れて渦が発生する。このように，境界層が物体表面から離れて逆流や渦が生じることを**はく離**（separation）といい，はく離が生じ始める位置を**はく離点**（separation point）という。はく離した境界層は渦層を形成し，物体の背後に渦を伴った**後流**または**伴流**（wake）と呼ばれる領域が形成される。伴流内は低圧であり，圧力抗力が生じる原因となる。

　また，伴流内では組織的渦構造が存在するが，それは一般に流下するに従って乱流となる。流れに平行におかれた平板上の流れは，流れ方向 x に対する圧力こう配 dp/dx は 0 であるから，下流に向かって境界層の厚みが増し，層内の流速が減少しても，流体は壁面に沿って流れることができる。しかし円柱のように，曲面に沿う流れの場合は圧力の変化があり，平板の場合と異なる。

　そこで，**図7.2**に示すような円柱面に沿う流れについて述べる。いま，円柱の上方に平板壁が流れに平行におかれているとすると，点 C で流路面積が最も狭くなり，したがって，流速は最大値 u_{max} となる。点 C より上流では，流れ方向 x に対する速度こう配が $du/dx > 0$（増速），圧力こう配が $dp/dx < 0$（圧力降下）となり，また，点 C より下流では $du/dx < 0$（減速），$dp/dx > 0$（圧力上昇）となり，いわゆる**逆圧力こう配**（adverse pressure gradient）となる。壁面近くの境界層内ではもともと運動量が小さいが，逆圧力こう配のた

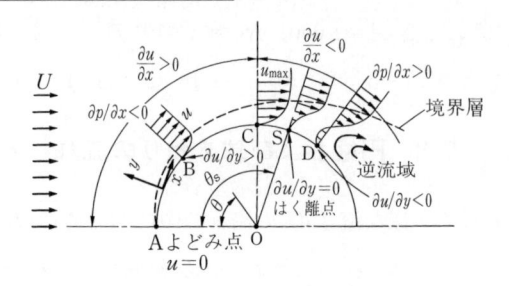

図7.2 円柱面に沿う流れ

めに流速が減少するので運動量がさらに小さくなり，図の点Dに示すような流れが逆流するはく離域が生じることになる。

図7.3(a)，(b)に示すように，境界層のはく離は，壁面近くの流速が小さく流体の運動量の小さい層流境界層では，運動量の大きい乱流境界層の場合より上流で起きる。その結果，はく離による円柱の伴流の領域は，層流境界層では大きく，抗力も大きくなり，乱流境界層では小さく，抗力も小さくなる。

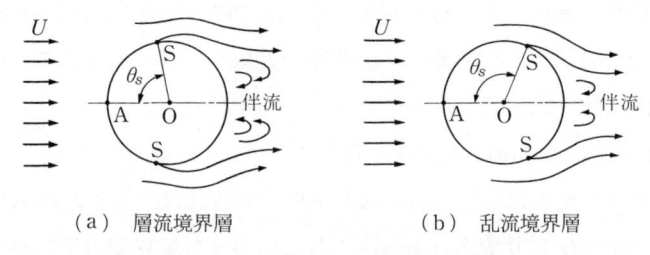

(a) 層流境界層　　　　(b) 乱流境界層

図7.3 円柱面に沿う境界層とはく離

このように層流境界層が乱流に遷移すると，**よどみ点** (stagnation point) Aから測った境界層のはく離点Sまでの角度 θ_s が大きくなり，伴流の領域が小さくなるのである。この抗力が急激に減少するレイノルズ数（$Re = Ud/\nu$: ν は動粘度）は**臨界レイノルズ数**（critical Reynolds number）Re_c と呼ばれる。

滑らかな表面の円柱およびその他の柱状物体と，球およびその他の三次元物体のレイノルズ数 Re に対する抗力係数 C_D を，それぞれ**図7.4**，**図7.5**に示す。図からわかるように，円柱および球の臨界レイノルズ数は，それぞれ約 4×10^5 および約 3×10^5 であるが，この値は壁面が粗いほど，また主流の乱れが

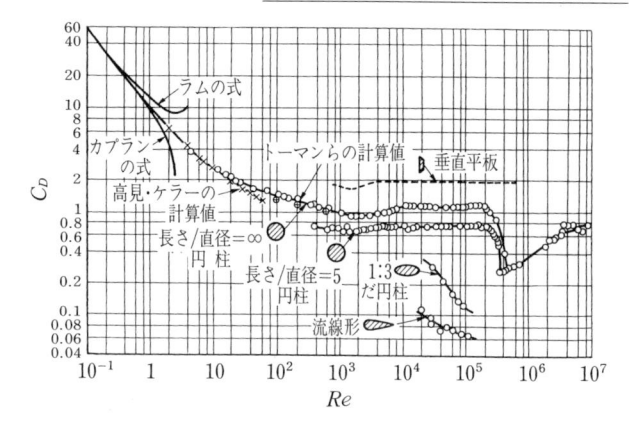

図7.4 滑らかな表面の円柱およびその他の柱状物体の C_D の値
（「機械工学便覧」による）

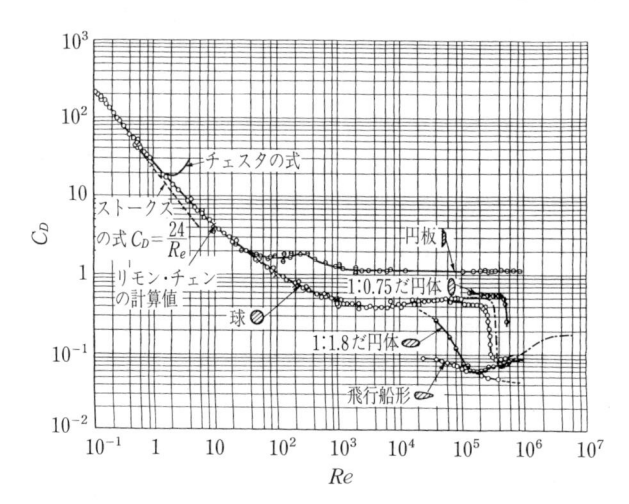

図7.5 滑らかな表面の球およびその他の三次元物体の C_D の値
（「機械工学便覧」による）

大きいほど低くなる。飛距離を伸ばす目的でゴルフボールに凹みを付けているのもこの理由による。

　表7.1に，種々の形状の三次元物体の抗力係数 C_D の値を示す。

　つぎに，一様な流れの中におかれた円柱を一定の角速度で回転させたとき，円柱が流体より受ける揚力について考える。

表 7.1 種々の形状の三次元物体の C_D の値

物体	寸法の割合	基準面積 A	レイノルズ数	C_D
(円板)	$\delta = 0.01\, d$	$\dfrac{\pi d^2}{4}$	9.6×10^5	1.12
(環状円板)	$\dfrac{d}{D}=0.2$ 0.4 0.6 0.8 $\delta=0.01\,d$	$\dfrac{\pi(D^2-d^2)}{4}$	3.6×10^5	1.16 1.20 1.22 1.78
(円柱,軸方向)	$\dfrac{l}{d}=0.5$ 1.0 2.0 4.0 6.0 7.0	$\dfrac{\pi d^2}{4}$	3.6×10^5	1.00 0.84 0.76 0.78 0.80 0.88
(円柱,横方向)	$\dfrac{l}{d}=1$ 2 5 10 20 40	ld	0.9×10^5	0.64 0.68 0.76 0.80 0.92 0.98
(正方形板)	$\delta = 0.01\, a$	a^2	3.9×10^5	1.14
(長方形板)	$\dfrac{a}{b}=2$ 5 10 20 ∞	ab	$(0.9 \sim 3.9) \times 10^5$	1.15 1.22 1.27 1.50 1.86
(半球,凸面)		$\dfrac{\pi D^2}{4}$	4×10^5 5×10^5	0.36 0.40
(半球,凹面)		$\dfrac{\pi D^2}{4}$	4×10^5 5×10^5	1.44 1.42
(円錐)	$\alpha = 60°$ $30°$	$\dfrac{\pi d^2}{4}$	2.7×10^5	0.51 0.33
(紡錘形)		$\dfrac{\pi d^2}{4}$	1.4×10^5	0.16
(流線形)		$\dfrac{\pi d^2}{4}$	1.4×10^5	0.09

7.3 円柱および球まわりの流れ

表7.1 （つづき）

物体	寸法の割合	基準面積 A	レイノルズ数	C_D
（$U\rightarrow$ 流線形物体, $l/3$, l, d）	$\dfrac{l}{d}$=3.0 3.5 4.0 4.5 5.0 5.5 6.0	$\dfrac{\pi d^2}{4}$	$(5\sim 6)\times 10^5$	0.049 0.048 0.051 0.055 0.060 0.067 0.072

（「機械工学便覧」による）

この場合，まず**循環**（circulation）について定義しておく。図7.6に示すような二次元流れにおいて，流体中に任意の閉曲線 C を考え，曲線上の微小長さを ds，その位置における流速を v，v と ds のなす角度を θ とすると，v の ds 方向の成分は $v\cos\theta$ となる。これに ds を乗じた $v\cos\theta\cdot ds$ を C に沿って一周した積分値を循環といい，Γ（ガンマ）で表す。

$$\Gamma = \oint_C v\cos\theta\cdot ds \tag{7.15}$$

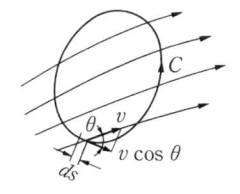

図7.6 循環

いま，半径 R の円柱が ω の角速度で回転するとき，円柱表面の粘性をもつ流体は円柱とともに回転すると考えられるから，円柱表面を一つの閉曲線と考えると，上式の $v\cos\theta$ に相当する閉曲線に沿う速度は周速度 $U_\theta = R\omega$（一定）に等しく，したがって，円柱まわりの循環 Γ は次式となる。

$$\Gamma = R\omega\oint ds = 2\pi R^2\omega = 2\pi R U_\theta \tag{7.16}$$

この回転する円柱が一様な速度 U の流れの中におかれたとき，円柱まわりには U と Γ とが組み合わされた流れが生じ，結果として，円柱の上半分と下半分とに圧力差ができる。この圧力差による力は，円柱の単位長さについて，U に垂直方向に作用するとしてこれを揚力 L と表すと，次式で与えられる。

7. 物体まわりの流れ

$$L = \rho U \Gamma \tag{7.17}$$

この式は，円柱の場合に限らず，次節で述べる翼形まわりの流れなどにも当てはまるもので，**クッタ・ジューコフスキーの定理**（Kutta-Joukowski's theorem）という。例えば，野球のボールに回転を与えて投げると，ボールの軌道が進行方向に対して曲がるのは，この揚力が作用するためであり，これを**マグヌス効果**（Magnus effect）という。

つぎに，物体が粘性の大きい流体中を落下させたときの落下速度と抗力について考える。この場合は，重力によって物体は加速されるが，十分に時間が経過すると抗力と浮力のために物体の落下速度は一定の等速運動に落ち着く。このとき，物体に作用する重力による力，すなわち重量 W と浮力 F_b との差が物体に作用する抗力 F_D と等しくなり，次式で表される。

$$F_D = W - F_b \tag{7.18}$$

いま，直径 d，密度 ρ' の球が密度 ρ の流体中を落下する場合について考え，落下速度が一定になったときを U としたとき，この速度を**最終速度**（terminal velocity）という。球の体積は $V = \pi d^3/6$，基準面積は $S = \pi d^2/4$ であり，抗力係数を C_D とすると，式(7.18)は

$$C_D \frac{1}{2} \rho U^2 \frac{\pi d^2}{4} = \rho' g \frac{\pi d^3}{6} - \rho g \frac{\pi d^3}{6} = \frac{\pi d^3}{6}(\rho' - \rho)g \tag{7.19}$$

となる。これより，最終速度 U は次式を得る。

$$U = \frac{1}{\sqrt{C_D}} \sqrt{\frac{4}{3} \frac{\rho' - \rho}{\rho} gd} \tag{7.20}$$

球のまわりの流れが層流でレイノルズ数がきわめて小さい $Re < 1$ の場合，すなわち，球の径 d が小さいか，流体の粘度 μ がきわめて大きいか，速度 U がごく小さい場合の抗力 D は，**ストークスの法則**（Stokes' law）といわれる次式で与えられる。

$$D = 3\pi \mu U d \tag{7.21}$$

これと式(7.1)とは等しいから，次式が得られる。

$$3\pi \mu U d = C_D \frac{1}{2} \rho U^2 S = C_D \frac{1}{2} \rho U^2 \frac{\pi d^2}{4}$$

これより，C_D は

$$C_D = \frac{24\mu}{\rho U d} = \frac{24\nu}{Ud} = \frac{24}{Re} \tag{7.22}$$

となる．これはストークスの式であり，図7.5に示されているように，$Re<1$ の範囲で実験値とよく一致することがわかる．また，式(7.19)の右辺と式(7.21)は等しいから，次式が得られる．

$$U = \frac{(\rho'-\rho)gd^2}{18\mu} \tag{7.23}$$

7.4 翼形のまわりの流れ

　航空機が大気中を飛行することができるのは，その翼に揚力が作用するからである．図7.7(a)，(b)に示すような翼の断面形状を**翼形**(飛行機では aerofoil または wing，水中翼では hydrofoil，流体機械では blade)とよび，その形状は種々あり，一般に翼面上の境界層がはく離しにくい形状となっている．

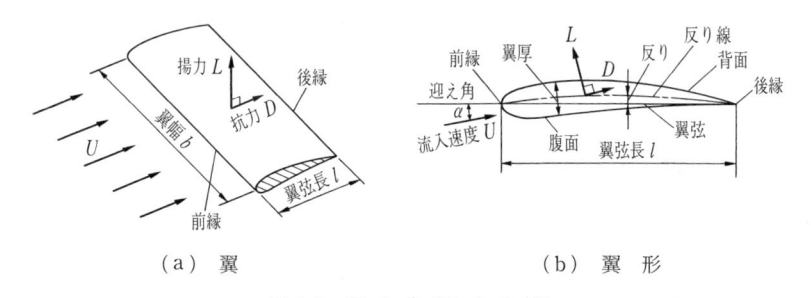

図7.7　翼の各部の名称

　翼形は，その性能を正しく予測することは難しいが，これまでに開発され，風洞実験などで性能が明らかにされている各種の翼形の中から目的に合ったものが用いられている．翼形の性能は形状ごとに**迎え角**（attack angle）α によって変わる揚力係数 C_L，抗力係数 C_D によって示され，C_D/C_L の小さいものほど性能が良好であるとされている．

　翼形の揚力 L，抗力 D は前述の式(7.1)，(7.2)で求まるが，この場合の基準面積 S は**翼弦長**（chord length）l に**翼幅**（span）b を乗じたものである．

二次元翼の場合は $b=1$ として，S の代わりに l を用いる。

図7.8 に迎え角 α に対する抗力係数 C_D，揚力係数 C_L の関係を表した実験結果の一例を示す。迎え角を増すと揚力は増加するが，最大値に達した後さらに迎え角を増すと揚力が逆に減少し，抗力が急に増加するようになる。この現象を**失速**（stall）という。このときの流れの状態を**図7.9**（b）に示しているが，迎え角が大きいために，流体が翼背面に沿った流れとはならず，境界層が前縁付近ではく離していることがわかる。それに対して，図（a）は迎え角が比較的小さい場合で，流れが翼腹面および背面に沿っていることがわかる。

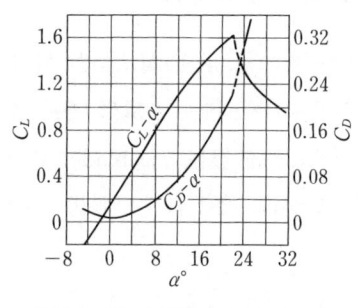

図7.8 翼の性能（NACA 2412）

図7.9 翼まわりの流れ
 (a) 迎え角 α 小
 (b) 迎え角 α 大（失速状態）

演習問題

【**7.1**】 7.1節で述べた平板上の境界層の排除厚さ δ^*，運動量厚さ θ を示す式(7.3)および式(7.4)について，平板の幅を b として説明せよ。

〔**解**〕 （a） 排除厚さ δ^* について：図7.10に示すように，境界層内の平板より任意の距離 y において，dy の微小部分をとると，そこを通過する流体の流量は $ubdy$ であり，境界層の厚さが 0 である平板前方の部分を通過する流量は，速度 U は一様であるから，$Ubdy$ である。したがって，流量の減少は $(U-u)bdy$ となる。これを $y=0$ から境界層の厚さ δ まで積分すると，境界層内で減少した流量は $\int_0^\delta (U-u)bdy$ となる。この流量を最初の速度，すなわち平板前方の一様な速度 U で考えた場合に，どれだけの厚さを流れる流量に相当するかを考えて，その厚さを δ^* とすると，$Ub\delta^*$ と表される。したがって，次式が成り立つ。

図7.10

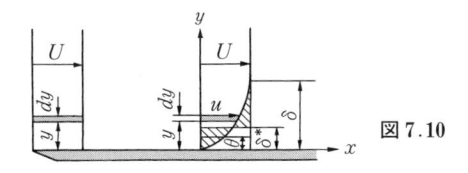

$$Ub\delta^* = \int_0^\delta (U-u)b\,dy \tag{1}$$

ここで,平板の幅 b は一定であるから,δ^* は次式で表せる。

$$\delta^* = \frac{1}{U}\int_0^\delta (U-u)\,dy = \int_0^\delta \left(1-\frac{u}{U}\right)dy \tag{2} = 式(7.3)$$

この δ^* は,図の δ^* を境界とした斜線部分の両者の面積が等しくなるような厚さであり,境界層のために主流が壁面から外側に押しのけられ,排除されたと考えられる距離であるので排除厚さといわれる。

(b) 運動量厚さ θ について:図に示すように,境界層内の平板より任意の距離 y において,dy の微小部分をとると,そこを流れる粘性流体の単位時間に通過する質量は,幅 b について $\rho ub\,dy$ であり,この質量が保有する運動量は $(\rho ub\,dy)u$ である。これと同じ質量が境界層の影響のない平板前方の速度の流体が保有している運動量は $(\rho ub\,dy)U$ である。したがって,bdy 部分における単位時間あたりの運動量の損失は,$\rho ub(U-u)dy$ であり,これを $y=0$ から δ まで積分すると,境界層厚さ δ の間の全運動量の損失は

$$\int_0^\delta \rho ub(U-u)\,dy \tag{3}$$

これを粘性をもたない流速 U で流れていると考えた場合に,どのくらいの厚さを流れる流体の運動量に相当するかを考えて,その厚さを θ とすると,流路幅 b について $\rho b\theta U^2$ となる。この値と式(3)とは等しいから

$$\rho b\theta U^2 = \int_0^\delta \rho ub(U-u)\,dy \tag{4}$$

これを ρbU^2 で割ると

$$\theta = \frac{1}{U^2}\int_0^\delta u(U-u)\,dy = \int_0^\delta \frac{u}{U}\left(1-\frac{u}{U}\right)dy \tag{5} = 式(7.4)$$

【7.2】 定常で一様な流速 U をもつ流れの中に平行におかれた平板上の摩擦応力 τ_0 が,次式で表されることを導け。

$$\tau_0 = \frac{d}{dx}\int_0^\delta \rho u(U-u)\,dy$$

ただし,平板前縁から測った流れ方向の距離を x,平板に垂直方向の距離を y とし,δ は境界層の厚さ,u は境界層内の x 方向の速度,ρ は流体の密度である。

〔解〕 問題7.1の解(b)で示したように，板の先端から x までの間，すなわち，境界層厚さが0から δ までにおける単位時間あたりの運動量の変化（減少）は，紙面に垂直方向の単位幅については

$$\int_0^\delta \rho u(U-u)dy \tag{1}$$

で表される。この運動量の変化は，平板の境界層では圧力こう配 $dp/dx=0$ であり，圧力による力は考えなくてもよく，平板摩擦力のみによって生じたものであると考えればよい。

そこで，単位面積あたりの平板表面に作用する摩擦による力を τ_0 とすると，前縁から x の位置までの平板（片面）に作用する単位幅あたりの摩擦抗力 D_f は

$$D_f = \int_0^x \tau_0 dx \tag{2}$$

運動量の法則[†] より，運動量の単位時間あたりの変化量，すなわち式(1)は，平板に作用する摩擦抗力，すなわち式(2)に等しいことから

$$D_f = \int_0^x \tau_0 dx = \int_0^\delta \rho u(U-u)dy \tag{3}$$

これより

$$\tau_0 = \frac{d}{dx}\int_0^\delta \rho u(U-u)dy \tag{4}$$

この式は，境界層内が層流でも乱流でも適用できる式であり，y に対する速度 u の変化，すなわち，速度分布が y の関数として与えられると，その位置における τ_0 の値が求まる。

いま，境界層内の速度 u を無次元化して $u/U=f(y/\delta)=f(\eta)$ としたとき

$$\tau_0 = \frac{d}{dx}\left[\rho U^2 \delta \int_0^1 \{f(\eta)-f(\eta)^2\}d\eta\right] \tag{5}$$

ここで，$a=\int_0^1\{f(\eta)-f(\eta)^2\}d\eta$ とおくと，δ は x の関数であるが，その他の ρ, U, a は x に無関係であると考えられるから，式(5)は

$$\tau_0 = \rho U^2 a \frac{d\delta}{dx} \tag{6}$$

と表される。ここに示した式(4)および式(6)は，平板の境界層の**運動量方程式** (momentum equation) または**カルマンの運動量方程式** (Kármán's momentum equation) とよばれ，境界層の近似計算に用いられる。

【7.3】 図7.11のように，平板の入口で一様な速度 U_0 である流れが，出口に向かって境界層内の速度分布が図に示すように変わるとき，$y=\delta$ である上面を横切る

[†] 8.1節参照。

体積流量 Q が入口と出口の流量差に等しいとして，Q を U_0 と δ とで表せ。ただし，板の奥行きは b とする。

図 7.11

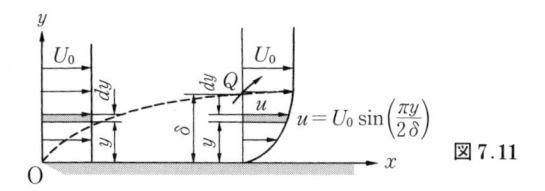

〔解〕 境界層厚さ δ に流入する流量は $Q_1=\int_0^\delta U_0 b dy$，出口の流量は $Q_2=\int_0^\delta U_0 \sin\{\pi y/(2\delta)\} b dy$ であるから，題意より次式を得る。

$$Q=Q_1-Q_2=\int_0^\delta U_0 b dy - \int_0^\delta U_0 \sin\{\pi y/(2\delta)\} b dy$$
$$=U_0 b [y]_0^\delta - U_0 b (2\delta/\pi)[-\cos\{\pi y/(2\delta)\}]_0^\delta$$
$$=U_0 b \delta - U_0 b (2\delta/\pi)(-0+1)=0.363 U_0 b \delta$$

【7.4】 平板上の層流境界層の速度分布が式(7.5)で表せるとき，境界層の排除厚さ δ^*，運動量厚さ θ を求めよ。

〔解〕 層流境界層の速度分布は，題意により次式を用いる。

$$\frac{u}{U}=\frac{3}{2}\left(\frac{y}{\delta}\right)-\frac{1}{2}\left(\frac{y}{\delta}\right)^3 \tag{7.5}$$

排除厚さ δ^* は，式(7.3)の u/U に式(7.5)を代入すると以下のように求まる。

$$\delta^*=\frac{1}{U}\int_0^\delta (U-u)dy=\int_0^\delta \left(1-\frac{u}{U}\right)dy=\int_0^\delta \left[1-\left\{\frac{3}{2}\left(\frac{y}{\delta}\right)-\frac{1}{2}\left(\frac{y}{\delta}\right)^3\right\}\right]dy$$
$$=\left[y-\frac{3}{4\delta}y^2+\frac{1}{8\delta^3}y^4\right]_0^\delta=\frac{3}{8}\delta$$

運動量厚さ θ は，式(7.4)の u/U に式(7.5)を代入すると以下のように求まる。

$$\theta=\frac{1}{U^2}\int_0^\delta u(U-u)dy=\int_0^\delta \frac{u}{U}\left(1-\frac{u}{U}\right)dy$$
$$=\int_0^\delta \left[\left\{\frac{3}{2}\left(\frac{y}{\delta}\right)-\frac{1}{2}\left(\frac{y}{\delta}\right)^3\right\}\left\{1-\frac{3}{2}\left(\frac{y}{\delta}\right)+\frac{1}{2}\left(\frac{y}{\delta}\right)^3\right\}\right]dy$$
$$=\int_0^\delta \left\{\frac{3}{2}\left(\frac{y}{\delta}\right)-\frac{9}{4}\left(\frac{y}{\delta}\right)^2-\frac{1}{2}\left(\frac{y}{\delta}\right)^3+\frac{3}{2}\left(\frac{y}{\delta}\right)^4-\frac{1}{4}\left(\frac{y}{\delta}\right)^6\right\}dy$$
$$=\left[\frac{3}{4\delta}y^2-\frac{9}{12\delta^2}y^3-\frac{1}{8\delta^3}y^4+\frac{3}{10\delta^4}y^5-\frac{1}{28\delta^6}y^7\right]_0^\delta=\frac{39}{280}\delta$$

【7.5】 平板上の乱流境界層の速度分布が式(7.6)で表せるとき，境界層の排除厚さ δ^*，運動量厚さ θ を求めよ。

〔解〕 乱流境界層の速度分布は，題意により次式を用いる。

$$\frac{u}{U}=\left(\frac{y}{\delta}\right)^{\frac{1}{7}} \tag{7.6}$$

排除厚さ δ^* は，式(7.3)の u/U に式(7.6)を代入すると以下のように求まる。

$$\delta^*=\frac{1}{U}\int_0^\delta (U-u)dy=\int_0^\delta\left(1-\frac{u}{U}\right)dy$$

$$=\int_0^\delta\left\{1-\left(\frac{y}{\delta}\right)^{\frac{1}{7}}\right\}dy=\left[y-\frac{7}{8\delta^{\frac{1}{7}}}y^{\frac{8}{7}}\right]_0^\delta=\frac{1}{8}\delta$$

運動量厚さ θ は，式(7.4)の u/U に式(7.6)を代入すると以下のように求まる。

$$\theta=\frac{1}{U^2}\int_0^\delta u(U-u)dy=\int_0^\delta\frac{u}{U}\left(1-\frac{u}{U}\right)dy=\int_0^\delta\left(\frac{y}{\delta}\right)^{\frac{1}{7}}\left\{1-\left(\frac{y}{\delta}\right)^{\frac{1}{7}}\right\}dy$$

$$=\int_0^\delta\left\{\left(\frac{y}{\delta}\right)^{\frac{1}{7}}-\left(\frac{y}{\delta}\right)^{\frac{2}{7}}\right\}dy=\left[\frac{7}{8\delta^{\frac{1}{7}}}y^{\frac{8}{7}}-\frac{7}{9\delta^{\frac{2}{7}}}y^{\frac{9}{7}}\right]_0^\delta=\frac{7}{72}\delta$$

なお，境界層の排除厚さ δ^* と運動量厚さ θ の比をとって，$H=\delta^*/\theta$ を**形状係数**（shape factor）と称し，境界層の速度分布の形状により異なった値を示す。H の値は，先の層流境界層の問題では 2.69，乱流境界層の本問題では 1.29 となる。このように形状係数が急に減少することにより，層流境界層が乱流境界層に遷移したと判断することができる。

【7.6】 長さ 0.5 m の平板が風速 5 m/s の流れに平行におかれている。気温を 20°C として平板後縁における境界層は層流か，または乱流であるかを判定し，その厚さ δ を求めよ。

〔解〕 臨界レイノルズ数を 3×10^5 として，まず局所レイノルズ数 Re_x を次式により求める。

$$Re_x=\frac{xU}{\nu} \tag{1}$$

ここで，$x=0.5$ m，$U=5$ m/s，動粘度 ν は，表 1.5 より 20°C において 15.15×10^{-6} m²/s であり，これを式(1)に代入すると

$$Re_x=\frac{0.5\times5}{15.15\times10^{-6}}=1.65\times10^5<3\times10^5$$

となり，境界層は層流であることがわかる。つぎに境界層厚さ δ は，式(7.7)より

$$\delta=4.91x\left(\frac{1}{Re_x}\right)^{\frac{1}{2}}=4.91x(Re_x)^{-\frac{1}{2}}$$

$$=4.91\times0.5\times(1.65\times10^5)^{-\frac{1}{2}}=0.00604\text{ m}=6.04\text{ mm}$$

【7.7】 気温が 20°C で風速が 2 m/s の流れに平行におかれた長さ 1 m，幅 3 m の滑らかな平板の片面に作用する抗力 D_f と，平板の後縁における境界層の厚さ δ，排

除厚さ δ^*, 運動量厚さ θ を求めよ.

〔解〕 表1.5より,気温が20 °Cの空気の動粘度 $\nu=15.15\times 10^{-6}$ m²/s, 密度 $\rho=1.2039$ kg/m³ を用い,風速 $U=2$ m/s, $x=1$ m を,平板の後縁における局所レイノルズ数 $Re_x=xU/\nu$ の式に代入すると

$$Re_x=\frac{1\times 2}{15.15\times 10^{-6}}=1.32\times 10^5 < 3\times 10^5$$

となり,境界層は層流であることがわかる.したがって,摩擦抗力係数 C_f は式(7.10)より求めることができる.

$$C_f=1.328Re_x^{-\frac{1}{2}}=1.328\times (1.32\times 10^5)^{-\frac{1}{2}}=0.00366$$

ゆえに,平板片面に作用する抗力は,式(7.9)に板幅 b を乗じた次式で得られる.

$$D_f=C_f\frac{1}{2}\rho U^2 bl$$

ここで, $C_f=3.66\times 10^{-3}, \rho=1.2039$ kg/m³, $U=2$ m/s, $b=3$ m, $l=1$ m を代入すると

$$D_f=3.66\times 10^{-3}\times 0.5\times 1.2039\times 2^2\times 3\times 1=0.0264 \text{ N}$$

境界層厚さ δ は,式(7.7)に $x=1$ m, $Re_x=1.32\times 10^5$ を代入して

$$\delta=4.91x(1/Re_x)^{\frac{1}{2}}=4.91\times 1\times (1.32\times 10^5)^{-\frac{1}{2}}=0.0135 \text{ m}=13.5 \text{ mm}$$

排除厚さ δ^* および運動量厚さ θ は問題7.4の結果を用いて,それぞれの式に $\delta=13.5$ mm を代入すると

$$\delta^*=\frac{3}{8}\delta=\frac{3}{8}\times 13.5=5.06 \text{ mm}$$

$$\theta=\frac{39}{280}\delta=\frac{39}{280}\times 13.5=1.88 \text{ mm}$$

【7.8】 問題7.7で,平板が動粘度 $\nu=1.020\times 10^{-6}$ m²/s, 密度 $\rho=1000$ kg/m³ の水中にある場合のそれぞれの値を求めよ.

〔解〕 $Re_x=\frac{1\times 2}{1.020\times 10^{-6}}=1.96\times 10^6 > 3\times 10^5$

境界層は乱流であるので,摩擦抗力係数 C_f は式(7.11)を用いて, $Re_x=1.96\times 10^6$ を代入すると

$$C_f=0.074Re_x^{-\frac{1}{5}}=0.074\times (1.96\times 10^6)^{-\frac{1}{5}}=4.08\times 10^{-3}$$

抗力は前問と同様に式(7.9)を用いて, $C_f=4.08\times 10^{-3}, \rho=1000$ kg/m³, $U=2$ m/s, $b=3$ m, $l=1$ m を代入すると

$$D_f=4.08\times 10^{-3}\times 0.5\times 1000\times 2^2\times 3\times 1=24.48 \text{ N}$$

境界層厚さ δ は,式(7.8)に $x=1$ m, $Re_x=1.96\times 10^6$ を代入して

$$\delta=0.37x(1/Re_x)^{\frac{1}{5}}=0.37\times 1\times (1.96\times 10^6)^{-\frac{1}{5}}=0.0204 \text{ m}=20.4 \text{ mm}$$

また,排除厚さ δ^* および運動量厚さ θ は,乱流境界層の問題 7.5 で得られた関係式より

$$\delta^* = \frac{1}{8}\delta = \frac{1}{8} \times 20.4 = 2.55 \text{ mm}$$

$$\theta = \frac{7}{72}\delta = \frac{7}{72} \times 20.4 = 1.98 \text{ mm}$$

【7.9】 平板に沿う流れの境界層が層流から乱流に遷移する臨界レイノルズ数が 3×10^5 であるとして,円管内流れの臨界レイノルズ数 Re_c を求めよ。

〔解〕 平板に沿う流れの一様流が管内流れの管中心における最大流速に等しくなり,平板に沿う流れの境界層が層流において,その厚さが管の半径に等しくなると考える。平板上の層流境界層の厚さ δ は式(7.7)より

$$\delta = 4.91x\left(\frac{1}{Re_x}\right)^{\frac{1}{2}} = 4.91x(3 \times 10^5)^{-\frac{1}{2}} = 0.00896x$$

$$\therefore\ x = 111.6\delta$$

$$\therefore\ Re_x = 3 \times 10^5 = \frac{Ux}{\nu} = \frac{111.6U\delta}{\nu}$$

円管内の層流では,助走距離を過ぎた速度分布は放物線形状となり,平均流速 u_m と管中心の速度 $u_{\max} = U$ とには $u_m = U/2$ の関係がある (5.3.1項参照)。また,d を円管の直径とすると,管壁から管中心までの距離が δ であるから $d = 2\delta$ であり,$U = 2u_m$ および $\delta = d/2$ の関係を得る。これらを上の Re_x の式に代入すると,管内流れの臨界レイノルズ数 Re_c は

$$3 \times 10^5 = \frac{111.6 \times 2u_m \times d/2}{\nu}$$

$$\therefore\ Re_c = \frac{u_m d}{\nu} = \frac{3 \times 10^5}{111.6} = 2688$$

この値は,通常の管内流れの臨界レイノルズ数 2300 より大きいが,両者が比較的よく対応していることを示している。

【7.10】 図 7.12 に示すように,密度 ρ の流体中で半径 r_0 の円板が,その中心を貫き,それに垂直な軸まわりに ω の角速度で回転する場合,円板近くの流体は中心部から外方に向かって流れる。このとき,円板は摩擦抗力を受ける。この抗力に打ち勝って回転させるためのモーメント M は片面について式(a)で示され,また摩擦損失動力 P は,片面について式(b)で示されることを導け。ただし,C_f は摩擦抗力係数である。

$$M = C_f \frac{\rho}{2}\omega^2 r_0^5 \tag{a}$$

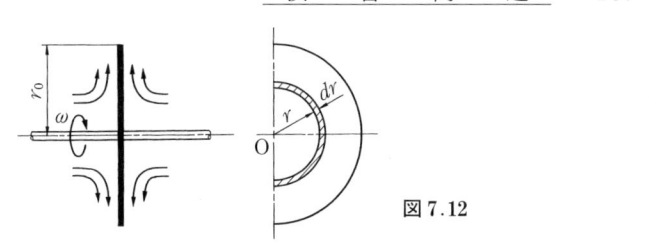

図 7.12

$$P = C_f \frac{\rho}{2} \omega^3 r_0^5 \tag{b}$$

〔解〕 回転する円板のごく近くでは,周方向の速度成分 $r\omega = u$ をもつ層が流体中に生じ,それに遠心力の作用が加わって,流体は回りながら半径方向に流出する。

平板と同様に考えて,図に示すような半径 r において dr の幅を考え,微小円環部分 $2\pi r \cdot dr$ に作用する摩擦抗力 dD_f は,式(7.9)を適用して表すと

$$dD_f = C_f'(2\pi r dr)\frac{\rho u^2}{2} = C_f' \pi \rho \omega^2 r^3 dr \tag{1}$$

ここで,C_f' は微小面積における摩擦抵抗係数で,半径 $r=0$ から r_0 まで一定の値とする。

ゆえに,この抵抗に打ち勝って円板を回転するに要するモーメント M は,片面について

$$M = \int_0^{r_0} dM = \int_0^{r_0} r \cdot dD_f = C_f' \pi \rho \omega^2 \int_0^{r_0} r^4 dr = \frac{C_f' \pi \rho \omega^2 r_0^5}{5} \tag{2}$$

ここで,円板全体としての摩擦抗力係数を $2\pi C_f'/5 = C_f$ とおくと,式(2)は

$$M = C_f \frac{\rho}{2} \omega^2 r_0^5 \tag{3}=(a)$$

したがって,片面あたりの消費動力 P は

$$P = M\omega = C_f \frac{\rho}{2} \omega^3 r_0^5 \tag{4}=(b)$$

なお,C_f はレイノルズ数 $Re = \omega r_0^2/\nu$,表面の状態,容器の有無によって定まる。

広い空間で回転する場合で,円板の表面の境界層が層流の場合 ($Re < 3 \times 10^5$) は

$$C_f = \frac{1.935}{\sqrt{Re}} \tag{5}$$

乱流の場合 ($Re > 3 \times 10^5$) は

$$C_f = \frac{0.0728}{Re^{1/5}} \tag{6}$$

の式がある。また円板が容器中で回転するとき,容器側壁と円板との間に十分循環流れが生じるだけのすき間がある場合の C_f に対しては,層流,乱流の場合につ

いてつぎの式が用いられる。

層流境界層（$Re < 3 \times 10^5$）の場合：$C_f = \dfrac{1.334}{\sqrt{Re}}$ (7)

乱流境界層（$Re > 3 \times 10^5$）の場合：$C_f = \dfrac{0.0311}{Re^{1/5}}$ (8)

【7.11】 直径 20 cm の円板が大きい容器に入った油中で，180 rpm で回転させるに要するトルク M および消費動力 P を求めよ。ただし，油の比重は $s = 0.860$，動粘度 $\nu = 34 \times 10^{-6}$ m²/s とする。

〔解〕 まず，境界層が層流であるか乱流であるかを知るために，レイノルズ数 Re を求める。

$$\text{角速度 } \omega = \frac{2\pi n}{60} = 2\pi \times \frac{180}{60} = 18.85 \text{ s}^{-1}$$

$r_0 = 0.1$ m, $\nu = 34 \times 10^{-6}$ m²/s であるから

$$Re = \frac{18.85 \times 0.1^2}{34 \times 10^{-6}} = 5544$$

となり，3×10^5 より小さいことから，層流境界層であることがわかる。したがって，前問の式(5)より摩擦抗力係数 C_f は

$$C_f = \frac{1.935}{\sqrt{Re}} = \frac{1.935}{\sqrt{5544}} = 0.026$$

ゆえに，円板を回転させるに要するトルク M は，前問の片面についての式(a)を2倍すれば求まる。

$$M = 2C_f \frac{\rho}{2} \omega^2 r_0^5 \quad (1)$$

上式に $C_f = 0.026$, $\rho = 1000 s = 860$ kg/m³, $\omega = 18.85$ s⁻¹, $r_0 = 0.1$ m を代入すると

$$M = 2 \times 0.026 \times 860 \times 0.5 \times 18.85^2 \times 0.1^5$$
$$= 0.0795 \text{ N·m}$$

また，消費動力 P は前問の式(b)より

$$P = M\omega = 0.0795 \times 18.85 \fallingdotseq 1.5 \text{ N·m/s} = 1.5 \text{ W}$$

【7.12】 図 7.13 に示すように，直径 100 mm，長さ 17 m の円柱状旗掲揚棒がある。気温が 30 ℃で風速 15 m/s であるとき，棒の地面における曲げモーメントを求めよ。ただし，棒の両端効果は無視できるものとする。

〔解〕 まず，レイノルズ数 Re を求める。表 1.5 より，$\nu = 16.08 \times 10^{-6}$ m²/s, $d = 0.1$ m, $v = 15$ m/s であるから

$$Re = \frac{dv}{\nu} = \frac{0.1 \times 15}{16.08 \times 10^{-6}} = 9.33 \times 10^4$$

図 7.4 より読みとって，円柱の抗力係数を $C_D = 1.3$ とすると，抗力 D は式

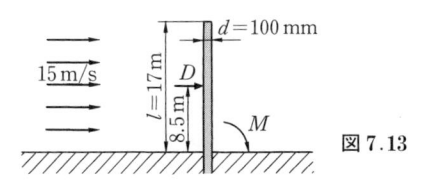

(7.1) より求まる。ここで，空気の密度は表 1.5 より $\rho=1.1640\,\mathrm{kg/m^3}$，$U=15$ m/s，基準面積 $S=ld=17\times 0.1\,\mathrm{m^2}$ であるから

$$D=C_D\frac{1}{2}\rho U^2 S=1.3\times 0.5\times 1.1640\times 15^2\times 17\times 0.1=289\,\mathrm{N}$$

棒の先端から根元まで力は一様に作用するのであるから，抗力 D は棒の重心，すなわち，長さの中央に作用すると考えられるから，曲げモーメント M は

$$M=D\times\frac{l}{2}=289\times 8.5=2457\,\mathrm{N\cdot m}$$

【7.13】 プロ野球の剛腕投手は，150 km/h 以上の速球を投げている。ボールの直径は 71 mm であり，気温を 30 ℃ としたときに，ボールに作用する抗力 D を求めよ。また，140 km/h のときの抗力はどうなるか。ただし，ボールの表面は滑らかであるとする。

〔解〕 球速が 150 km/h のときのレイノルズ数 Re を求める。$v=150\times 10^3\,\mathrm{m/h}=150\times 10^3/3600\,\mathrm{m/s}$，$d=0.071\,\mathrm{m}$，$\nu$ は前問と同じ $16.08\times 10^{-6}\,\mathrm{m^2/s}$ であるから

$$Re=\frac{dv}{\nu}=\frac{(150\times 1000/3600)\times 0.071}{16.08\times 10^{-6}}=1.84\times 10^5$$

図 7.5 より，$C_D=0.42$ を読みとり，密度は前問と同様 $\rho=1.1640\,\mathrm{kg/m^3}$，基準面積は $S=\pi d^2/4=0.071^2\pi/4\,\mathrm{m^2}$ を用いて求めると，抗力 D は

$$D=C_D\frac{1}{2}\rho v^2 S$$

$$=0.42\times 0.5\times 1.1640\times (150\times 1000/3600)^2\times\frac{0.071^2\pi}{4}=1.68\,\mathrm{N}$$

140 km/h のときも同様にして，まず Re を求めると

$$Re=\frac{(140\times 1000/3600)\times 0.071}{16.08\times 10^{-6}}=1.72\times 10^5$$

図 7.5 より，$C_D=0.42$ として抗力 D を求めると

$$D=0.42\times 0.5\times 1.1640\times (140\times 1000/3600)^2\times\frac{0.071^2\pi}{4}=1.46\,\mathrm{N}$$

以上の結果は，表面が滑らかな球の抗力係数を用いたものであるために，両者の差は大きくない。しかし，150 km/h のときのレイノルズ数は，表面が滑らかな

球の場合の抗力係数が急激に減少する臨界レイノルズ数に近い．Achenbach (1974) によると，表面粗さを増すと臨界レイノルズ数は低下することから，縫目のある実際の球では，抗力係数は本問題の値より小さくなっていると考えられる．したがって，抗力は小さく，打者のところまで球速の低下が少なく，打者としては打ちにくい球ということになる．

【**7.14**】 半球形の器の抗力係数が $Re>1\,000$ で約 1.33 であるとき，図7.14 に示すような自重を含めた荷重が 900 N である半球形パラシュートの落下速度が，2.5 m の高さから落下したときの速度をより小さくなるための直径を求めよ．気温は 20 ℃ とする．

〔解〕 まず，半球形パラシュートの落下速度 v を求める．v の限界速度は題意から，$H=2.5$ m の高さから落下した最終速度として求めればよいから，次式より得られる．

$$v=\sqrt{2gH}=\sqrt{2\times 9.8\times 2.5}=7\,\text{m/s}$$

この速度で落下したときの抗力 D が，荷重 $F=900$ N に等しくなるためのパラシュートの直径を d とすると，基準面積は $S=\pi d^2/4$ であるから，式(7.1)より

$$F=D=C_D\frac{1}{2}\rho v^2 S=C_D\frac{1}{2}\rho v^2\left(\frac{\pi d^2}{4}\right) \tag{1}$$

ここで，$F=D=900$ N, $C_D=1.33$, $\rho=1.203\,9$ kg/m³（表1.5 より），$v=7$ m/s を代入すると

$$900=1.33\times 0.5\times 1.203\,9\times 7^2\times \frac{\pi d^2}{4}$$

ゆえに

$$d=5.40\,\text{m}$$

ここで，レイノルズ数 Re が 1 000 以上であるか否かを確かめる．$\nu=15.15\times 16^{-6}$ m²/s（表1.5 より）であるから

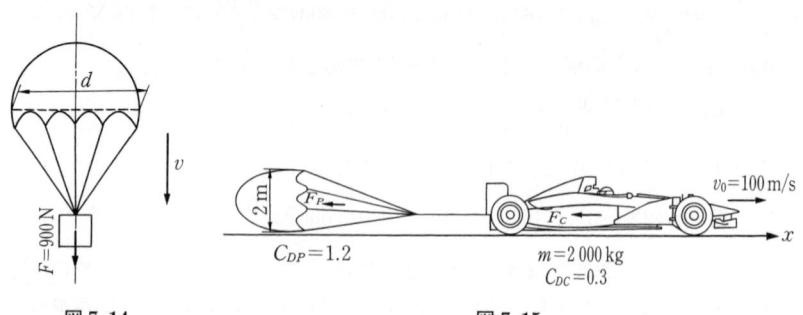

図7.14

図7.15

$$Re = \frac{vd}{\nu} = \frac{7 \times 5.40}{15.15 \times 10^{-6}} = 2.50 \times 10^6 > 1\,000$$

【7.15】 図7.15に示すように，質量2 000 kg，抗力係数0.3，基準面積1 m²の高速自動車が，抗力係数1.2で展開直径2 mのパラシュートを用いて $v_0 = 100$ m/s から減速している．抗力係数は一定，他の制動装置は不使用，タイヤなどの回転部分の抵抗も無視できるとして，1，10，100，1 000 秒後の移動距離 L と速度 v を求めよ．ここで，空気の密度は1.2 kg/m³ とし，自動車の後流とパラシュートの干渉ならびにパラシュートの質量は無視できるものとする．

〔解〕自動車の受ける抗力 $F_c = C_{Dc}(1/2)\rho v^2 S_c$，パラシュートによる抗力 $F_p = C_{Dp}(1/2)\rho v^2 S_p$ であり，この両者の力 $(F_c + F_p)$ によって加速度 dv/dt は減少するから，ニュートンの運動方程式より次式が成り立つ．

$$F_x = m\left(\frac{dv}{dt}\right) = -(F_c + F_p) = -\frac{1}{2}\rho v^2 (C_{Dc}S_c + C_{Dp}S_p) \tag{1}$$

ここで，m は自動車の質量，F は力，C_D は抗力係数，S は基準面積，添字の c および p は，それぞれ自動車およびパラシュートを示す．ここで，$K = (C_{Dc}S_c + C_{Dp}S_p)\rho/2$ とおくと，上式は

$$\frac{dv}{dt} = -\left(\frac{K}{m}\right)v^2 \tag{2}$$

式(2)を変数分離して積分する．K は一定であるから

$$\int_0^v \frac{dv}{v^2} = -\frac{K}{m}\int_0^t dt \tag{3}$$

これより

$$v_0^{-1} - v^{-1} = -\frac{K}{m}t$$

ゆえに，経過時間 t と速度 v との関係式は

$$v = \frac{v_0}{1 + (K/m)v_0 t} \tag{4}$$

移動距離を L とすると，$v = dL/dt$ であるから

$$dL = v\,dt = \left\{\frac{v_0}{1 + (K/m)v_0 t}\right\}dt \tag{5}$$

式(5)を積分して

$$L = \frac{m}{K}\ln\{1 + (K/m)v_0 t\} \tag{6}$$

上式に数値を入れて計算する．まず K の値は，$C_{Dc} = 0.3$，$S_c = 1$ m²，$C_{Dp} = 1.2$，$S_p = \pi d^2/4 = 4\pi/4$ m²，$\rho = 1.2$ kg/m³ を用いて

$$K = (C_{Dc}S_c + C_{Dp}S_p)\frac{\rho}{2} = \left(0.3 \times 1 + 1.2 \times \frac{4\pi}{4}\right) \times \frac{1.2}{2} = 2.442 \text{ kg/m}$$

であり，$v_0=100$ m/s, $m=2\,000$ kg を用いると

$t=1$ s では，　　　$v=89$ m/s,　　$L=94$ m
$t=10$ s では，　　 $v=45$ m/s,　　$L=657$ m
$t=100$ s では，　　$v=7.6$ m/s,　 $L=2\,110$ m
$t=1\,000$ s では，　$v=0.8$ m/s,　 $L=3\,910$ m

【7.16】 直径 $d=4$ mm，比重が $s_s=7.8$ の鋼球が，粘度 $\mu=2.5$ Pa·s で比重が $s=1.3$ のグリセリン中を落下するときの最終速度を求めよ。

〔解〕 グリセリンの密度 $\rho=s\times 10^3=1\,300$ kg/m³, 同粘度 $\mu=2.5$ Pa·s$=2.5$ kg/(m·s)，鋼球の密度 $\rho_s=s_s\times 10^3=7\,800$ kg/m³, 同直径 $d=4$ mm$=4\times 10^{-3}$ m を式(7.23)に代入すると，最終速度 U は

$$U=\frac{(\rho_s-\rho)gd^2}{18\mu}=\frac{(7\,800-1\,300)\times 9.8\times (4\times 10^{-3})^2}{18\times 2.5}$$
$$=22.6\times 10^{-3}\text{ m/s}=22.6\text{ mm/s}$$

この場合のレイノルズ数 Re を求めると

$$Re=\frac{\rho dU}{\mu}=\frac{1.3\times 10^3\times 4\times 10^{-3}\times 22.6\times 10^{-3}}{2.5}=47\times 10^{-3}$$

となり，ストークスの式の適用範囲 $Re<1.0$ であることがわかる。

【7.17】 空中にある微粒子が球形で，その密度が $2\,650$ kg/m³ であり，直径が 10^{-3} mm および 10^{-2} mm であるとき，高度 10 km から降下する時間を求めよ。ただし，空気の密度は 1.204 kg/m³，粘度は 1.7×10^{-5} Pa·s とし，風など空気の動きは無視できるものとする。

〔解〕 抗力係数がストークスの式より求まるとして，粒子および空気の密度をそれぞれ ρ_p, ρ_a とすると，最終速度 U は前問と同様に次式より求めることができる。

$$U=\frac{gd^2}{18\mu}(\rho_p-\rho_a) \tag{7.23}$$

ここで，$\rho_p=2\,650$ kg/m³, $\rho_a=1.204$ kg/m³, 粘度は $\mu=1.7\times 10^{-5}$ Pa·s$=1.7\times 10^{-5}$ kg/(m·s) を用いて，それぞれの直径における U および地上に到達する時間 t を求める。

$d=10^{-3}$ mm のとき

$$U=\frac{9.8\times (10^{-6})^2}{18\times 1.7\times 10^{-5}}\times (2\,650-1.204)=848\times 10^{-7}\text{ m/s}$$

高度 $H=10$ km に対して，微粒子が最終速度に達するまでの距離は無視してもよいから

$$t=\frac{H}{U}=\frac{10\times 1\,000}{848\times 10^{-7}}=1\,179.25\times 10^5\text{ s}=3.74\text{ years}\quad (1\text{ year}=315.36\times 10^5\text{ s})$$

$d = 10^{-2}$ mm のときも同様にして，以下のとおり求まる．

$$U = \frac{9.8 \times (10^{-5})^2}{18 \times 1.7 \times 10^{-5}} \times (2\,650 - 1.204) = 848 \times 10^{-5} \text{ m/s}$$

$$t = \frac{H}{U} = \frac{10 \times 1\,000}{848 \times 10^{-5}} = 117.93 \times 10^4 \text{ s} = 13.66 \text{ days} \quad (1 \text{ day} = 8.64 \times 10^4 \text{ s})$$

【7.18】 図 7.16 に示すように，粘性を無視した理想流体中におかれた円柱表面の速度 u は $u = 2U_\infty \sin\theta$ で表せる．円柱表面の圧力係数 $C_p = 2(p - p_\infty)/\rho U_\infty^2$ の分布を求めよ．ただし，U_∞, p_∞ は円柱から十分離れた上流の流速および圧力であり，p は円柱表面の圧力，θ は前方のよどみ点から測った角度である．

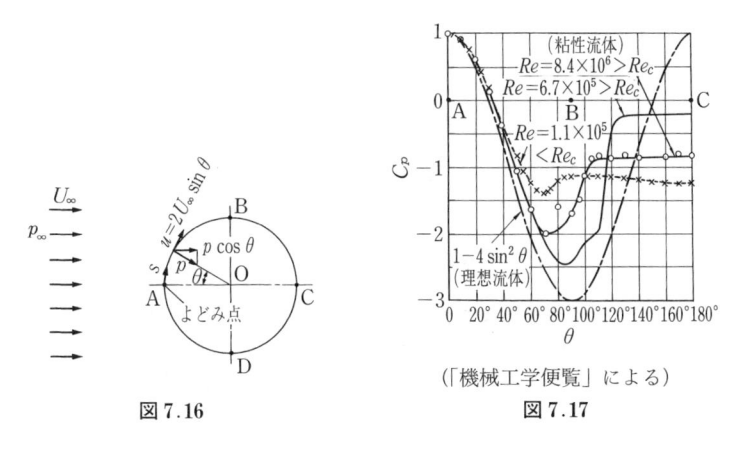

図 7.16

図 7.17 (「機械工学便覧」による)

〔解〕 上流の流れと円柱表面の流れに，式(3.12)のベルヌーイの式を適用すると

$$p_\infty + \frac{\rho}{2} U_\infty^2 = p + \frac{\rho}{2} u^2 \tag{1}$$

式(1)に $u = 2U_\infty \sin\theta$ を代入して整理すると

$$p - p_\infty = \frac{\rho}{2}(U_\infty^2 - u^2) = \frac{\rho}{2}(U_\infty^2 - 4U_\infty^2 \sin^2\theta) = \frac{\rho U_\infty^2}{2}(1 - 4\sin^2\theta)$$

$$\therefore \quad C_p = \frac{2(p - p_\infty)}{\rho U_\infty^2} = 1 - 4\sin^2\theta$$

この圧力分布を図 7.17 に 1 点鎖線で示す．$\theta = 0°$ と $\theta = 180°$ で圧力は最大となり，$\theta = 90°$ と $\theta = 270°$ で最小値を示すことがわかる．また，図 7.16 の B-D 面を境として，圧力の分布は円柱の前半分と後半分は対称となり，これは円柱表面に生じる流れ方向の圧力差がないことを示しており，圧力抗力は生じないことがわかる．しかし，実在の粘性流体の場合には必ず抗力が生じる．これより，理想流体中の流れは，実在の粘性をもつ流体の流れを正しく表していないことがわかる．これ

をダランベールの背理（D'Alembert's paradox）という。

粘性流体中の円柱まわりの流れでは，円柱表面に沿う距離を s としたとき，$dp/ds>0$ の部分で境界層ははく離し，図7.17 に実線で示すように理想流体の分布と異なってくる。このような圧力分布の抗力は解析的に求められないので，$p\cos\theta$ を θ の関数として台形法，シンプソン法などの数値積分公式を用いて近似値を求めることになる。

【7.19】 20℃の空気流中に，直径 20 cm，長さ 20 m の円柱が流れに垂直におかれている。流れの速度が 10 m/s のときの抗力を求めよ。また，円柱を毎分 300 回転するときに生じる揚力を求めよ。

〔解〕 抗力係数を求めるために，まず，レイノルズ数 Re を計算する。$d=0.2$ m，$v=10$ m/s，動粘度は表 1.5 より 15.15×10^{-6} m²/s であるから

$$Re=\frac{dv}{\nu}=\frac{0.2\times10}{15.15\times10^{-6}}=1.32\times10^5$$

図 7.4 より，$C_D=1.2$ とする。表 1.5 より，$\rho=1.2039$ kg/m³，$v=10$ m/s，$S=0.2\times20$ m² を式(7.1)に代入して

$$D=C_D\frac{1}{2}\rho v^2 S=1.2\times0.5\times1.2039\times10^2\times0.2\times20=289 \text{ N}$$

つぎに，円柱を回転させたときの揚力 L を求める。円柱の回転数 n は毎分 300 回転であるから，角速度は $\omega=2\pi n/60$ となる。ゆえに，円柱表面の周速度 v_θ は

$$v_\theta=\frac{\omega d}{2}=\frac{\pi dn}{60}=\frac{\pi\times0.2\times300}{60}=3.14 \text{ m/s}$$

これより，円柱表面まわりの循環 Γ は，式(7.16)を用いて

$$\Gamma=\pi dv_\theta=\pi\times0.2\times3.14=1.97 \text{ m}^2/\text{s}$$

ゆえに，円柱に生じる単位長さあたりの揚力 L は，式(7.17)（クッタ・ジューコフスキーの定理）より

$$L=\rho v\Gamma=1.2039\times10\times1.97=23.7 \text{ kg/s}^2=23.7 \text{ N/m}$$

ゆえに，円柱の長さ 20 m については

$$L'=20L=20\times23.7=474 \text{ N}$$

【7.20】 正面面積が 2 m² の乗用車が，速度 80 km/h で走っているときの全抵抗は 260 N であった。このうち 50% が空気抵抗であるとすれば，この車の抵抗係数はいくらか。ただし，空気の密度は 1.225 kg/m³ とする。

〔解〕 車の速度を秒速に換算すると，$v=80$ km/h$=80\times10^3/(60\times60)=22.2$ m/s，また，空気抵抗 D は $D=260\times0.5=130$ N である。式(7.1)を変形すると，抗力係数 C_D は次式で与えられる。

$$C_D = \frac{2D}{\rho v^2 S} \tag{1}$$

ここで，S は基準面積で $2\,\mathrm{m}^2$ であり，$\rho=1.225\,\mathrm{kg/m^3}$, $D=130\,\mathrm{N}$, $v=22.2\,\mathrm{m/s}$ を上式に代入すると

$$C_D = \frac{2\times 130}{1.225\times 22.2^2 \times 2} = 0.215$$

【7.21】 長さ $l=3\,\mathrm{m}$, 幅 $b=2\,\mathrm{m}$ の平板が，$15\,\mathrm{m/s}$ の風に向かって $11°$ の角度でおかれている。揚力係数 C_L, 抗力係数 C_D をそれぞれ 0.65, 0.15 として，平板に作用する力 F および平板に作用した摩擦力 F_f を求めよ。ただし，空気の密度は $1.24\,\mathrm{kg/m^3}$ とする。

〔解〕 図 7.18 に示すように，平板に作用する揚力 L は速度 U に垂直に，抗力 D は U 方向に作用する。L および D は，それぞれ式 (7.2), (7.1) を適用して，$C_L=0.65$, $C_D=0.15$, $\rho=1.24\,\mathrm{kg/m^3}$, $U=15\,\mathrm{m/s}$, $S=l\times b=3\times 2\,\mathrm{m^2}$ を代入すると

$$L = C_L \frac{1}{2}\rho U^2 S = 0.65\times 0.5\times 1.24\times 15^2\times 3\times 2 = 544\,\mathrm{N}$$

$$D = C_D \frac{1}{2}\rho U^2 S = 0.15\times 0.5\times 1.24\times 15^2\times 3\times 2 = 126\,\mathrm{N}$$

これより，平板に作用する合力 F および F と U とのなす角度 θ は

$$F = \sqrt{L^2 + D^2} = \sqrt{544^2 + 126^2} = 558\,\mathrm{N}$$

$$\theta = \tan^{-1}\frac{L}{D} = \tan^{-1}\frac{544}{126} = 76.96°$$

つぎに平板に作用する摩擦力 F_f は，合力 F の平板に平行な分力であることから次式で求まる。

$$F_f = F\cos(\theta+\alpha) = 558\times \cos(76.96°+11°) = 558\times \cos 87.96° = 19.9\,\mathrm{N}$$

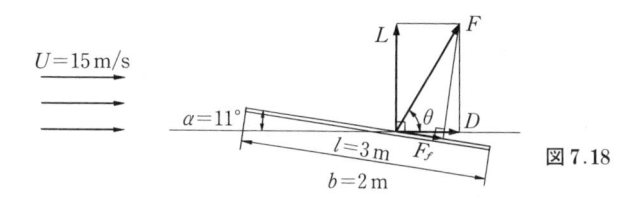

図 7.18

【7.22】 質量 $650\,\mathrm{kg}$, 翼面積 $16\,\mathrm{m^2}$ の飛行機が，水平飛行のできる最小速度を求めよ。ただし，空気の密度は $1.1\,\mathrm{kg/m^3}$ で最大揚力係数 $C_{L\max}=1.55$ とする。

〔解〕 求める水平飛行の可能な最小速度を $U_{\min}$ とすると，揚力 L が重量 mg に等しくなるときの速度を求めればよいから，式 (7.2) を適用して変形すると

$$U_{\min}=\sqrt{\frac{2L}{C_L\rho S}}=\sqrt{\frac{2mg}{C_L\rho S}} \tag{1}$$

上式に $m=650$ kg, $g=9.8$ m/s², $C_L=1.55$, $\rho=1.1$ kg/m³, $S=16$ m² を代入すると

$$U_{\min}=\sqrt{\frac{2\times 650\times 9.8}{1.55\times 1.1\times 16}}=21.6 \text{ m/s}=77.8 \text{ km/h}$$

【7.23】 翼面積 20 m² で揚力係数, 抗力係数がそれぞれ 0.45, 0.02 の飛行機が, 時速 300 km で飛んでいる。このときの揚力 L および抗力 D を求め, 飛行に要する動力 P を求めよ。ただし, 空気の密度は 0.910 kg/m³ とする。

〔解〕 飛行速度を秒速に換算すると, $U=300$ km/h$=83.3$ m/s となる。式(7.2), (7.1)を用いて, $C_L=0.45$, $C_D=0.02$, $\rho=0.910$ kg/m³, $U=83.3$ m/s, $S=20$ m² を代入すると

$$L=C_L\frac{1}{2}\rho U^2 S=0.45\times 0.5\times 0.910\times 83.3^2\times 20=28\,400 \text{ N}=28.4 \text{ kN}$$

$$D=C_D\frac{1}{2}\rho U^2 S=0.02\times 0.5\times 0.910\times 83.3^2\times 20=1\,260 \text{ N}=1.26 \text{ kN}$$

つぎに飛行に要する動力 P は, 抗力 D に打ち勝って速度 U を保たなければならないから次式で求まる。

$$P=DU=1\,260\times 83.3=105\,000 \text{ N·m/s}=105\,000 \text{ W}=105 \text{ kW}$$

8 運動量の法則

8.1 運動量の法則

運動量の法則を用いると，流れの局所の圧力や速度などが不明であっても，境界面の状態のみによって流体の運動を解明できる。この手法は，力学における運動量保存則，すなわち，ニュートンの運動の第2法則を流れの場に適用して導かれる。

いま，質点の力学において，質量 m，速度 v の物体に力 F が作用するとき，加速度を α として第2法則より

$$F = m\alpha = m\frac{dv}{dt} = \frac{d}{dt}(mv) = \frac{dB}{dt} \tag{8.1}$$

$$F \cdot dt = m \cdot dv \tag{8.2}$$

ここで，質量 m と速度 v との積 $mv = B$ を**運動量**（momentum），$m \cdot dv$ を運動量変化，$F \cdot dt$ を**力積**（impulse）という。

式(8.1)から，運動量の単位時間あたりの変化は，物体に作用する力に等しいことがわかる。これを**運動量の法則**（momentum law）という。この法則は流体にも適用することができる。この場合，運動量の単位時間あたりの変化は，流体に作用する力に等しいことになる。

図8.1に示すように，流体が曲管を定常状態で流れているとき，断面①，②の間にある流体に着目する。断面①，②を含む閉じた閉曲面を**検査面**（control surface）とよぶ。この検査面の中の流体に，運動量の法則を適用してみよう。

ある時刻 t において，検査面内の断面①と②にあった流体は，それぞれの断面での速度を V_1, V_2 とすると，微小時間 Δt 後に $V_1 \Delta t$, $V_2 \Delta t$ だけ移動し

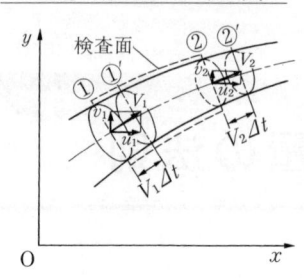

図8.1 運動量の法則と検査面

て，断面①′と②′に達する．最初に①-②間にあった流体は，Δt 後に①′-②′に移動したことになり，共通部分の①′-②間の流体は時間的に変化していない．したがって，Δt 時間後の流体の運動量変化は，①-①′間の流体の運動量と②-②′間の流体の運動量の差に等しい．

V_1, V_2 の x, y 方向の成分をそれぞれ u_1, v_1, および u_2, v_2 とする．①-①′間における流体の単位時間あたりの質量は $\rho_1 A_1 V_1$, Δt 時間後の質量は $\rho_1 A_1 V_1 \Delta t$ であり，したがって，x 方向の運動量は $(\rho_1 A_1 V_1 \Delta t) u_1$, y 方向の運動量は $(\rho_1 A_1 V_1 \Delta t) v_1$ となる．また，②-②′間における流体の単位時間あたりの質量は $\rho_2 A_2 V_2$, Δt 時間後の質量は $\rho_2 A_2 V_2 \Delta t$ より，x 方向の運動量は $(\rho_2 A_2 V_2 \Delta t) u_2$, y 方向の運動量は $(\rho_2 A_2 V_2 \Delta t) v_2$ となる．

なお，単位時間に流れる流体の質量，すなわち**質量流量**（mass flow rate）を G とすると，連続の式より

$$G = \rho_1 A_1 V_1 = \rho_2 A_2 V_2$$

x 方向の運動量の時間的変化率は，式(8.1)を参照して

$$\frac{(\rho_2 A_2 V_2 \Delta t) u_2 - (\rho_1 A_1 V_1 \Delta t) u_1}{\Delta t}$$

であるから，単位時間の x 方向の運動量の変化は

$$\rho_2 A_2 V_2 u_2 - \rho_1 A_1 V_1 u_1 = G(u_2 - u_1)$$

同様に，y 方向の運動量の変化は

$$\rho_2 A_2 V_2 v_2 - \rho_1 A_1 V_1 v_1 = G(v_2 - v_1)$$

以上のことより「流体の運動量の単位時間あたりの変化は，検査面を単位時間に流出する運動量と検査面に流入する運動量との差に等しい」ことがわかる．

つぎに，運動量の法則により，検査面内の流体に外から作用する力を P とし，その x, y 方向の成分を P_x, P_y とすると

$$P_x = G(u_2 - u_1)$$
$$P_y = G(v_2 - v_1) \tag{8.3}$$

流れが非圧縮性ならば，$\rho_1 = \rho_2 = \rho$（一定）であるから，流量を Q とすると $G = \rho Q$ である。したがって

$$P_x = \rho Q(u_2 - u_1)$$
$$P_y = \rho Q(v_2 - v_1) \tag{8.4}$$

式(8.3)，(8.4)を流れに対する運動量の法則といい，単位時間に検査面を通過した運動量の増加は，流体に外部より加えられた力に等しいことを意味する。運動量の法則を利用すると，このように二つの断面の流れの状態がわかれば，内部の流れの状態が不明であっても，流体に作用する力を求めることができる。なお，運動量の法則は，流体の圧縮性や粘性の有無には関係なく成立する。

8.2 運動量の法則の応用

8.2.1 曲管の壁面に作用する噴流の力

図 8.2 に示すような曲がり管内を水が流れている場合，水が管壁面に及ぼす力 F を運動量の法則を用いて求めることができる。

圧力によって外部から水に及ぼす x, y 方向の力は，それぞれ

$$p_1 A_1 \cos \alpha_1 - p_2 A_2 \cos \alpha_2$$

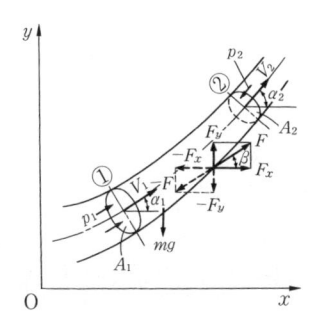

図 8.2 曲管の壁面に作用する力

$$p_1 A_1 \sin \alpha_1 - p_2 A_2 \sin \alpha_2$$

なお，力 F の x, y 方向の成分を F_x, F_y とすると，水は作用，反作用の法則により，管壁から $-F_x, -F_y$ の力を受ける．したがって，断面①-②間の水には，圧力による力と反作用の力とが作用するので，水に作用する力 P の x 方向の力 P_x は

$$P_x = -F_x + (p_1 A_1 \cos \alpha_1 - p_2 A_2 \cos \alpha_2)$$

y 方向の力 P_y は，重力を考慮して

$$P_y = -F_y + (p_1 A_1 \sin \alpha_1 - p_2 A_2 \sin \alpha_2) - mg$$

ここに，m は断面①-②間の水の質量である．

また，x, y 方向の運動量の増加率は，水の密度 ρ を一定とすると

$$\rho Q (V_2 \cos \alpha_2 - V_1 \cos \alpha_1)$$

$$\rho Q (V_2 \sin \alpha_2 - V_1 \sin \alpha_1)$$

結局，運動量の法則より，水の受ける力 P_x, P_y は，上に示した運動量の増加率と等しいので，これらを等置して整理すると，F_x, F_y は，それぞれ式(8.5)，(8.6)で求めることができる．

$$P_x = -F_x + (p_1 A_1 \cos \alpha_1 - p_2 A_2 \cos \alpha_2) = \rho Q (V_2 \cos \alpha_2 - V_1 \cos \alpha_1)$$

$$\therefore \quad F_x = \rho Q (V_1 \cos \alpha_1 - V_2 \cos \alpha_2) + (p_1 A_1 \cos \alpha_1 - p_2 A_2 \cos \alpha_2) \tag{8.5}$$

また

$$P_y = -F_y + (p_1 A_1 \sin \alpha_1 - p_2 A_2 \sin \alpha_2) - mg = \rho Q (V_2 \sin \alpha_2 - V_1 \sin \alpha_1)$$

$$\therefore \quad F_y = \rho Q (V_1 \sin \alpha_1 - V_2 \sin \alpha_2) + (p_1 A_1 \sin \alpha_1 - p_2 A_2 \sin \alpha_2) - mg \tag{8.6}$$

重力の影響を無視すると，式(8.6)は

$$\therefore \quad F_y = \rho Q (V_1 \sin \alpha_1 - V_2 \sin \alpha_2) + (p_1 A_1 \sin \alpha_1 - p_2 A_2 \sin \alpha_2) \tag{8.7}$$

水が管壁面に及ぼす力 F およびその方向 β は，それぞれ

$$F = \sqrt{F_x^2 + F_y^2} \tag{8.8}$$

$$\beta = \tan^{-1} \left(\frac{F_y}{F_x} \right) \tag{8.9}$$

8.2.2 固定平板に衝突する噴流の力

（1） 垂直に衝突する場合　図8.3に示すように，密度 ρ，速度 V，断面積 A の噴流が固定された十分に広い平板に垂直に衝突する場合，平板に作用する噴流の力 F を考える。

噴流は，平板の摩擦がないものとすると，壁面に沿って周囲に速度 V で流れ去る。いま，図に示すような検査面をとり，運動量の法則を適用する。噴流が衝突前にもっていた運動量は ρQV であり，衝突後は平板に直角方向の速度成分は 0，したがって運動量が 0 となるから，平板に作用する噴流の力 F は

$$F = \rho Q(V-0) = \rho QV = \rho AV^2 \tag{8.10}$$

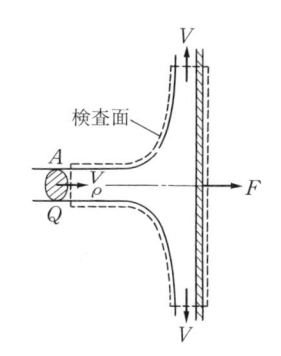

図8.3　噴流が大きな平板に作用する力 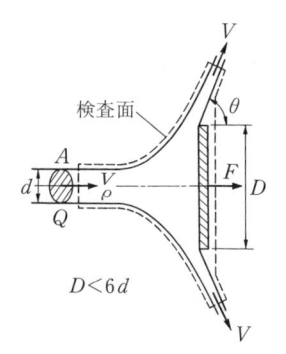　　図8.4　噴流が小さな平板に作用する力

つぎに，平板が小さい $D<6d$ の場合には，図8.4に示すように，角度 θ の方向に流れ去る。

噴流方向の速度成分は V から $V\cos\theta$ に変化し，流量 $Q=AV$ であるから，小さな平板に作用する噴流の力 F は

$$F = \rho Q(V - V\cos\theta) = \rho QV(1-\cos\theta) = \rho AV^2(1-\cos\theta) \tag{8.11}$$

（2） 斜めに衝突する場合　図8.5に示すように，固定した傾斜平板に噴流が衝突する場合を考える。

平板に直角な方向に対して，運動量の法則を適用すると簡単に求めることができる。図に示すように，傾斜平板への衝突前の速度成分は，平板に直角方向

に $V\sin\theta$, 平板に沿う方向に $V\cos\theta$ である. 衝突後の速度成分は, 平板に直角方向の速度成分は 0, 平板に沿う速度 V_1, V_2 は, この方向に運動エネルギーの損失がないものとすると速度 V のままであり, $V=V_1=V_2$ となる.

したがって, 噴流が最初もっていた運動量は $\rho QV\sin\theta$, 衝突後の平板に直角方向の運動量は 0 となり, $Q=AV$ であるから, 傾斜平板に直角方向に作用する力 F は

$$F=\rho Q(V\sin\theta-0)=\rho QV\sin\theta=\rho AV^2\sin\theta \tag{8.12}$$

x, y 方向の力の成分 F_x, F_y は, それぞれ

$$F_x=F\sin\theta=\rho QV\sin^2\theta \tag{8.13}$$

$$F_y=F\cos\theta=\rho QV\sin\theta\cos\theta \tag{8.14}$$

なお流量 Q は Q_1 と Q_2 に配分され, 角度 θ の影響を受ける (問題 8.8 参照).

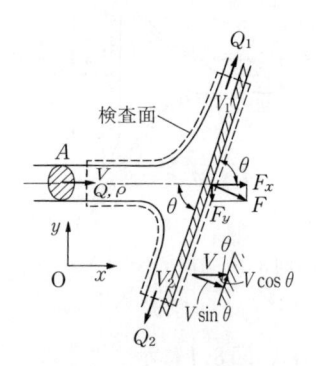

図 8.5 噴流が傾斜平板に作用する力

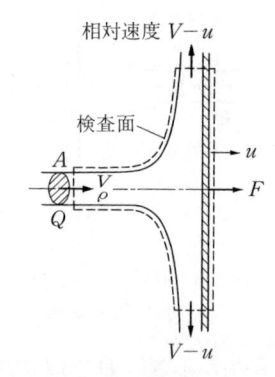

図 8.6 噴流が移動する大きな平板に作用する力

8.2.3 移動する平板に衝突する噴流の力

図 8.6 に示すように, 大きい平板が噴流と同じ方向に速度 u で移動する場合, 噴流が平板に作用する力は, 平板に対する噴流の相対速度を考える必要がある. いま衝突後の噴流は平板上での損失を考えず, 最初の断面積 A の噴流の速度 V と同じ速度で平板に沿って流れ去るものとする.

この場合の平板に対する噴流の相対速度は $V-u$, また, 平板の受ける流量 Q' は

$$Q' = A(V-u) \tag{8.15}$$

となるので，平板に作用する力 F は

$$F = \rho Q'(V-u) = \rho A(V-u)^2 \tag{8.16}$$

また，平板の受ける動力 L は，力×速度の関係より

$$L = F \cdot u = \rho Q'(V-u)u = \rho A u(V-u)^2 \tag{8.17}$$

つぎに，図 8.4 に示したような小さい平板が，図 8.6 と同じように，噴流と同じ方向に速度 u で移動する場合の噴流が平板に作用する力 F を考える。噴流の平板に対する噴流方向の相対速度の変化は $(V-u)-(V-u)\cos\theta = (V-u)(1-\cos\theta)$ となり，平板の受ける流量 Q' は

$$Q' = A(V-u) \tag{8.18}$$

であるから，平板に作用する力 F は

$$F = \rho Q'(V-u)(1-\cos\theta) = \rho A(V-u)^2(1-\cos\theta) \tag{8.19}$$

8.2.4 曲面板に衝突する噴流の力

(1) 曲面板が固定している場合　図 8.7 (a) に示すように，噴流が固定された曲面板の曲面に沿って流れ，x 軸に対して角度 θ で流出する場合を考える。

x 方向に運動量の法則を適用すると，x 方向に作用する力 F_x は

$$F_x = \rho Q(V - V\cos\theta) = \rho A V^2(1-\cos\theta) \tag{8.20}$$

y 方向に作用する力 F_y は，入口での y 方向の運動量は 0 であるから

$$F_y = 0 - \rho Q V \sin\theta = -\rho Q V \sin\theta = -\rho A V^2 \sin\theta \tag{8.21}$$

また，固定曲面板の受ける合力 F は

$$F = \sqrt{F_x^2 + F_y^2} \tag{8.22}$$

となり，合力 F の作用する方向 β は

$$\beta = \tan^{-1}\left(\frac{F_y}{F_x}\right) \tag{8.23}$$

図 (b) に示すように，$\theta = 180°$ の場合，$\cos 180° = -1$ であるから

$$F_x = 2\rho Q V = 2\rho A V^2 \tag{8.24}$$

この場合，F_x は最大となる。

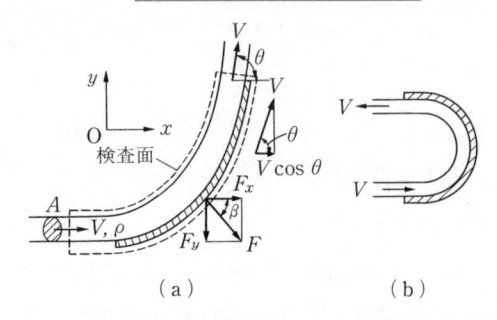

図 8.7 噴流が固定している曲面板に作用する力

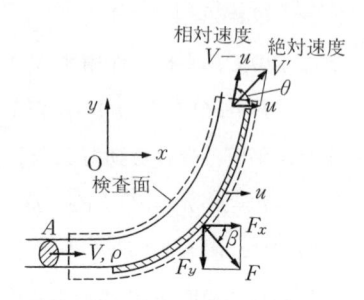

図 8.8 噴流が移動している曲面板に作用する力

（2） 曲面板が移動している場合 図 8.8 に示すように，曲面板が最初の噴流と同じ方向に速度 u で移動している場合を考える。

移動している曲面板の受ける流量 Q' は

$$Q' = A(V-u) \tag{8.25}$$

となるので，曲面板に作用する噴流の力 F の x, y 方向の成分 F_x, F_y は，それぞれ

$$F_x = \rho Q'(V-u)(1-\cos\theta) = \rho A(V-u)^2(1-\cos\theta) \tag{8.26}$$

$$F_y = -\rho Q'(V-u)\sin\theta = -\rho A(V-u)^2 \sin\theta \tag{8.27}$$

曲面板の動力 L は

$$L = F_x \cdot u = \rho Q' u(V-u)(1-\cos\theta) = \rho A u(V-u)^2(1-\cos\theta) \tag{8.28}$$

8.2.5 ペルトン水車に作用する力

図 8.9(a)に示すような**ペルトン水車**（Pelton wheel）は，高落差用の発電所などで利用されており，**水受け**（bucket）に衝突した噴流の力で回転して動力を発生する。

図(b)に示すように，バケットが静止しているとすると，一定流量 Q の噴流が衝突していると考えてよい。検査面の入口での x 方向の流入運動量は $\rho Q V$，検査面出口部から流出する運動量は，β を図のようにとると，バケットから流出する角度は $(180° - \beta)$ となるから，$\rho Q V \cos(\pi - \beta) = -\rho Q V \cos\beta$ である。

8.2 運動量の法則の応用

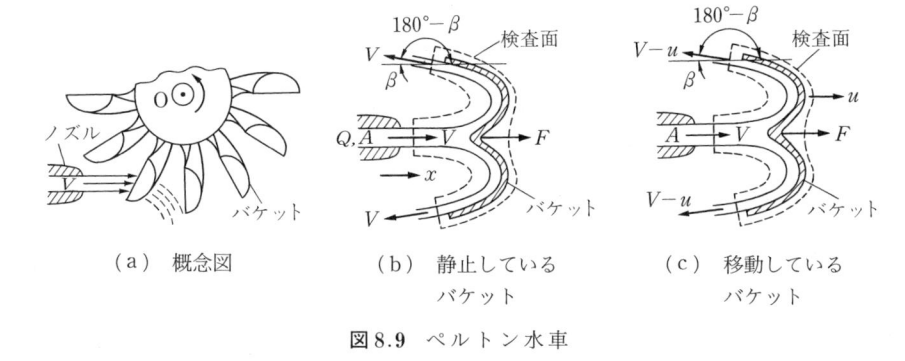

(a) 概念図　　(b) 静止しているバケット　　(c) 移動しているバケット

図 8.9　ペルトン水車

したがって，運動量の法則より，この静止しているバケットに作用する噴流の力 F は，噴流の断面積を A とすると，流量 $Q=AV$ であるから

$$F=\rho Q\{V-(-V\cos\beta)\}=\rho QV(1+\cos\beta)=\rho AV^2(1+\cos\beta) \tag{8.29}$$

実際には，図(c)に示すように，バケットは噴流による力によって u の周速度で回転している．簡単のために，バケットは噴流の速度 V と同じ方向に速度 u で動くものとすると，バケットに対する相対速度は $V-u$ であり，1個のバケットの受ける流量は $Q'=A(V-u)$ である．したがって，噴流によって1個のバケットが受ける力 F は

$$F=\rho Q'(V-u)(1+\cos\beta)=\rho A(V-u)^2(1+\cos\beta) \tag{8.30}$$

また，1個のバケットが受ける動力 L は

$$L=F\cdot u=\rho Au(V-u)^2(1+\cos\beta) \tag{8.31}$$

実際のペルトン水車では図(a)に示すように，多数のバケットが順次噴流にさらされるために，噴流はつねにいずれかのバケットに作用していることになるので，図のように検査面をとれば，単位時間に検査面を通過する流量は，バケットが静止しているときと同じ $Q=AV$ となる．

したがって，噴流がバケットに衝突することによって水車全体が受ける力 F は

$$F=\rho Q(V-u)(1+\cos\beta)=\rho AV(V-u)(1+\cos\beta) \tag{8.32}$$

また，バケットによって水車全体が受ける動力 L は

$$L = F \cdot u = \rho Q(V-u)(1+\cos\beta)u = \rho A V u(V-u)(1+\cos\beta) \tag{8.33}$$

ここで，$\beta=0°$ のとき L は最大値を示し

$$L_{max} = 2\rho A V u(V-u) \tag{8.34}$$

8.2.6 ジェットによる推力

図 8.10 に示すように，表面積 A の大きな水槽の側壁に設けた断面積 a の小さなノズルから流量 Q の水が噴出している．運動量の法則を適用して，ジェットによる推力 F_t を考える．

水槽の水面の高さ h は一定に保たれているとすると，流入運動量は 0 であり，ノズルからの流出運動量は $\rho Q V = \rho a V^2$ となる．水槽は反作用のためにジェットと反対の方向に推力を受けるので，ジェットによる推進力 F_t は，運動量の法則より

$$F_t = \rho Q(V-0) = \rho Q V = \rho a V^2 \tag{8.35}$$

トリチェリの定理より，ノズルから噴出する水の速度 V は，摩擦損失を無視すれば $V = \sqrt{2gh}$ であるから，式(8.35)は

$$F_t = \rho Q V = \rho a V^2 = 2a\rho g h \tag{8.36}$$

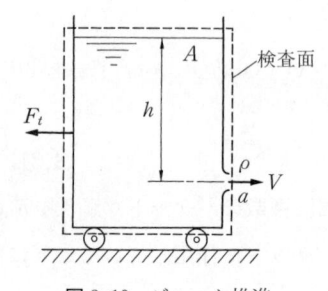

図 8.10　ジェット推進

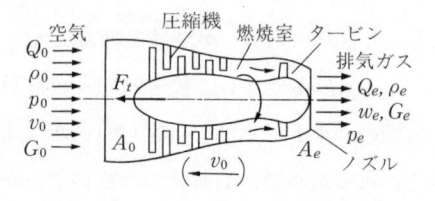

図 8.11　ターボジェットエンジン

8.2.7 ジェット機の推力

図 8.11 に示すようなジェット機に搭載されているターボジェットエンジンでは，取り入れた空気を圧縮機で圧縮し，これを燃焼室に導いて燃料を燃焼させて高温高圧となったガスが，圧縮機駆動用のタービンを回転させ，高速度でノズルから大気に噴出するようになっている．

噴出する排気ガスの速度は，取り入れる空気の速度よりも大きくなるので，運動量は増加し，噴流による力の反作用としてジェット機は前向きの大きな推力を得ることができる。

いま，ジェット機が速度 v_0 で飛行しているものとする。ここで，ジェット機を固定すると，速度 v_0 の空気がエンジンに流入すると考えてよい。流入する空気の流量を Q_0，密度を ρ_0，圧力を p_0，流出する排気ガスの流量を Q_e，密度を ρ_e，圧力を p_e，相対速度を w_e とする。

いま，近似的に入口での圧力 p_0 と出口での圧力 p_e が，周囲の空気の圧力 p_a に等しいとする。すなわち，$p_0=p_e=p_a$ と考える。また，実際にはエンジンに燃料が供給されるのでノズル出口部での質量流量 $G_e(=\rho_e Q_e)$ は，空気の流入質量 $G_0(=\rho_0 Q_0)$ よりも多少増加することを考慮すると，ジェット機の推力 F_t は

$$F_t = \rho_e Q_e w_e - \rho_0 Q_0 v_0 = \rho_e A_e w_e^2 - \rho_0 A_0 v_0^2 \tag{8.37}$$

この場合のエンジンの動力 L は

$$L = F_t \cdot v_0 = \rho_e Q_e w_e v_0 - \rho_0 Q_0 v_0^2 = \rho_e A_e w_e^2 v_0 - \rho_0 A_0 v_0^3 \tag{8.38}$$

なお，近似的に $G_0 = G_e = G(=\rho Q)$ が成り立つとすると

$$F_t = \rho Q(w_e - v_0) = G(w_e - v_0) \tag{8.39}$$

8.2.8 ロケットの推力

図 8.12 に示すように，ロケットでは空気を取り入れないので，式(8.37)において $v_0 = 0$ となり，ロケットの推力 F_t は

$$F_t = \rho_e Q_e w_e = G_e w_e \tag{8.40}$$

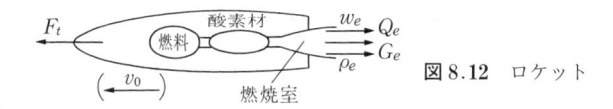

図 8.12 ロケット

8.3 角運動量の法則

ポンプや水車などにおいては，羽根車の内部で流体は回転運動をしている。このような回転する物体に**回転力**（**トルク**，torque）が加えられると，**角運動**

量（angular momentum）が変化する。つまり次式となる。

$$\text{加えられたトルク } T = \text{単位時間の角運動量の変化} \tag{8.41}$$

角運動量は**運動量のモーメント**（moment of momentum）を意味している。いま**図8.13**に示すように，点Oから距離rにおける質量mの流体粒子が点Oのまわりに周速度V_θで回転しているとすると，角運動量は次式のように運動量mV_θと距離rとの積で定義される。

$$mV_\theta \cdot r \tag{8.42}$$

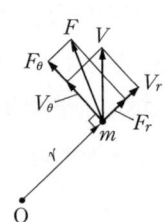

図8.13 角運動量

この角運動量の単位時間の変化は，流体粒子に作用する回転力（トルク）Tとなる。すなわち

$$T = \frac{d(mV_\theta \cdot r)}{dt} = r\frac{d(mV_\theta)}{dt} = r \cdot F_\theta \tag{8.43}$$

ここに，F_θは質量mの流体粒子に働く力であり，点Oからの距離rを乗じることによって，点Oまわりに回転力を与える。

なお，トルクT，力F_θおよび回転半径rはいずれもベクトル量であるから，式(8.1)で示したように，式(8.43)をベクトル式で示すと

$$\boldsymbol{T} = \frac{d(m\boldsymbol{V} \cdot \boldsymbol{r})}{dt} = \boldsymbol{r} \cdot \boldsymbol{F} \tag{8.44}$$

式(8.41)，(8.43)，(8.44)の関係を**角運動量の法則**（law of moment of momentum）という。

8.4 角運動量の法則の応用

図8.14に示すように，流量Qの水が**フランシス水車**（Francis turbine）の羽根車に絶対速度V_1で流入し，V_2の速度で流出することによって，羽根車は

ω の角速度で回転する．羽根車の入口と出口における周速度を u_1, u_2, 相対速度を w_1, w_2, 羽根車半径を r_1, r_2 とする．また，α_1, α_2 はそれぞれ絶対速度と周方向とのなす角，β_1, β_2 はそれぞれ相対速度と周方向とのなす角，すなわち入口と出口の羽根角である．

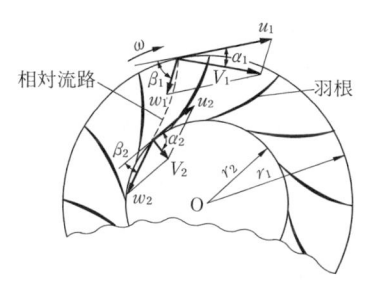

図8.14 フランシス水車の羽根車の速度線図

羽根車の入口における水のもつ円周方向の運動量は $\rho Q V_1 \cos \alpha_1$，羽根車中心 O まわりの角運動量は $\rho Q V_1 r_1 \cos \alpha_1$，同様にして，出口における角運動量は $\rho Q V_2 r_2 \cos \alpha_2$ である．したがって，角運動量の法則により，羽根車の受けるトルク T は

$$T = \rho Q (V_1 r_1 \cos \alpha_1 - V_2 r_2 \cos \alpha_2) \tag{8.45}$$

また，羽根車の軸に伝わる動力 L は

$$L = T\omega \tag{8.46}$$

演習問題

【8.1】 図8.15 に示すように，流入速度 V_1 と流出速度 V_2 とのなす角度が 45° の曲管内を流量 4 m³/min の水が流れている．断面①での圧力を 300 kPa，内径を 200 mm，断面②での内径を 100 mm とするとき，水が曲管に及ぼす力とその方向を求めよ．ただし，重力の影響や曲管内の摩擦による損失は無視する．

〔解〕 断面①，②間にベルヌーイの式(3.9)を適用して，$\rho = 1\,000$ kg/m³, $p_1 = 300$ kPa $= 300 \times 10^3$ Pa, $h = 2$ m を代入すると

$$\frac{300 \times 10^3}{1\,000} + \frac{V_1^2}{2} + 0 = \frac{p_2}{1\,000} + \frac{V_2^2}{2} + 2g \tag{1}$$

一方，連続の式より V_1, V_2 を求める．流量 $Q = 4$ m³/min $= 4/60$ m³/s, 断面積

$A_1=(\pi/4)\times 0.2^2\,\mathrm{m}^2$, $A_2=(\pi/4)\times 0.1^2\,\mathrm{m}^2$ であるから

$$V_1=\frac{4/60}{(\pi/4)\times 0.2^2}=2.12\,\mathrm{m/s},\quad V_2=\frac{4/60}{(\pi/4)\times 0.1^2}=8.49\,\mathrm{m/s}$$

これらの速度を式(1)に代入して,断面②の圧力 p_2 を求める.

$$p_2=\left(300+\frac{2.12^2}{2}-\frac{8.49^2}{2}-2\times 9.8\right)\times 10^3=246.6\times 10^3\,\mathrm{N/m^2}=246.6\,\mathrm{kPa}$$

ゆえに,水が曲管に及ぼす x 方向の力 F_x は,式(8.5)より

$$\therefore\ F_x=\rho Q(V_1\cos\alpha_1-V_2\cos\alpha_2)+(p_1A_1\cos\alpha_1-p_2A_2\cos\alpha_2)$$

$$=\frac{1\,000\times 4}{60}\times(2.12\times\cos 0°-8.49\times\cos 45°)+\left(300\times 10^3\times\frac{\pi\times 0.2^2}{4}\right.$$

$$\left.\times\cos 0°-246.6\times 10^3\times\frac{\pi\times 0.1^2}{4}\cos 45°\right)=7.8\times 10^3\,\mathrm{N}=7.8\,\mathrm{kN}$$

また, y 方向の力 F_y は,式(8.7)より

$$\therefore\ F_y=\rho Q(V_1\sin\alpha_1-V_2\sin\alpha_2)+(p_1A_1\sin\alpha_1-p_2A_2\sin\alpha_2)$$

$$=\frac{1\,000\times 4}{60}\times(2.12\times\sin 0°-8.49\times\sin 45°)$$

$$+\left(300\times 10^3\times\frac{\pi\times 0.2^2}{4}\times\sin 0°-246.6\times 10^3\times\frac{\pi\times 0.1^2}{4}\times\sin 45°\right)$$

$$=-1.77\times 10^3\,\mathrm{N}=-1.77\,\mathrm{kN}$$

したがって,曲管に及ぼす水の力 F は,式(8.8)より

$$F=\sqrt{F_x^2+F_y^2}=\sqrt{7.8^2+1.77^2}=8\,\mathrm{kN}$$

となり,力の方向 θ は,式(8.9)より

$$\theta=\tan^{-1}\left(\frac{F_y}{F_x}\right)=\tan^{-1}\left(-\frac{1.77}{7.8}\right)=-12.8°$$

図 8.15

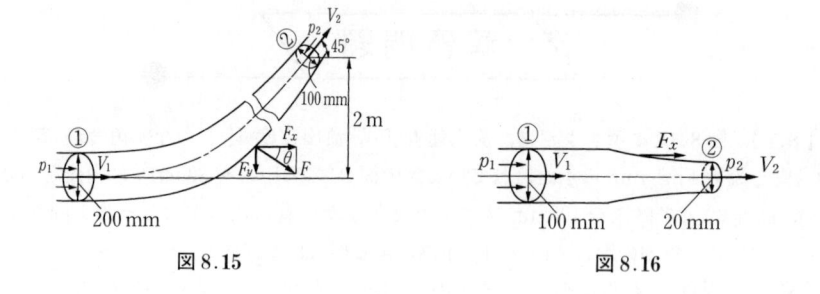

図 8.16

【8.2】 図 8.16 に示すような先細ノズルの先端から,高速の水が噴出している.断面①における圧力が 2 MPa(gauge),管内径が 100 mm,ノズル出口②におけるノズル内径が 20 mm であるとして,この先細ノズルに及ぼす流れ方向の水の力を求めよ.

[解] ノズル内での管摩擦などの損失は無視して，断面①と出口②の間にベルヌーイの式(3.9)を適用して，$\rho=1\,000\,\text{kg/m}^3$，$p_2=0\,\text{Pa(gauge)}$（大気圧），$p_1=2\,\text{MPa}=2\times 10^6\,\text{Pa(gauge)}$，$h_1=h_2=0\,\text{m}$ を代入すると

$$\frac{2\times 10^6}{1\,000}+\frac{V_1^2}{2}+0=0+\frac{V_2^2}{2}+0 \tag{1}$$

一方，連続の式より $A_1V_1=A_2V_2$ であるから，断面積の比 $A_1/A_2=0.1^2/0.02^2$ を代入すると，V_1, V_2 の比が次式で求まる．

$$V_2=\frac{A_1}{A_2}V_1=\frac{0.1^2}{0.02^2}V_1=25\,V_1 \tag{2}$$

式(1)，(2)より，流速 V_1, V_2 は求まり

$$V_1=2.53\,\text{m/s}, \quad V_2=63.25\,\text{m/s}$$

ゆえに，流量 Q は

$$Q=A_1V_1=\frac{\pi\times 0.1^2}{4}\times 2.53=0.019\,9\,\text{m}^3/\text{s}$$

水が先細ノズルに及ぼす流れ方向の力 F_x は，式(8.5)を適用して，$\rho=1\,000\,\text{kg/m}^3$, $Q=0.019\,9\,\text{m}^3/\text{s}$, $V_1=2.53\,\text{m/s}$, $V_2=63.25\,\text{m/s}$, $p_1=2\times 10^6\,\text{Pa}$, $p_2=0$, $A_1=(\pi/4)\times 0.1^2$, $\alpha_1=\alpha_2=0°$ を代入すると

$$\begin{aligned}
\therefore\ F_x &= \rho Q(V_1\cos\alpha_1 - V_2\cos\alpha_2)+(p_1A_1\cos\alpha_1 - p_2A_2\cos\alpha_2)\\
&=1\,000\times 0.019\,9\times(2.53\times\cos 0°-63.25\times\cos 0°)\\
&\quad +\left(2\times 10^6\times\frac{\pi\times 0.1^2}{4}\times\cos 0°-0\right)=14.5\times 10^3\,\text{N}=14.5\,\text{kN}
\end{aligned}$$

【8.3】 図8.17に示すように，水平面内におかれた$60°$の曲管の中を流量 $300\,l/\text{s}$ の水が流れており，管端②の位置から大気中に流出している．断面①での管内径を $350\,\text{mm}$，管端②での管内径を $250\,\text{mm}$ として，水が曲管に及ぼす力とその方向を求めよ．

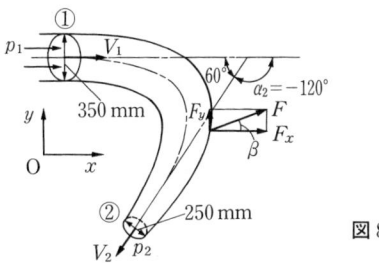

図8.17

[解] 連続の式 $Q=V_1A_1=V_2A_2$ より，断面①，②における流速 V_1, V_2 を求める．$Q=300\,l/\text{s}=300\times 10^{-3}\,\text{m}^3/\text{s}$, $A_1=\dfrac{\pi}{4}\times 0.35^2\,\text{m}^2$, $A_2=\dfrac{\pi}{4}\times 0.25^2\,\text{m}^2$ より

$$V_1 = \frac{300 \times 10^{-3}}{(\pi/4) \times 0.35^2} = 3.12 \text{ m/s}, \quad V_2 = \frac{300 \times 10^{-3}}{(\pi/4) \times 0.25^2} = 6.11 \text{ m/s}$$

つぎに，ベルヌーイの式を適用して断面 ① の圧力 p_1(gauge)を求める。曲管は同一水平面内にあり，管出口の圧力 p_2 は大気圧 p_a に等しいから，$p_2 = p_a = 0$ Pa (gauge)である。したがって，ベルヌーイの式は

$$p_1 + \frac{\rho}{2} V_1^2 = 0 + \frac{\rho}{2} V_2^2 \tag{1}$$

これより

$$p_1 = \frac{\rho}{2} (V_2^2 - V_1^2) \tag{2}$$

を得る。式(2)に $\rho = 1\,000$ kg/m³, $V_1 = 3.12$ m/s, $V_2 = 6.11$ m/s を代入すると

$$p_1 = \frac{1\,000}{2} \times (6.11^2 - 3.12^2) = 13.8 \times 10^3 \text{ N/m}^2 = 13.8 \text{ kPa(gauge)}$$

ゆえに，水が曲管に及ぼす x 方向の力 F_x は，式(8.5)を適用すれば求まる。

$$F_x = \rho Q(V_1 \cos \alpha_1 - V_2 \cos \alpha_2) + (p_1 A_1 \cos \alpha_1 - p_2 A_2 \cos \alpha_2) \tag{3}$$

いま，V_1 の方向を x 軸と一致させて $\alpha_1 = 0°$ とすると，V_2 の方向は図8.2より $\alpha_2 = -120°$ となる。さらに，$\rho = 1\,000$ kg/m³, $Q = 300 \times 10^{-3}$ m³/s, $V_1 = 3.12$ m/s, $V_2 = 6.11$ m/s, $p_1 = 13\,800$ N/m²(gauge), $p_2 = 0$, $A_1 = (\pi/4) \times 0.35^2$ m², $A_2 = (\pi/4) \times 0.25^2$ m² を上式に代入すると

$$F_x = 1\,000 \times 300 \times 10^{-3} \times \{3.12 \times \cos 0° - 6.11 \times \cos(-120°)\}$$
$$+ \left\{13\,800 \times \frac{\pi}{4} \times 0.35^2 \times \cos 0° - 0\right\} = 3.18 \times 10^3 \text{ N} = 3.18 \text{ kN}$$

同様に，y 軸方向に及ぼす力 F_y は，式(8.7)より求まる。

$$F_y = \rho Q(V_1 \sin \alpha_1 - V_2 \sin \alpha_2) + (p_1 A_1 \sin \alpha_1 - p_2 A_2 \sin \alpha_2) \tag{4}$$

上式にそれぞれの値を代入すると，右辺第2項は0となり

$$F_y = 1\,000 \times 300 \times 10^{-3} \times \{3.12 \times \sin 0° - 6.11 \times \sin(-120°)\}$$
$$= 1.59 \times 10^3 \text{ N} = 1.59 \text{ kN}$$

したがって，水が曲管に及ぼす力 F は，式(8.8)より

$$F = \sqrt{F_x^2 + F_y^2} = \sqrt{3.18^2 + 1.59^2} = 3.56 \text{ kN}$$

力 F の方向 β は，式(8.9)より

$$\beta = \tan^{-1}\left(\frac{F_y}{F_x}\right) = \tan^{-1}\left(\frac{1.59}{3.18}\right) = 26.6°$$

【8.4】 図8.3に示すような垂直におかれた大きな平板に，流量 10 m³/min の水が垂直に衝突している。噴流が平板に及ぼす力を 1 kN 以下にするには，噴流の速度をいくらにおさえたらよいか。またそのときの噴流の直径を求めよ。

〔解〕 噴流が平板に及ぼす力は，式(8.10)より $F = \rho Q V$ であるから，$F = 1$ kN =

1×10^3 N, $\rho=1\,000$ kg/m³, $Q=10/60$ m³/s を代入すると, 噴流の限界速度 V は

$$V=\frac{F}{\rho Q}=\frac{1\times10^3}{1\,000\times(10/60)}=6\text{ m/s}$$

つぎに, 噴流の直径 d は, 連続の式 $Q=VA=(\pi/4)d^2V$ より

$$d=\sqrt{\frac{4Q}{\pi V}}=\sqrt{\frac{4\times(10/60)}{6\pi}}=0.188\text{ m}=18.8\text{ cm}$$

【8.5】 図 8.4 に示すような固定された小さな円板に, 直径 100 mm の水の噴流が速度 50 m/s で衝突している。噴流と $\theta=60°$ の角度で円板から流れ去るとき, 噴流がこの円板に及ぼす力を求めよ。

〔解〕 噴流が小円板に及ぼす力 F は, 式(8.11)より求まり, $\rho=1\,000$ kg/m³, $Q=AV=(\pi/4)\times0.1^2\times50$ m³/s, $V=50$ m/s, $\theta=60°$ を代入すると

$$F=\rho QV(1-\cos\theta)=\rho AV^2(1-\cos\theta)$$
$$=1\,000\times\frac{\pi\times0.1^2}{4}\times50^2\times(1-\cos60°)=9.82\times10^3\text{ N}=9.82\text{ kN}$$

【8.6】 図 8.18 に示すような頂角 60° の円すい体に, 直径 150 mm の水が速度 20 m/s で衝突している。この円すい体に作用する噴流の力を求めよ。

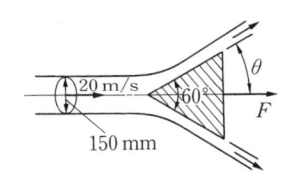

図 8.18

〔解〕 噴流は円すい体に衝突後 $\theta=30°$ の方向に流れていくので, 噴流の円すい体に及ぼす力 F は, 式(8.11)より求まり, $\rho=1\,000$ kg/m³, $Q=AV=(\pi/4)\times0.15^2\times20$ m³/s, $V=20$ m/s, $\theta=30°$ を代入すると

$$F=\rho QV(1-\cos\theta)=\rho AV^2(1-\cos\theta)$$
$$=1\,000\times\frac{\pi\times0.15^2}{4}\times20^2\times(1-\cos30°)=947\text{ N}$$

【8.7】 図 8.5 に示すような傾斜平板に, 直径 100 mm の水が速度 50 m/s で衝突している。傾斜角度が $\theta=60°$ の場合, 噴流が傾斜平板に及ぼす力を求めよ。

〔解〕 噴流が傾斜平板に及ぼす力 F は, 式(8.12)より求まり, $\rho=1\,000$ kg/m³, $Q=(\pi/4)\times0.1^2\times50$ m³/s, $V=50$ m/s, $\theta=60°$ を代入すると

$$F=\rho QV\sin\theta=\rho AV^2\sin\theta$$
$$=1\,000\times\frac{\pi\times0.1^2}{4}\times50^2\times\sin60°=17.0\times10^3\text{ N}=17\text{ kN}$$

【8.8】 図8.5において，水平におかれた固定した傾斜平板に沿う流れが二次元噴流と仮定する。このとき，最初の流れの流量 Q が傾斜平板に衝突後，2方向に分かれて流量 Q_1, Q_2 となるとき，配分された流量 Q_1, Q_2 を最初の流量 Q と角度 θ を用いて求めよ。ただし，運動量の式を適用するものとする。

〔解〕 傾斜平板に沿う方向の運動量の変化を考える。衝突前の噴流がもっている傾斜平板方向の運動量は $\rho Q V \cos \theta$，衝突後の傾斜平板方向の運動量は方向を考えて $\rho Q_1 V_1$ および $-\rho Q_2 V_2$ である。傾斜平板に沿う方向への力は働かないので

$$\text{衝突前の運動量} = \text{衝突後の運動量}$$

と考えてよい。したがって，つぎの関係式を得る。

$$\rho Q V \cos \theta = \rho Q_1 V_1 - \rho Q_2 V_2 \tag{1}$$

いま，傾斜平板に衝突後，運動エネルギーの損失がないものとすると，衝突前後の圧力エネルギー，位置エネルギーは等しいから，ベルヌーイの式より $V_1 = V_2 = V$ となり，次式を得る。

$$Q \cos \theta = Q_1 - Q_2 \tag{2}$$

また

$$Q = Q_1 + Q_2 \tag{3}$$

であるから，式(2)，(3)より，求める Q_1, Q_2 はそれぞれ

$$Q_1 = \frac{1}{2} Q (1 + \cos \theta) \tag{8.47}$$

$$Q_2 = \frac{1}{2} Q (1 - \cos \theta) \tag{8.48}$$

これらの式は，三次元噴流の場合にも成立する。

【8.9】 速度 $V = 60$ m/s，流量 $Q = 3$ m³/min でノズルから噴出している水が，固定された大きな平板に垂直に衝突している。噴流がこの固定平板に及ぼす力 F を求めよ。また，この平板が噴流と同じ方向に $u = 25$ m/s の速さで移動しているとき，噴流がこの平板に及ぼす力 F'，および動力 L を求めよ。

〔解〕 噴流が大きな固定平板に及ぼす力 F は，式(8.10)を用いて，$\rho = 1\,000$ kg/m³，$Q = 3/60$ m³/s，$V = 60$ m/s を代入すると

$$F = \rho Q V = 1\,000 \times \frac{3}{60} \times 60 = 3 \times 10^3 \text{ N} = 3 \text{ kN}$$

つぎに，噴流が移動している場合，平板の受ける流量 Q' は，式(8.15)を変形した式に $Q = 3/60$ m³/s，$u = 25$ m/s，$V = 60$ m/s を代入すると

$$Q' = A(V-u) = \frac{Q}{V}(V-u) = Q\left(1 - \frac{u}{V}\right) = \frac{3}{60} \times \left(1 - \frac{25}{60}\right) = 0.029 \text{ m}^3/\text{s}$$

となるので，移動している平板の受ける力 F' は，式(8.16)より

$$F' = \rho Q'(V-u)$$
$$= 1\,000 \times 0.029 \times (60-25) = 1.02 \times 10^3 \text{ N} = 1.02 \text{ kN}$$

また,噴流が平板に及ぼす動力 L は,式(8.17)より求まり

$$L = F'u = 1.02 \times 10^3 \times 25$$
$$= 25.5 \times 10^3 \text{ N·m/s} = 25.5 \times 10^3 \text{ J/s} = 25.5 \times 10^3 \text{ W} = 25.5 \text{ kW}$$

【8.10】 図 8.19 に示すような水車の羽根に速度 V,流量 Q の水が衝突し,羽根は速度 u で動いているものとする。水車の羽根は平板で流れは平面的として,この羽根に及ぼす水の力 F および動力 L を求めよ。

また,動力 L の値が最大となる u と V との関係,および動力の最大値 L_{max} と,このときの効率 η_{max} を求めよ。

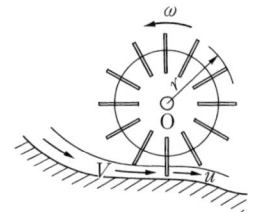

図 8.19

〔解〕 題意より,速度 u で動いている水車の羽根に絶対速度 V の噴流が衝突するので,平板に対する噴流の相対速度は $V-u$ である。この水車の羽根は 1 枚ではなく数が多いから,8.2.5 項で述べたように,噴流の断面積を A とすると,羽根はつねに流量 $Q = AV$ を受けていることになる。したがって,水が u の速度で動いている水車の羽根に及ぼす力 F は,式(8.32)において $\beta = 90°$ の場合を考えて求めればよい。すなわち

$$F = \rho Q(V-u) = \rho AV(V-u) \tag{8.49}$$

また,羽根の受ける動力 L は

$$L = Fu = \rho Q(V-u)u = \rho AuV(V-u) \tag{8.50}$$

動力 L の式(8.50)において,羽根に衝突する噴流の流量 Q,および水の速度 V が一定であるとすると,L が最大となるときの速度 u は

$$\frac{dL}{du} = 0$$

の関係から求められる。すなわち

$$\frac{dL}{du} = \frac{d}{du}\{\rho Q(V-u)u\} = \rho Q(V-2u) = 0$$

$$\therefore \ u = \frac{V}{2} \tag{8.51}$$

これより，動力は羽根の速度 u が水の速度 V の 1/2 のときに，最大となることがわかる．したがって，水が羽根に及ぼす動力の最大値 L_{max} は，式(8.50)に $u=V/2$ を代入することによって得られ

$$L_{max}=\rho Q\left(V-\frac{V}{2}\right)\frac{V}{2}=\frac{1}{4}\rho QV^2=\frac{\rho AV^3}{4} \tag{8.52}$$

ある羽根面を単位時間に通過する水の流れのエネルギーを L_t とすると，L_t は水の流れの運動エネルギー，すなわち(質量)×(速度)^2/2 に等しく，ρQ は単位時間に通過する質量である．したがって，L_t は，単位時間あたりのエネルギー，すなわち動力を意味するので

$$L_t=\frac{1}{2}\rho QV^2=\frac{\rho}{2}AV^3 \tag{8.53}$$

ゆえに，水が羽根に作用するときに利用される動力の割合，すなわち効率の最大値 η_{max} は，式(8.52)と式(8.53)より

$$\eta_{max}=\frac{L_{max}}{L_t}=\frac{1}{2} \tag{8.54}$$

【8.11】 図8.19の水車において，水車の中心から羽根の先端までの距離 r を 1 m，水の流れの速度を 10 m/s としたとき，この水車が最大の効率を発生できるようにするには，水車の回転数 n をいくらに制御すればよいか．また，このときの水の流れが羽根に及ぼす最大の力 F_{max}，最大動力 L_{max} を求めよ．ただし，羽根面に衝突する水の流れの有効断面積 A を $0.2\ m^2$ とし，1枚の羽根が水の運動エネルギーを有効に得ることができ，損失などはないものとする．

〔解〕 動力が最大となるときの羽根の移動速度 u は，式(8.51)より得られ，$V=10$ m/s を代入すると

$$u=\frac{V}{2}=\frac{10}{2}=5\ m/s$$

流れが羽根面に及ぼす最大の力 F_{max} は，式(8.49)に $\rho=1\,000\ kg/m^3$, $A=0.2\ m^2$, $V=10$ m/s, $u=5$ m/s を代入して

$$F_{max}=\rho Q(V-u)=\rho AV(V-u)$$
$$=1\,000\times 0.2\times 10\times(10-5)=10\times 10^3\ N=10\ kN$$

また，羽根の受ける最大動力 L_{max} は，式(8.52)より得られ

$$L_{max}=\frac{\rho AV^3}{4}=\frac{1\,000}{4}\times 0.2\times 10^3=50\times 10^3\ N=50\ kN$$

つぎに，水車の角速度 ω は，周速度 $u=5$ m/s，半径 $r=1$ m であるから

$$\omega=\frac{u}{r}=\frac{5}{1}=5\ rad/s$$

毎分の回転数 n は

$$n = \frac{60}{2\pi}\omega = \frac{60}{2\pi} \times 5 = 48 \text{ rpm}$$

【8.12】 図8.7(a)に示すような固定している曲面板に，直径100 mm，速度50 m/s の水の噴流が曲面に沿って流入し，流れの方向が $\theta=120°$ の角度だけ変えて流出している．噴流がこの曲面板に及ぼす力，およびその方向を求めよ．

〔解〕 x 方向に作用する力 F_x は，式(8.20)より求まり，$\rho=1\,000$ kg/m³, $A=(\pi/4)\times 0.1^2$ m², $V=50$ m/s, $\theta=120°$ を代入すると

$$F_x = \rho Q(V - V\cos\theta) = \rho A V^2(1-\cos\theta)$$
$$= 1\,000 \times \frac{\pi \times 0.1^2}{4} \times 50^2 \times (1-\cos 120°) = 29.45 \times 10^3 \text{ N} = 29.45 \text{ kN}$$

y 方向に作用する力 F_y は，式(8.21)より求まり，それぞれ上記の値を代入すると

$$F_y = -\rho Q V \sin\theta = -\rho A V^2 \sin\theta$$
$$= -1\,000 \times \frac{\pi \times 0.1^2}{4} \times 50^2 \times \sin 120° = -17.0 \times 10^3 \text{ N} = -17 \text{ kN}$$

したがって，曲面板に作用する力 F は，式(8.22)より

$$F = \sqrt{F_x^2 + F_y^2} = \sqrt{29.45^2 + 17^2} = 34 \text{ kN}$$

力の方向 β は，式(8.23)より

$$\beta = \tan^{-1}\left(\frac{F_y}{F_x}\right) = \tan^{-1}\left(\frac{-17}{29.45}\right) = -30°$$

【8.13】 図8.8に示すような移動している曲面板に，速度 $V=30$ m/s，流量 $Q=2$ m³/min の水の噴流が曲面に沿って流入し，流れの方向が $\theta=45°$ の角度だけ変えて流出している．曲面板の移動速度 $u=10$ m/s として，噴流がこの曲面板に及ぼす x, y 方向の力，および動力を求めよ．

〔解〕 移動している曲面板の受ける x 方向の力の成分は，式(8.26)より求まり，$\rho=1\,000$ kg/m³, $V=30$ m/s, $u=10$ m/s, $\theta=45°$, $A=Q/V=2/(60\times 30)$ m² を代入すると

$$F_x = \rho Q'(V-u)(1-\cos\theta) = \rho A(V-u)^2(1-\cos\theta)$$
$$= \rho \frac{Q}{V}(V-u)^2(1-\cos\theta) = 1\,000 \times \frac{2/60}{30} \times (30-10)^2 \times (1-\cos 45°)$$
$$= 130.2 \text{ N}$$

また，y 方向の力の成分は式(8.27)より求まり，それぞれ上記の値を代入すると

$$F_y = -\rho Q'(V-u)\sin\theta = -\rho A(V-u)^2 \sin\theta$$
$$= -1\,000 \times \frac{2/60}{30} \times (30-10)^2 \sin 45° = -314.3 \text{ N}$$

228   8. 運 動 量 の 法 則

動力は，式(8.28)より

$$L = F_x u = 130.2 \times 10 = 1\,302 \text{ J/s} = 1\,302 \text{ W}$$

【8.14】 図 8.20 に示すように，流速 60 m/s，直径 100 mm の水がノズルから噴出し，$u=50$ m/s で移動しているバケットに衝突している。噴流はバケットで 180°方向を曲げられるとして，噴流がこのバケットに及ぼす力，およびバケットの動力を求めよ。

〔解〕 噴流がバケットに及ぼす力 F は，式(8.30)より求まり，$\rho=1\,000$ kg/m³，$A=(\pi/4)\times 0.1^2$ m²，$V=60$ m/s，$u=50$ m/s，およびここでは $\beta=0°$ と考えてよいので，これらを代入すると

$$F = \rho Q'(V-u)(1+\cos\beta) = \rho A(V-u)^2(1+\cos\beta)$$
$$= \rho A(V-u)^2(1+\cos 0°) = 2\rho A(V-u)^2$$
$$= 2 \times 1\,000 \times \frac{\pi \times 0.1^2}{4} \times (60-50)^2 = 1.57 \times 10^3 \text{ N} = 1.57 \text{ kN}$$

動力 L は，式(8.31)より

$$L = Fu = 1.57 \times 10^3 \times 50 = 78.5 \times 10^3 \text{ J/s} = 78.5 \times 10^3 \text{ W} = 78.5 \text{ kW}$$

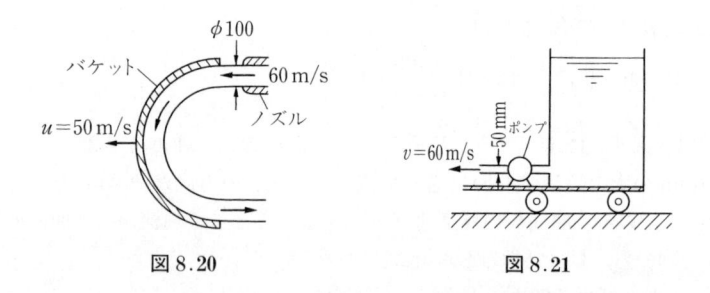

図 8.20   図 8.21

【8.15】 図 8.21 に示すように，台車の上におかれた水槽の水が，ポンプによって直径 50 mm のノズルから 60 m/s の速度で大気中に噴出している。この台車が推力によって動かないようにするには，どれほどの力が必要か。

〔解〕 台車が動かないようにするためには，ジェットによる推力と同じ力で反対方向に押す力が必要であるから，求める力 F_t は式(8.35)より得られ，$\rho=1\,000$ kg/m³，$a=(\pi/4)\times 0.05^2$ m²，$V=60$ m/s を代入すると

$$F_t = \rho QV = \rho a V^2 = 1\,000 \times \frac{\pi \times 0.05^2}{4} \times 60^2 = 7.07 \times 10^3 \text{ N} = 7.07 \text{ kN}$$

【8.16】 図 8.22 に示すように船首より取り入れた水をポンプによって船尾から後方に噴出させ，そのジェット推進力で進む船が絶対速度 $c=54$ km/h の速さで，u

$=3$ m/s で流れている川を上流に向って進んでいる。この船に対する水の噴流の相対速度を $V_2=30$ m/s，流量を $Q=2$ m³/s として，この船の推進力および動力を求めよ。

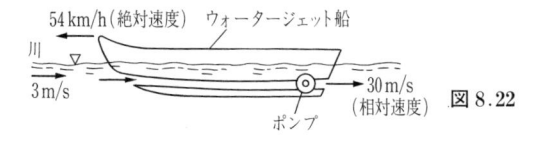

```
        54 km/h(絶対速度)   ウォータージェット船
  川
       3 m/s                    30 m/s
                      ポンプ   (相対速度)
```
図 8.22

〔解〕 船尾より噴出する噴流の船に対する相対速度は $V_2=30$ m/s，船の川の流れに対する相対速度 V_1 は，$c=54$ km/h$=54\times 10^3/3\,600$ m/s, $u=3$ m/s であるから
$$V_1 = c+u = \frac{54\times 10^3}{3\,600}+3 = 18 \text{ m/s}$$
船の推進力 F_t は，相対速度を基準にとって，運動量の法則を適用すれば求まる。
$$F_t = \rho QV = \rho Q(V_2-V_1) = 1\,000\times 2 \times (30-18) = 24\times 10^3 \text{ N} = 24 \text{ kN}$$
動力 L は
$$L = F_t V_1 = 24\times 10^3 \times 8 = 192\times 10^3 \text{ J/s} = 192\times 10^3 \text{ W} = 192 \text{ kW}$$

【8.17】 図 8.11 に示すように，ターボジェットエンジンを搭載したジェット機が質量流量 $G=2$ kg/s の空気を取り入れながら，$v_0=150$ m/s の速度で飛行している。排気ガスの相対速度を $w_e=700$ m/s としたときのジェットの推力 F_t，およびエンジンの動力 L を求めよ。

〔解〕 ジェットの推力 F_t は，流入，流出の質量流量 G を一定とすると，式 (8.39) より求まる。
$$F_t = \rho Q(w_e-v_0) = G(w_e-v_o) = 2\times(700-150) = 1\,100 \text{ N} = 1.1 \text{ kN}$$
また，エンジンの動力 L は，式(8.38)より
$$L = F_t v_0 = 1\,100\times 150 = 165\times 10^3 \text{ W} = 165 \text{ kW}$$

【8.18】 図 8.23 に示すように，水量 $Q=30$ l/s の噴流が鉛直方向から 45° 曲げられた固定平板に速度 $V=30$ m/s で衝突し，上下に分岐して流れている。噴流が固定平板に及ぼす x, y 方向の力 F_x, F_y，およびその合力 F を求めよ。また，合力 F が水平軸となす角度 β を求めよ。

〔解〕 流量 Q を Q_1 と Q_2 に配分するには，問題 8.8 と同様に平板に平行な流れの運動量を考えて求める。平板の方向に外力は作用しないので
　　　衝突前の運動量＝衝突後の運動量
と考えられる。衝突前の噴流の鉛直方向の運動量は $\rho QV \cos 60° = \rho QV \sin 30°$ であり，45° 曲げられた方向の運動量は $\rho QV \cos 105° = -\rho QV \cos 75°$ である。また，衝突後の噴流のそれぞれの平板方向の運動量は方向を考えて，$\rho Q_1 V_1$ および

$-\rho Q_2 V_2$ であるから，式(1)を得る。

$$\rho(QV\sin 30° - QV\cos 75°) = \rho Q_1 V_1 - \rho Q_2 V_2 \tag{1}$$

平板に沿う方向に流れの損失がないものとすると，$V = V_1 = V_2$ であり，$\rho=$ 一定であるから

$$(Q\sin 30° - Q\cos 75°) = Q_1 - Q_2$$

ゆえに

$$0.24Q = Q_1 - Q_2 \tag{2}$$

一方

$$Q = Q_1 + Q_2 \tag{3}$$

の関係式が成り立つから，式(2)，(3)より Q_1, Q_2 は次式で表され，$Q = 30\ l/s = 30\times 10^{-3}\ \mathrm{m^3/s}$ を代入すると

$$Q_1 = 0.62Q = 0.62\times 30\times 10^{-3} = 18.6\times 10^{-3}\ \mathrm{m^3/s}$$
$$Q_2 = 0.38Q = 0.38\times 30\times 10^{-3} = 11.4\times 10^{-3}\ \mathrm{m^3/s}$$

つぎに，運動量の法則より x 方向の力 F_x は，鉛直平板の x 方向の運動量は 0 であるから

$$F_x = \rho(QV\cos 30° - Q_2 V_2 \cos 45°)$$
$$= 1\,000\times(30\times 10^{-3}\times 30\times\cos 30° - 11.4\times 10^{-3}\times 30\times\cos 45°) = 537.6\ \mathrm{N}$$

となり，y 方向の力 F_y は

$$F_y = \rho\{QV\sin 30° - (Q_1 V_1 - Q_2 V_2 \sin 45°)\}$$
$$= \rho(QV\sin 30° - Q_1 V_1 + Q_2 V_2 \sin 45°)$$
$$= 1\,000\times(30\times 10^{-3}\times 30\times\sin 30° - 18.6\times 10^{-3}\times 30$$
$$\qquad + 11.4\times 10^{-3}\times 30\times\sin 45°) = 133.8\ \mathrm{N}$$

ゆえに合力 F は

$$F = \sqrt{F_x^2 + F_y^2} = \sqrt{537.6^2 + 133.8^2} = 554\ \mathrm{N}$$

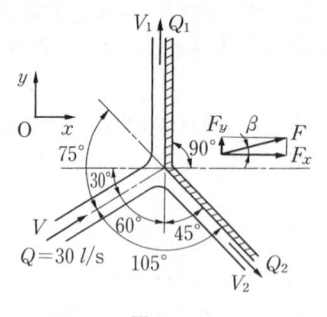

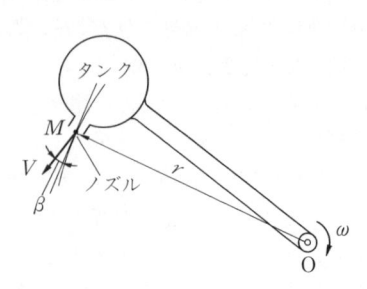

図 8.23

図 8.24

となり，方向 β は
$$\beta = \tan^{-1}\left(\frac{F_y}{F_x}\right) = \tan^{-1}\left(\frac{133.8}{537.6}\right) = 14°$$

【8.19】 図 8.24 に示すように，タンクのノズルから噴流が噴出し，点 O のまわりに回転できるようになっている。噴流の反動力，すなわちタンクの受ける推力 F_t の作用点は，ノズル出口部点 M にある。噴流の方向は円周方向と角度 β をなし，点 O と点 M の距離を r，ノズルから噴出する速度を V，流量を Q，角速度を ω とするとき，タンクに生ずる動力 L を求めよ。

〔解〕 噴流によってタンクの受ける推力 F_t は，V, Q がつねに一定に保たれているとすると，式(8.35)より
$$F_t = \rho Q V$$
F_t の周方向の成分は $F_t \cos \beta$ であるから，モーメント M は次式で求まる。
$$M = F_t r \cos \beta = \rho Q V r \cos \beta \tag{8.55}$$
つぎに，タンクに生じる動力 L は，式(8.46)に示したように，モーメント M と角速度 ω との積で求まるから
$$L = \omega M = \omega \rho Q V r \cos \beta \tag{8.56}$$

【8.20】 図 8.25 に示すような曲面板に水が衝突し，曲面板は点 O のまわりに回転できるように支持されている。曲面板が回転できないようにするには，点 O にいくらのモーメントを加えたらよいか。ただし，水の流量を 40 l/s，速度を 35 m/s，$y_1 = 30$ cm，$y_2 = 100$ cm とする。

〔解〕 検査面①に流入する単位時間あたりの水の角運動量 T_1 は，式(8.43)より
$$T_1 = r F_\theta = \rho Q V y_1 \tag{1}$$
同様に，検査面②において流出する単位時間あたりの水の角運動量 T_2 は
$$T_2 = r F_\theta = \rho Q V y_2 \tag{2}$$
検査面内部の流体が受けるモーメント M は，その検査面を通って単位時間に流出する角運動量 T_2 と，流入する角運動量 T_1 との差で表される。すなわち，式(1)と式(2)の差で表されるから
$$M = T_2 - T_1 = \rho Q V (y_2 - y_1) \tag{3}$$
したがって，曲面板が回転できないようにするために点 O に加えるモーメント M は，式(3)に $\rho = 1\,000$ kg/m^3，$Q = 40 \times 10^{-3}$ m^3/s，$V = 35$ m/s，$y_1 = 0.3$ m，$y_2 = 1$ m を代入すると求まり
$$M = T_2 - T_1 = \rho Q V (y_2 - y_1) = 1\,000 \times 0.04 \times 35 \times (1 - 0.3) = 980 \text{ N·m}$$
したがって，980 N·m 以上のモーメントを加えるとよいことになる。

図 8.25

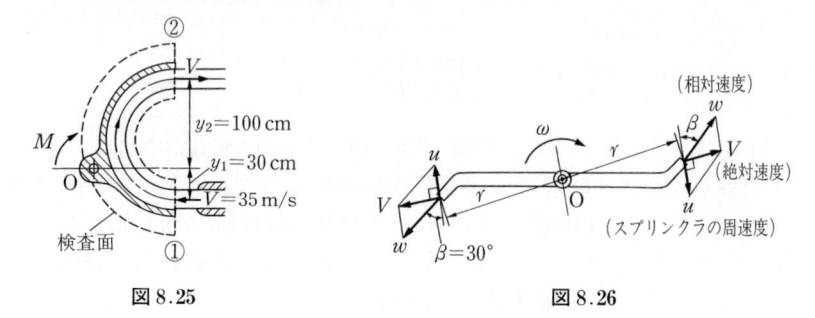

図 8.26

【8.21】 図 8.26 に示すようなスプリンクラで，流量 $Q=300$ l/min の水を直径 $d=12$ mm のノズルから噴出させて散水している。噴流がスプリンクラに及ぼす接線方向の力 F_t，毎分の回転速度 n，およびアームの回転を止めるのに必要なトルク T を求めよ。ただし，ノズルの角度 $\beta=30°$，スプリンクラの回転半径 $r=50$ cm とし，回転に伴う摩擦損失は無視する。

〔解〕 一つのノズルからの噴流の反作用によって，スプリンクラに及ぼす接線方向の力 F_t は，運動量の法則を適用すれば求まる。一つのノズルから流出する噴流の流量は $Q/2$ であり，ノズルの断面積を A とすると，ノズルから噴出する水の相対速度は $w=(Q/2)/A$ となる。スプリンクラ流入時の接線方向の運動量は 0 であるから，接線方向の力 F_t は運動量の法則より

$$F_t = \rho \frac{Q}{2}(w\cos\beta - 0) = \rho \frac{Q}{2} w \cos\beta = \rho A w^2 \cos\beta \tag{8.57}$$

スプリンクラの二つのノズルから噴出される噴流によるトルク T は，回転半径を r とすると

$$T = 2F_t r \tag{1}$$

より求められる。そこで，まず相対速度 w を求める。$Q=300$ l/min$=300 \times 10^{-3}/60$ m^3/s，$A=(\pi/4)\times 0.012^2$ m^2 を次式に代入すると

$$w = \frac{Q/2}{A} = \frac{(300/60)\times 10^{-3} \times (1/2)}{(\pi/4)\times 0.012^2} = 22.1 \text{ m/s} \tag{2}$$

したがって，接線方向の力 F_t は，式(8.57)に $\rho=1\,000$ kg/m^3，$A=(\pi/4)\times 0.012^2$ m^2，$w=22.1$ m/s，$\beta=30°$ を代入すると求まり

$$F_t = \rho A w^2 \cos\beta = 1\,000 \times (\pi/4) \times 0.012^2 \times 22.1^2 \times \cos 30° = 47.84 \text{ N} \tag{3}$$

ゆえに，スプリンクラの回転を止めるに必要なトルク T は，式(1)より求まり，$r=0.5$ m であるから

$$T = 2F_t r = 2 \times 47.84 \times 0.5 = 47.84 \text{ N·m} \tag{4}$$

つぎに，角運動量の法則を用いて，スプリンクラの毎分回転数 n を求める。ス

プリンクラに流入するときの水の角運動量は0であり，ノズルから流出するまでに生じる管内摩擦損失や回転に伴う抵抗損失は無視するから，これらの外部からの力によるトルクは0である．ゆえに，スプリンクラが定常な回転に達したときのノズルから流出する水の角運動量は，0でなければならない．したがって，角運動量の法則を適用すれば次式が成り立つ．

$$T = 2F_t r = 2\rho \frac{Q}{2}(w\cos\beta - u)r = \rho Q(w\cos\beta - u)r = 0 \qquad (5.58)$$

ここで，回転角速度を ω，半径 r における周速度を u とすると，$u = \omega r$ より

$$w\cos\beta - u = w\cos\beta - \omega r = 0 \qquad (5)$$

これより，ω は

$$\omega = \frac{w\cos\beta}{r} = \frac{22.1 \times \cos 30°}{0.5} = 38.28\,\mathrm{rad/s} \qquad (6)$$

ゆえに，毎分回転数 n は，$2\pi rn/60 = r\omega$ より

$$n = \frac{60}{2\pi}\omega = \frac{60}{2\pi} \times 38.28 = 366\,\mathrm{rpm} \qquad (7)$$

【8.22】 図8.27に示すように，検査面①において長方形の噴流が，検査面②でそれと同じ幅をもつ速度 u で移動している溝形の板に当たって方向を変え，上下に分かれて流出している．噴流が溝形の板に及ぼす力 F は

$$\begin{aligned}F &= \rho Q(V_1\cos\alpha_1 - V_2\cos\alpha_2) \\ &= \rho Q(V_1\cos\alpha_1 - u - \cos\beta_2 \cdot \sqrt{u^2 + V_1^2 - 2uV_1\cos\alpha_1})\end{aligned} \qquad (8.59)$$

動力 L は

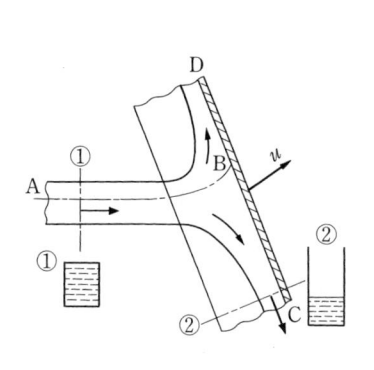

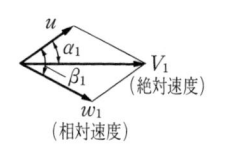

(a) 入口の速度線図

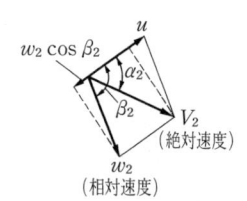

(b) 出口の速度線図

図8.27

$$L = Fu = \rho Q u (V_1 \cos \alpha_1 - V_2 \cos \alpha_2)$$
$$= \rho Q u (V_1 \cos \alpha_1 - u - \cos \beta_2 \cdot \sqrt{u^2 + V_1^2 - 2uV_1 \cos \alpha_1}) \qquad (8.60)$$

あるいは
$$L = \frac{\rho Q (V_1^2 - V_2^2)}{2} \qquad (8.61)$$

また，噴流が動いている板に作用する効率 η は
$$\eta = 1 - \frac{V_2^2}{V_1^2} \qquad (8.62)$$

で表されることを証明せよ．ただし，Q は板に沿って流れる噴流の流量，u は板の速度，V_1 は噴流の最初の絶対速度，α_1 は u と V_1 とのなす角度，β_2 は u と板の方向のなす角度である．流れは平面的であり，重力は作用しないものとする．

〔解〕 流れは二次元流れであり，流れは分岐流線 AB で上下に分かれるが，簡単のために ABC の片方の領域の流れだけを考えることにする．図(a)，(b)における w_1, w_2 は，それぞれ検査面①，②における噴流の板に対する相対速度であり，w_2 の方向は，板に平行であるが，大きさは等しく $w_1 = w_2$ となる．u 方向における絶対速度の変化は

$$V_1 \cos \alpha_1 - V_2 \cos \alpha_2 \qquad (1)$$

図(b)の速度線図より
$$u = V_2 \cos \alpha_2 - w_2 \cos \beta_2$$
$$\therefore \quad V_2 \cos \alpha_2 = u + w_2 \cos \beta_2 \qquad (2)$$

ここで $\cos \beta_2$ は，$90° < \beta_2 < 180°$ の間にあるから，$\cos \beta_2 < 0$ で負の値．式(2)を式(1)に代入して

$$V_1 \cos \alpha_1 - V_2 \cos \alpha_2 = V_1 \cos \alpha_1 - (u + w_2 \cos \beta_2) \qquad (3)$$

図(a)の速度線図より，幾何学的に
$$w_1^2 = u^2 + V_1^2 - 2uV_1 \cos \alpha_1 \qquad (4)$$

が成立するから
$$w_1 = \sqrt{u^2 + V_1^2 - 2uV_1 \cos \alpha_1} \qquad (5)$$

いま，$w_1 = w_2$ であるから式(3)の絶対速度の変化は，式(5)を式(3)に代入して
$$V_1 \cos \alpha_1 - V_2 \cos \alpha_2 = V_1 \cos \alpha_1 - (u + w_2 \cos \beta_2)$$
$$= V_1 \cos \alpha_1 - u - \cos \beta_2 \cdot \sqrt{u^2 + V_1^2 - 2uV_1 \cos \alpha_1} \quad (6)$$

したがって，噴流が板に及ぼす力 F は単位時間あたりの運動量の変化に等しいので
$$F = \rho Q (V_1 \cos \alpha_1 - V_2 \cos \alpha_2)$$
$$= \rho Q (V_1 \cos \alpha_1 - u - \cos \beta_2 \cdot \sqrt{u^2 + V_1^2 - 2uV_1 \cos \alpha_1}) \quad (7) = 式(8.59)$$

となり，式(8.59)と一致する．

つぎに，噴流が板になした仕事，つまり動力は

演　習　問　題　　235

$$L = Fu \tag{8}$$

で表されるから，式(7)，(8)より

$$L = \rho Q u (V_1 \cos \alpha_1 - V_2 \cos \alpha_2)$$
$$= \rho Q u (V_1 \cos \alpha_1 - u - \cos \beta_2 \cdot \sqrt{u^2 + V_1^2 - 2u V_1 \cos \alpha_1}) \quad (9) = 式(8.60)$$

となり，式(8.60)と一致する．

つぎに，図(b)の速度線図において，幾何学的に

$$w_2^2 = u^2 + V_2^2 - 2u V_2 \cos \alpha_2 \tag{10}$$

であるから，式(4)と式(10)を整理すると，それぞれ

$$V_1 \cos \alpha_1 = \frac{u^2 + V_1^2 - w_1^2}{2u}, \quad V_2 \cos \alpha_2 = \frac{u^2 + V_2^2 - w_2^2}{2u}$$

となるから，これらを式(9)に代入すると

$$L = \rho Q u (V_1 \cos \alpha_1 - V_2 \cos \alpha_2) = \rho Q \left(\frac{u^2 + V_1^2 - w_1^2}{2} - \frac{u^2 + V_2^2 - w_2^2}{2} \right)$$
$$= \frac{\rho Q (V_1^2 - w_1^2 - V_2^2 + w_2^2)}{2} \tag{11}$$

なお，$w_1 = w_2$ であるから，式(11)は

$$L = \frac{\rho Q (V_1^2 - V_2^2)}{2} \tag{12} = 式(8.61)$$

となり，式(8.61)と一致する．

また，噴流の有する運動エネルギー L_t は，(質量)×(速度)^2/2 であり，質量は ρQ となり，この場合の質量は噴流が単位時間に通過する質量を表している．したがって，運動エネルギー L_t は，噴流の単位時間あたりのエネルギー，すなわち動力を意味するので

$$L_t = \frac{1}{2} \rho Q V_1^2 \tag{13}$$

したがって，噴流が板に作用する効率 η は式(12)，(13)より

$$\eta = \frac{L}{L_t} = 1 - \frac{V_2^2}{V_1^2} \tag{14} = 式(8.62)$$

となり，式(8.62)が導かれる．

【8.23】 図8.28に示すように，曲管の容器が x 軸の方向に u の速度で動き，容器の上部から相対速度 w_1 の速度で水が流入し，w_2 の相対速度で容器から流出しているとする．この場合の x 方向の反動力の成分 F_x，およびそれによってなされる動力 L_x が，それぞれ次式で表されることを証明せよ．

$$F_x = \rho Q (w_1 \cos \beta_1 - w_2 \cos \beta_2) \tag{8.63}$$
$$L_x = \rho Q u (w_1 \cos \beta_1 - w_2 \cos \beta_2) \tag{8.64}$$

ただし，Q は流量，β_1, β_2 はそれぞれ u と w_1，および w_2 の間の角度である．

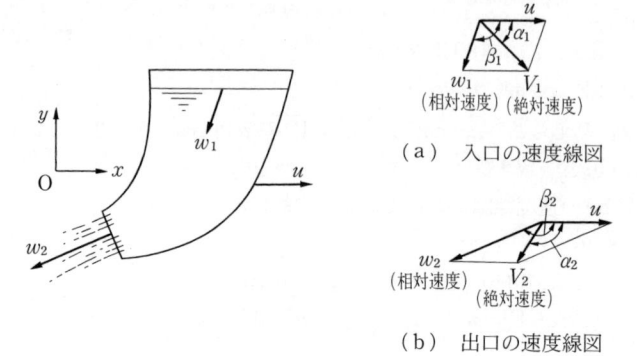

図 8.28

〔解〕 容器の入口と出口における速度線図は，図(a)，(b)に示すとおりである。反動力の力の成分 F_x は，問題 8.22 と同じ考え方で，x 方向の単位時間あたりの運動量の変化，すなわち単位時間に流れる水の質量 ρQ と x 方向の速度の変化 ($V_1 \cos \alpha_1 - V_2 \cos \alpha_2$) の積に等しいから

$$F_x = \rho Q (V_1 \cos \alpha_1 - V_2 \cos \alpha_2) \tag{1}$$

つぎに，u の速度で動く容器に噴流がなす動力は，式(8.60)と同様に

$$L_x = F_x u = \rho Q u (V_1 \cos \alpha_1 - V_2 \cos \alpha_2) \tag{2}$$

一方，問題 8.22 で述べたように，速度線図より

$$V_1 \cos \alpha_1 = u + w_1 \cos \beta_1 \tag{3}$$
$$V_2 \cos \alpha_2 = u + w_2 \cos \beta_2 \tag{4}$$

の関係があるので，式(3)，(4)を，それぞれ式(1)，(2)に代入すると

$$F_x = \rho Q (w_1 \cos \beta_1 - w_2 \cos \beta_2) \tag{5} = 式(8.63)$$
$$L_x = \rho Q u (w_1 \cos \beta_1 - w_2 \cos \beta_2) \tag{6} = 式(8.64)$$

となり，これらは式(8.63)，(8.64)と一致する。

【8.24】 図 8.29 に示すような形状の羽根をもつ衝動タービンにおいて，水の噴流の羽根入口での絶対速度が $V_1 = 22$ m/s，羽根の周速度が $u = 12.7$ m/s，流量が $Q = 40$ l/s であり，$\alpha_1, \beta_1, \beta_2$ は，それぞれ 30°，60°，135° であるとき，衝動タービンの出力 L，および効率 η を求めよ。ただし，噴流が羽根面に沿って流れるときのエネルギー損失はないものとして計算せよ。

〔解〕 図(a)に示す羽根入口における速度線図より，幾何学的に

$$w_1^2 = u^2 + V_1^2 - 2uV_1 \cos \alpha_1 \tag{1}$$

であり，また，羽根面に沿ってのエネルギー損失はないから，$w_1 = w_2$ と考えてよ

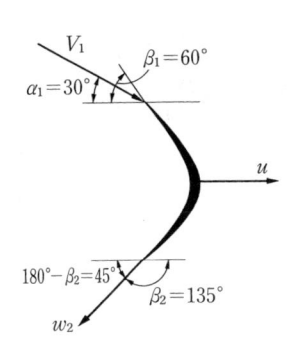

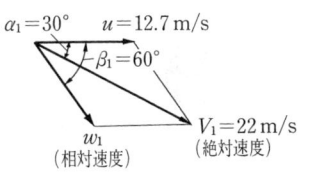

図 8.29

いので，結果的に動力と効率は，式(8.61)，(8.62)を用いて求められる．まず，入口での相対速度 w_1 は，式(1)を用い，図(a)の入口速度線図に示された値を代入すると

$$w_1 = \sqrt{u^2 + V_1^2 - 2uV_1 \cos \alpha_1}$$
$$= \sqrt{12.7^2 + 22^2 - 2 \times 12.7 \times 22 \times \cos 30°} = 12.7 \text{ m/s}$$

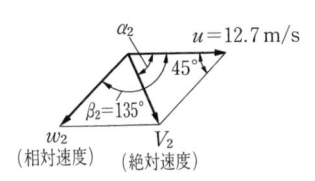

つぎに，図(b)の出口の速度線図より幾何学的に

$$V_2^2 = u^2 + w_2^2 - 2uw_2 \cos(180° - \beta_2) \qquad (2)$$

であり，なお，$w_1 = w_2 = 12.7$ m/s, $u = 12.7$ m/s, $\beta_2 = 135°$ を次式に代入すると，絶対速度 V_2 は

$$V_2 = \sqrt{u^2 + w_2^2 - 2uw_2 \cos(180° - \beta_2)}$$
$$= \sqrt{12.7^2 + 12.7^2 - 2 \times 12.7 \times 12.7 \times \cos 45°} = 9.72 \text{ m/s}$$

したがって，動力 L は，式(8.61)に $\rho = 1\,000$ kg/m^3, $Q = 40$ l/s $= 0.04$ m^3/s, $V_1 = 22$ m/s, $V_2 = 9.72$ m/s を代入すると

$$L = \frac{\rho Q(V_1^2 - V_2^2)}{2} = \frac{1\,000 \times 0.04 \times (22^2 - 9.72^2)}{2}$$
$$= 7.79 \times 10^3 \text{ J/s} = 7.79 \times 10^3 \text{ W} = 7.79 \text{ kW}$$

となり，効率 η は，式(8.62)より

$$\eta = 1 - \frac{V_2^2}{V_1^2} = 1 - \frac{9.72^2}{22^2} = 0.805$$

すなわち，80.5 % となる．

9 次元解析と相似則

9.1 はじめに

　研究室での模型実験の結果は，実用上の設計に適用，応用され，現在，種々の流体機械の設計，ならびに航空機や新幹線などの形状設計に大いに役立っている。さらに，実験に次元解析や相似則を導入することによって，実験に要する時間を大幅に軽減できる利点があり，流体工学上の諸問題を解明するのに有用な方法としてよく利用されている。

9.2 次元解析

　多くの物理現象には，時間，速さ，長さ，および質量，圧力，力などの物理量が関係しており，一般に力学系においては，質量 M，長さ L，時間 T の三つの基本単位を用いて物理量を表すことができる。

　次元解析（dimensional analysis）は，物理的に意義をもつ等式における各項の単位の次元は，同じ次元でなければならないという，次元の同次性の原理を応用したものである。例えば

$$A+B=C$$

の式において，A, B, C の各項の単位の次元は，次元の同次性により同じでなければならないというものである。したがって，次元解析は，流体の諸現象がどのような因子に影響を受けているかを知るのに有効な手段であり，問題とする物理量と諸因子の間の次元を等しくすることによって，現象の予測をする方法である。特に，複雑な現象の解明には有効な手段であるが，あくまでも現象を推測する方法であり，最終的には実験で確認，あるいは修正をする必要がある。次元解析には，おもにつぎの二つの方法がある。

9.2.1 ロード・レイリー法

ロード・レイリー法（Lord Rayleigh's method）は，主として物理量が少ない場合に用いられ，流体の現象を関係する物理量の積の形で表す方法である。

表9.1に，おもな物理量の記号，SI単位および MLT の基本単位を示す。

表9.1 物理量の記号，SI単位，MLT の基本単位

物理量	記号	SI単位	MLT系	物理量	記号	SI単位	MLT系
長さ	l	m	L	力，抗力	F	N, kg·m/s²	MLT^{-2}
直径	d	m	L	圧力	p	Pa, N/m²	$ML^{-1}T^{-2}$
面積	A	m²	L^2	せん断応力	τ	Pa	$ML^{-1}T^{-2}$
加速度	a	m/s²	LT^{-2}	粘度	μ	Pa·s	$ML^{-1}T^{-1}$
速度	V	m/s	LT^{-1}	動粘度	ν	m²/s	L^2T^{-1}
質量	m	kg	M	流量	Q	m³/s	L^3T^{-1}
密度	ρ	kg/m³	ML^{-3}	体積弾性係数	K	Pa	$ML^{-1}T^{-2}$

9.2.2 バッキンガムの π 定理の方法

π（パイ）定理は，バッキンガムによって考案された定理で，無次元量 π を変数とする無次元方程式より，物理現象を解明する方法である。

いま，ある物理現象において，時間，長さ，面積，圧力，速度などのような n 個の物理量 $q_1, q_2, \cdots, q_n$ の間に

$$f(q_1, q_2, \cdots, q_n) = 0 \tag{9.1}$$

の関数関係がある場合，これらの物理量を構成する基本単位，すなわち質量 M，長さ L，時間 T などの数が m 個の基本単位で表されるならば，このような現象は，$n-m$ 個のたがいに独立な無次元量 $\pi_1, \pi_2, \cdots, \pi_{n-m}$ を変数とする

$$\phi(\pi_1, \pi_2, \cdots, \pi_{n-m}) = 0 \tag{9.2}$$

あるいは

$$\pi_1 = f(\pi_2, \pi_3, \cdots, \pi_{n-m}) \tag{9.3}$$

の方程式で表すことができる。これらの式(9.2)，(9.3)を**バッキンガムの π 定理**（Buckingham π-theorem）という。ここで

$$\left.\begin{aligned}\pi_1 &= q_1^{\alpha_1} q_2^{\beta_1} \cdots q_m^{\kappa_1} q_{m+1}, \\ \pi_2 &= q_1^{\alpha_2} q_2^{\beta_2} \cdots q_m^{\kappa_2} q_{m+2}, \\ &\cdots\cdots\cdots\cdots\cdots\cdots\cdots\cdots\cdots\cdots \\ \pi_{n-m} &= q_1^{\alpha_{n-m}} q_2^{\beta_{n-m}} \cdots q_m^{\kappa_{n-m}} q_n\end{aligned}\right\} \quad (9.4)$$

無次元量 $\pi_1, \pi_2, \cdots, \pi_{n-m}$ は，つぎのようにして求めることができる．まず，n 個の物理量のうちの m 個 ($q_1 \sim q_m$) は，π の式のすべてに含まれるようにする．したがって，これらの m 個を繰返し変数という．つぎに，残りの ($n-m$) 個 ($q_{m+1} \sim q_n$) は，それぞれ 1 回だけ π の式の中に入れる．$q_{m+1} \sim q_n$ のこれらの項のべき指数は 0 以外の数が選ばれるが，一般に 1 にとる．

最終的に，式(9.4)の左辺と右辺の基本単位 M, L, T などについての次元を等しくおき，べき指数 $\alpha_1, \alpha_2, \cdots, \alpha_{n-m}, \beta_1, \beta_2, \cdots, \beta_{n-m}$ を決定することによって，無次元量 $\pi_1, \pi_2, \cdots, \pi_{n-m}$ を求めることができる．これらの無次元量で実験結果を整理することによって，物理現象をある程度推測することができる．

9.3 相 似 則

流体力学における**模型** (model) を用いた実験は，**実物** (prototype) の性能を推定したり，設計への応用に重要な役割を果たす．例えば，ポンプ，水車，自動車，新幹線，船，航空機やダムなどにおいては，これらの性能を予測するのに，実物を用いての実験には膨大な費用や労力，時間を要し，また不可能な場合も多く，実物を縮小した模型実験が有用となってくる．

このような場合においては，模型と実物との間には，形状および流れに対する姿勢が幾何学的に相似であることが必要である．さらに，模型と実物まわりの流れの速度などが運動学的に相似であることと，これらの物体に働く力などが力学的に相似であることが必要である．このように，模型と実物まわりの流れの現象が相似になることを**相似則** (law of similarity) という．

相似則が成立するためには，模型と実物の間で**幾何学的相似** (geometric similarity)，**運動学的相似** (kinematic similarity)，**力学的相似** (dynamic similarity) が成立することが必要である．幾何学的相似においては，模型と

実物の対応する長さの比が一定でなければならない。運動学的相似においては，模型と実物の対応する点における速度の比と加速度の比が等しく，これらのベクトルの向きが同じでなければならない。また，力学的相似においては，模型と実物の対応する点に作用する力の比がすべて等しくなければならない。一般的に，実物と模型との間で幾何学的および運動学的に相似であるならば，模型と実物との間には力学的相似が成り立つ。

一般に，流体に作用する力には，慣性力，圧力による力（全圧力），粘性による力，重力加速度による力，表面張力による力，および弾性力などがある。いま，代表長さを l，速度を V，密度を ρ とすると，模型と実物に作用する力はつぎのように表される。

慣性力：$F_i = $ 質量 $\times$ 加速度 $= (\rho l^3)\{l/(l/V)^2\} = (\rho l^3)(V^2/l) = \rho V^2 l^2$

圧力による力（全圧力）：$F_p = $ 圧力 $\times$ 面積 $= pA = pl^2$

粘性による力：$F_\mu = $ せん断応力 $\times$ せん断面積
$= \tau l^2 = \mu(du/dy)A = \mu(V/l)l^2 = \mu Vl$

重力の加速度による力：$F_g = $ 質量 $\times$ 重力による加速度 $= mg = \rho l^3 g$

表面張力による力：$F_\sigma = $ 表面張力 $\times$ 長さ $= \sigma l$

弾性力：$F_K = $ 体積弾性係数 $\times$ 面積 $= KA = Kl^2$

これらの力の比が，模型実験と実物において等しければ，力学的相似が成り立つことになる。よく使われている代表的な無次元数をつぎに示す。

（1） レイノルズ数（Reynolds number）Re

$$Re = \frac{慣性力}{粘性力} = \frac{F_i}{F_\mu} = \frac{\rho V^2 l^2}{\mu V l} = \frac{\rho V l}{\mu} = \frac{V l}{\nu} \tag{9.5}$$

この式はレイノルズの相似則としてよく知られており，模型と実物との流れが力学的に相似であるためには，それぞれのレイノルズ数を等しくしなければならない。よく用いられる重要な無次元数である。

（2） オイラー数（Euler number）E

$$E = \frac{慣性力}{全圧力} = \frac{F_i}{F_p} = \frac{\rho V^2 l^2}{p l^2} = \frac{\rho V^2}{p} \tag{9.6}$$

これは，つぎの圧力係数の形でよく用いられる。

（3） **圧力係数**（pressure coefficient）C_p

$$C_p = \frac{全圧力}{慣性力} = \frac{F_p}{F_i} = \frac{pl^2}{\rho V^2 l^2} = \frac{\Delta p}{\rho V^2/2} \tag{9.7}$$

流れの中におかれた物体に作用する形状抵抗や，管路内流れの抵抗を調べるときによく用いられる重要な無次元数である。

（4） **フルード数**（Froude number）F_r

$$F_r = \left(\frac{慣性力}{重力の加速度による力}\right)^{\frac{1}{2}} = \left(\frac{F_i}{F_g}\right)^{\frac{1}{2}} = \left(\frac{\rho V^2 l^2}{\rho l^3 g}\right)^{\frac{1}{2}} = \left(\frac{V}{\sqrt{gl}}\right) \tag{9.8}$$

船の造波抵抗や橋脚に作用する力などに用いられる。

（5） **マッハ数**（Mach number）M

$$M = \left(\frac{慣性力}{弾性力}\right)^{\frac{1}{2}} = \left(\frac{F_i}{F_K}\right)^{\frac{1}{2}} = \left(\frac{\rho V^2 l^2}{K l^2}\right)^{\frac{1}{2}} = \frac{V}{\sqrt{K/\rho}} = \frac{V}{a} \tag{9.9}$$

ここで，$a = \sqrt{K/\rho}$ は音速（10.1.3 項参照）であり，圧縮性を伴う高速流れの場合に用いられる重要な無次元数である。

（6） **ウェーバ数**（Weber number）W_e

$$W_e = \left(\frac{慣性力}{表面張力による力}\right)^{\frac{1}{2}} = \left(\frac{F_i}{F_\sigma}\right)^{\frac{1}{2}} = \left(\frac{\rho V^2 l^2}{\sigma l}\right)^{\frac{1}{2}} = V\sqrt{\frac{\rho l}{\sigma}} \tag{9.10}$$

表面張力の影響の大きい液滴や気泡の生成などの問題に用いられる。

演習問題

【9.1】 図 9.1 に示すように，十分に長い直円管内を液体が流れるときの管摩擦によって生じる圧力損失 Δp の次元解析をロード・レイリー法を用いて試みよ。

〔解〕 摩擦による圧力損失 Δp は，管内径 d，管長さ l，管壁の突起の高さ ε，平均流速 v，密度 ρ，粘度 μ の物理量に左右されると考えられるから，圧力損失 Δp

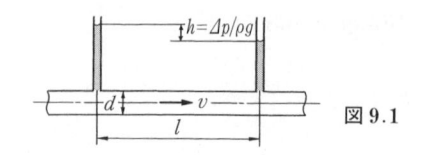

図 9.1

は，これらの関数とみなされる。したがって
$$\Delta p = f(d, l, \varepsilon, v, \rho, \mu) \tag{1}$$
この関数は，つぎのようなすべての物理量の積の形で表されるものと仮定する。
$$\Delta p = k d^\alpha l^\beta \varepsilon^\gamma v^\delta \rho^\eta \mu^\xi \tag{2}$$
ここで，k は無次元係数とする。上式が成立するには，次元の同次性より左右両辺の次元が一致しなければならない。表 9.1 に示した MLT 系の基本単位を用いて，上式の次元を比較すると
$$ML^{-1}T^{-2} = L^\alpha L^\beta L^\gamma (LT^{-1})^\delta (ML^{-3})^\eta (ML^{-1}T^{-1})^\xi = M^{\eta+\xi} L^{\alpha+\beta+\gamma-3\eta-\xi} T^{-\delta-\xi}$$
次元の同次性より，両辺の指数を比較すると
$$M: 1 = \eta + \xi, \quad L: -1 = \alpha + \beta + \gamma + \delta - 3\eta - \xi, \quad T: -2 = -\delta - \xi$$
$$\therefore \quad \eta = 1 - \xi, \quad \delta = 2 - \xi, \quad \alpha = -\beta - \gamma - \xi$$
これらを式(2)に代入すると
$$\Delta p = k d^{-\beta-\gamma-\xi} l^\beta \varepsilon^\gamma v^{2-\xi} \rho^{1-\xi} \mu^\xi = k \left(\frac{l}{d}\right)^\beta \left(\frac{\varepsilon}{d}\right)^\gamma \left(\frac{\mu}{\rho v d}\right)^\xi \rho v^2$$
$$= 2k \left(\frac{\varepsilon}{d}\right)^\gamma \left(\frac{1}{Re}\right)^\xi \left(\frac{l}{d}\right)^\beta \frac{\rho v^2}{2} = f\left(Re, \frac{\varepsilon}{d}\right) \left(\frac{l}{d}\right)^\beta \frac{\rho v^2}{2}$$
十分に長い管では，$\Delta p \propto l$ となることが確認されているから，指数 $\beta = 1$ とすると
$$\Delta p = f\left(Re, \frac{\varepsilon}{d}\right) \frac{l}{d} \frac{\rho v^2}{2} \tag{3}$$
圧力損失ヘッドを h とすると
$$\therefore \quad h = \frac{\Delta p}{\rho g} = f\left(Re, \frac{\varepsilon}{d}\right) \frac{l}{d} \frac{v^2}{2g} \tag{4}$$
式(3)，(4)は，第 5 章で述べたように管摩擦係数を λ とすると，ダルシー・ワイズバッハの式
$$\Delta p = \lambda \frac{l}{d} \frac{\rho v^2}{2} \tag{9.11}$$
あるいは
$$h = \lambda \frac{l}{d} \frac{v^2}{2g} \tag{9.12}$$
と一致する。ただし
$$\lambda = f\left(Re, \frac{\varepsilon}{d}\right) \tag{5}$$
であり，λ はレイノルズ数 Re と管壁の粗度 ε/d の関数であることがわかる。

【9.2】 図 9.2 に示すように，一様な流れの中におかれた表面が滑らかな球の受ける抗力 D をロード・レイリー法の次元解析によって導け。

〔解〕 球の受ける抗力 D は，流速 U，球の直径 d，および流体の密度 ρ，粘度 μ の物理量の影響を受けると考えられるので

$$D = f(U, d, \rho, \mu)$$

無次元係数を k とすると

$$D = k U^\alpha d^\beta \rho^\gamma \mu^\delta \tag{1}$$

両辺の次元を比較すると

$$MLT^{-2} = (LT^{-1})^\alpha (L)^\beta (ML^{-3})^\gamma (ML^{-1}T^{-1})^\delta = M^{\gamma+\delta} L^{\alpha+\beta-3\gamma-\delta} T^{-\alpha-\delta}$$

次元の同次性より，両辺の指数を比較すると

$$M : 1 = \gamma + \delta, \quad L : 1 = \alpha + \beta - 3\gamma - \delta, \quad T : -2 = -\alpha - \delta$$

$$\therefore \quad \alpha = 2 - \delta, \quad \beta = 2 - \delta, \quad \gamma = 1 - \delta$$

これらを式(1)に代入すると

$$D = k U^{2-\delta} d^{2-\delta} \rho^{1-\delta} \mu^\delta = k \rho U^2 d^2 \left(\frac{\mu}{\rho U d}\right)^\delta$$

$$= k d^2 \left(\frac{1}{Re}\right)^\delta \rho U^2 = f(Re) d^2 \rho U^2 \tag{2}$$

いま，$f(Re) = C_D (\pi/8)$ とおくと，式(2)は

$$D = C_D \left(\frac{\pi d^2}{4}\right) \frac{\rho U^2}{2} = C_D A \frac{\rho U^2}{2} \tag{9.13}$$

ここで，C_D は抗力係数 $\{C_D = f(Re)(8/\pi)\}$，A は球の基準面積である。したがって，抗力係数 C_D は Re の関数であることが推測できる。

【9.3】 レイノルズ数 Re を，ロード・レイリー法の次元解析によって導け。

〔解〕 レイノルズ数 Re は，流速 v，代表長さ l，流体の密度 ρ，粘度 μ の物理量の影響を受けると考えられるので，無次元係数を k とすると

$$Re = k v^\alpha l^\beta \rho^\gamma \mu^\delta \tag{1}$$

両辺の次元を比較すると，Re は無次元量であるので

$$M^0 L^0 T^0 = (LT^{-1})^\alpha L^\beta (ML^{-3})^\gamma (ML^{-1}T^{-1})^\delta$$

次元の同次性より，両辺の指数を比較すると

$$M : 0 = \gamma + \delta, \quad L : 0 = \alpha + \beta - 3\gamma - \delta, \quad T : 0 = -\alpha - \delta$$

$$\therefore \quad \alpha = -\delta, \quad \beta = -\delta, \quad \gamma = -\delta$$

これらを式(1)に代入すると

$$Re = kv^{-\delta}l^{-\delta}\rho^{-\delta}\mu^{\delta} = k\left(\frac{\rho vl}{\mu}\right)^{-\delta} \tag{2}$$

k と δ の値は,実験などによって求められるが,いま,$k=1, \delta=-1$ とすると

$$Re = \frac{\rho vl}{\mu} = \frac{vl}{\nu} \tag{9.14}$$

【9.4】 完全流体が図 9.3 に示すような管内に設けられたノズルを流れるときの流量 Q を,ロード・レイリー法の次元解析によって導け。

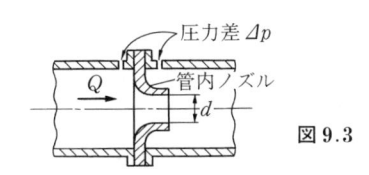

図 9.3

〔解〕 流量 Q は,ノズル前後の圧力差 Δp,ノズル口径 d および流体の密度 ρ の影響を受けると考えられるので,無次元係数を k とすると

$$Q = k(\Delta p)^{\alpha} d^{\beta} \rho^{\gamma} \tag{1}$$

両辺の次元を比較すると

$$M^0 L^3 T^{-1} = (ML^{-1}T^{-2})^{\alpha} L^{\beta} (ML^{-3})^{\gamma}$$

両辺の指数を比較すると

$$M : 0 = \alpha + \gamma, \quad L : 3 = -\alpha + \beta - 3\gamma, \quad T : -1 = -2\alpha$$

$$\therefore \quad \alpha = 1/2, \quad \beta = 2, \quad \gamma = -1/2$$

これらを式(1)に代入すると

$$Q = k(\Delta p)^{\frac{1}{2}} d^2 \rho^{-\frac{1}{2}} = kd^2\sqrt{\frac{\Delta p}{\rho}} \tag{2}$$

k の値は,実験などによって求められるが,いま,$k=\sqrt{2}(\pi/4)$ とおくと,上式は

$$Q = \sqrt{2}\left(\frac{\pi}{4}\right)d^2\sqrt{\frac{\Delta p}{\rho}} = \frac{\pi d^2}{4}\sqrt{\frac{2}{\rho}\Delta p} = \frac{\pi d^2}{4}\sqrt{2gh} \tag{9.15}$$

ここに,$h = \Delta p/(\rho g)$ はノズル前後の圧力ヘッド差である。

【9.5】 乾き空気中の音速 a を,ロード・レイリー法の次元解析によって導け。

〔解〕 音速 a は,空気の密度 ρ と体積弾性係数 K の関数であるから,無次元係数を k とすると

$$a = k\rho^{\alpha} K^{\beta} \tag{1}$$

両辺の次元を比較すると

$$M^0 L^1 T^{-1} = (ML^{-3})^{\alpha}(ML^{-1}T^{-2})^{\beta}$$

両辺の指数を比較すると

$M : 0 = \alpha + \beta, \quad L : 1 = -3\alpha - \beta, \quad T : -1 = -2\beta$

$\therefore \quad \alpha = -\frac{1}{2}, \quad \beta = \frac{1}{2}$

これらを式(1)に代入すると

$$a = k\rho^{-\frac{1}{2}} K^{\frac{1}{2}} = k\sqrt{\frac{K}{\rho}} \tag{2}$$

k の値は，実験などによって求められるが，いま，$k=1$ とおくと，上式は

$$a = \sqrt{\frac{K}{\rho}} \tag{9.16}$$

【9.6】 一様な流れの中におかれた球の受ける抗力 D を，バッキンガムの π 定理を用いた次元解析法によって導け．

〔解〕 球の受ける抗力 D は，流速 U，球の直径 d，および流体の密度 ρ，粘度 μ の5個の物理量の影響を受けると考えられるから，式(9.1)を適用して，5個の物理量の間に次式で示す関係があるとする．

$$f(\rho, U, d, D, \mu) = 0 \tag{1}$$

また，物理量は $n=5$，基本量 (M, L, T) は $m=3$ であるので，$n-m=2$ となり，π パラメータを π_1, π_2 として式(9.2)を適用すると

$$\phi(\pi_1, \pi_2) = 0 \tag{2}$$

で表される．ここで，式(9.4)の右辺の q_1, q_2, q_3 を ρ, U, d とすると，π_1, π_2 は

$$\pi_1 = \rho^{\alpha_1} U^{\beta_1} d^{\gamma_1} D \tag{3}$$

$$\pi_2 = \rho^{\alpha_2} U^{\beta_2} d^{\gamma_2} \mu \tag{4}$$

左辺の π は無次元であるので，π_1 の両辺の次元を比較すると

$M^0 L^0 T^0 = (ML^{-3})^{\alpha_1}(LT^{-1})^{\beta_1}(L)^{\gamma_1}(MLT^{-2}) = M^{\alpha_1+1} L^{-3\alpha_1+\beta_1+\gamma_1+1} T^{-\beta_1-2}$

次元の同次性より，両辺の指数を比較すると

$M : 0 = \alpha_1 + 1, \quad L : 0 = -3\alpha_1 + \beta_1 + \gamma_1 + 1, \quad T : 0 = -\beta_1 - 2$

$\therefore \quad \alpha_1 = -1, \quad \beta_1 = -2, \quad \gamma_1 = -2$

これらを式(3)に代入すると

$$\pi_1 = \rho^{-1} U^{-2} d^{-2} D = \frac{D}{\rho U^2 d^2} \tag{5}$$

同じように式(4)の π_2 において，$\alpha_2 = -1, \beta_2 = -1, \gamma_2 = -1$ となるから

$$\pi_2 = \frac{\mu}{\rho U d} = \frac{\nu}{U d} = \frac{1}{Re} \tag{6}$$

式(9.2)のバッキンガムの π 定理より

$$\phi(\pi_1, \pi_2) = \phi\left(\frac{D}{\rho U^2 d^2}, \frac{1}{Re}\right) = 0 \tag{7}$$

いま，$\pi_1 = \phi_1(1/\pi_2)$ とおくと，$D/(\rho U^2 d^2) = \phi_1(Re)$ より，式(7)は
$$D = \rho U^2 d^2 \phi_1(Re) \tag{8}$$
抗力係数 C_D は，レイノルズ数 Re の関数であることが実験でわかっているので，いま，$C_D = (8/\pi)\phi_1(Re)$ とおくと，$\phi_1(Re) = C_D(\pi/8)$ より式(8)は
$$D = C_D \frac{\pi d^2}{4} \frac{\rho U^2}{2} = C_D A \frac{\rho U^2}{2} \tag{9.17}$$
ここで，A は球の投影基準面積であり，第7章における抗力を求める式と一致する。

なお，式(9.3)の π 定理を用いると
$$\pi_1 = \frac{D}{\rho U^2 d^2} = f_1(\pi_2) = f_1\left(\frac{1}{Re}\right) = f_2(Re)$$
$$\therefore \quad D = f_2(Re) \rho U^2 d^2 \tag{9}$$
いま，$f_2(Re) = C_D/(8/\pi)$ とおくと，式(9)は
$$D = C_D \frac{\pi d^2}{4} \frac{\rho U^2}{2} = C_D A \frac{\rho U^2}{2} \tag{9.18}$$
となり，式(9.17)と同じ結果が得られる。

【9.7】 一様な流れの中におかれた球の受ける抗力 D を，問題 9.6 においては式(9.4)の右辺の物理量 q_1, q_2, q_3 を ρ, U, d として用い，これらを繰返し変数として求めた。ここでは，球の抗力 D を，μ, U, d を繰返し変数として，バッキンガムの π 定理で求めよ。

〔解〕 問題 9.6 と同様の方法で π_1, π_2 を求める。
$$\pi_1 = \mu^{\alpha_1} U^{\beta_1} d^{\gamma_1} D, \quad \pi_2 = \mu^{\alpha_2} U^{\beta_2} d^{\gamma_2} \rho \tag{1}$$
次元の同次性より指数を求めると，π_1, π_2 は
$$\pi_1 = \frac{D}{\mu U d}, \quad \pi_2 = \frac{U d \rho}{\mu} = \frac{UD}{\nu} = Re \tag{2}$$
式(9.3)の π 定理より
$$\frac{D}{\mu U d} = f_1(\pi_2) = f_2(Re)$$
$$\therefore \quad D = f_2(Re) \mu U d \tag{3}$$
いま，$f_2(Re) = 3\pi(1 + 3Re/16)$ とすると
$$D = 3\pi \mu U d \left(1 + \frac{3}{16} Re\right) = 3\pi \mu U d \left(1 + \frac{3}{16} \frac{Ud}{\nu}\right) \tag{9.19}$$
上式は，$Re < 2$ で適用されるオゼーン (Oseen) の式と一致する。

【9.8】 十分に長い直円管内を液体が流れるときの，管摩擦によって生じる圧力損失 Δp の次元解析を，バッキンガムの π 定理を用いて求めよ。

〔解〕 管摩擦による圧力損失 Δp は，管内径 d，管長さ l，管壁の突起の高さ ε，平均流速 v，密度 ρ，粘度 μ の物理量に左右されると考えられる。

いま圧力損失 Δp は，圧力こう配 $\Delta p/l$ に依存すると考えると，物理量は $n=6$，基本量は $m=3$ であり，したがって $n-m=3$ となる。ρ, v, d を繰返し変数とすると，式(9.1)，(9.3)より

$$f\left(\rho, v, d, \frac{\Delta p}{l}, \varepsilon, \mu\right)=0 \tag{1}$$

$$\pi_1 = f_1(\pi_2, \pi_3) \tag{2}$$

π_1, π_2, π_3 は

$$\pi_1 = \rho^{\alpha_1} v^{\beta_1} d^{\gamma_1}\left(\frac{\Delta p}{l}\right) \tag{3}$$

$$\pi_2 = \rho^{\alpha_2} v^{\beta_2} d^{\gamma_2} \varepsilon \tag{4}$$

$$\pi_3 = \rho^{\alpha_3} v^{\beta_3} d^{\gamma_3} \mu \tag{5}$$

左辺の π は無次元であるので，π_1 の両辺の次元を比較すると

$$M^0 L^0 T^0 = (ML^{-3})^{\alpha_1}(LT^{-1})^{\beta_1}(L)^{\gamma_1}(ML^{-2}T^{-2}) = M^{\alpha_1+1} L^{-3\alpha_1+\beta_1+\gamma_1-2} T^{-\beta_1-2}$$

次元の同次性より，両辺の指数を比較すると

$$M: 0 = \alpha_1 + 1, \quad L: 0 = -3\alpha_1 + \beta_1 + \gamma_1 - 2, \quad T: 0 = -\beta_1 - 2$$

$$\therefore \quad \alpha_1 = -1, \quad \beta_1 = -2, \quad \gamma_1 = 1$$

これらを式(3)に代入すると

$$\pi_1 = \rho^{-1} v^{-2} d\left(\frac{\Delta p}{l}\right) = \frac{\Delta p}{l} \frac{d}{\rho v^2} \tag{6}$$

π_2, π_3 についても同様にして，それぞれの指数を求めると

$$\alpha_2 = 0, \quad \beta_2 = 0, \quad \gamma_2 = -1$$

$$\therefore \quad \pi_2 = \rho^0 v^0 d^{-1} \varepsilon = \frac{\varepsilon}{d} \tag{7}$$

$$\alpha_3 = -1, \quad \beta_3 = -1, \quad \gamma_3 = -1$$

$$\therefore \quad \pi_3 = \rho^{-1} v^{-1} d^{-1} \mu = \frac{\mu}{\rho v d} = \frac{\nu}{v d} = \frac{1}{Re} \tag{8}$$

したがって，式(2)より

$$\pi_1 = \frac{\Delta p}{l} \frac{d}{\rho v^2} = f_1(\pi_2, \pi_3) = f_1\left(\frac{\varepsilon}{d}, \frac{1}{Re}\right) \tag{9}$$

実験によると管摩擦係数 λ は，$f_1 = (\varepsilon/d, 1/Re)$ の関数であることがわかっているので，いま，$f_1 = \lambda/2$ とおくと

$$\Delta p = \lambda \frac{l}{d} \frac{\rho v^2}{2} \tag{9.20}$$

なお，圧力損失ヘッドを h とすると

$$h = \frac{\Delta p}{\rho g} = \lambda \frac{l}{d} \frac{v^2}{2g} \tag{9.21}$$

【9.9】 バッキンガムの π 定理を用いた次元解析によって，管内ノズルからの流量 Q を求めよ．

〔解〕 流量 Q は，ノズル前後の圧力差 Δp，管の内径 D，ノズルの口径 d，粘度 μ，密度 ρ の物理量に左右されると考えられる．したがって，物理量は $n=6$，基本量は $m=3$ であるから $n-m=3$ となる．ρ, Q, d を繰返し変数とすると

式 (9.1), (9.2) より

$$f(\rho, Q, d, \Delta p, D, \mu) = 0 \tag{1}$$

$$\phi(\pi_1, \pi_2, \pi_3) = 0 \tag{2}$$

π_1, π_2, π_3 は

$$\pi_1 = \rho^{\alpha_1} Q^{\beta_1} d^{\gamma_1} \Delta p \tag{3}$$

$$\pi_2 = \rho^{\alpha_2} Q^{\beta_2} d^{\gamma_2} D \tag{4}$$

$$\pi_3 = \rho^{\alpha_3} Q^{\beta_3} d^{\gamma_3} \mu \tag{5}$$

左辺の π は無次元であるので，π_1 の両辺の次元を比較すると

$$M^0 L^0 T^0 = (ML^{-3})^{\alpha_1}(L^3 T^{-1})^{\beta_1}(L)^{\gamma_1}(ML^{-1}T^{-2}) = M^{\alpha_1+1} L^{-3\alpha_1+3\beta_1+\gamma_1-1} T^{-\beta_1-2}$$

次元の同次性より，両辺の指数を比較すると

$$M: 0 = \alpha_1 + 1, \quad L: 0 = -3\alpha_1 + 3\beta_1 + \gamma_1 - 1, \quad T: 0 = -\beta_1 - 2$$

$$\therefore \alpha_1 = -1, \quad \beta_1 = -2, \quad \gamma_1 = 4$$

これらを式 (3) に代入すると

$$\pi_1 = \rho^{-1} Q^{-2} d^4 \Delta p = \frac{d^4 \Delta p}{\rho Q^2} = \left(\frac{d^2}{Q} \frac{\Delta p^{\frac{1}{2}}}{\rho^{\frac{1}{2}}}\right)^2 \tag{6}$$

π_2, π_3 についても同様にして，それぞれの指数を求めると

$$\alpha_2 = 0, \quad \beta_2 = 0, \quad \gamma_2 = -1$$

$$\therefore \pi_2 = \rho^0 Q^0 d^{-1} D = \frac{D}{d} \tag{7}$$

$$\alpha_3 = -1, \quad \beta_3 = -1, \quad \gamma_3 = 1$$

$$\therefore \pi_3 = \rho^{-1} Q^{-1} d \mu = \frac{\mu d}{\rho Q} = \frac{d \mu / \rho}{\pi d^2 V / 4} = \frac{\mu / \rho}{V d \pi / 4} = \frac{1}{Re} \frac{4}{\pi} \tag{8}$$

したがって，式 (2) より

$$\phi(\pi_1, \pi_2, \pi_3) = \phi\left\{\left(\frac{d^2}{Q} \frac{\Delta p^{\frac{1}{2}}}{\rho^{\frac{1}{2}}}\right)^2, \frac{D}{d}, \frac{1}{Re} \frac{4}{\pi}\right\} = 0 \tag{9}$$

となる．ここで，求める Q は式 (6) に含まれているので，式 (9.3) の定理を適用して整理すると，つぎの関係式 (10) が得られる．

$$\pi_1 = \left\{\frac{d^2}{Q}\sqrt{\frac{\Delta p}{\rho}}\right\}^2 = f_1\left(\frac{D}{d},\ \frac{1}{Re}\ \frac{4}{\pi}\right)$$

$$\frac{d^2}{Q}\sqrt{\frac{\Delta p}{\rho}} = f_2\left(\frac{D}{d},\ \frac{1}{Re}\ \frac{4}{\pi}\right)$$

$$\frac{Q}{d^2}\sqrt{\frac{\rho}{\Delta p}} = \frac{\pi}{4}\sqrt{2}\ f_3\left(\frac{D}{d},\ Re\right) \tag{10}$$

これより，Q は

$$Q = f_3\left(\frac{D}{d},\ Re\right)\frac{\pi d^2}{4}\sqrt{\frac{2\Delta p}{\rho}} = \alpha\frac{\pi d^2}{4}\sqrt{\frac{2\Delta p}{\rho}} \tag{9.22}$$

ここで，$\alpha = f_3(D/d, Re)$ は流量係数で，実験により求められる．

【9.10】 長さ $l_1 = 2\,\mathrm{cm}$ の昆虫が，動粘度 $\nu_1 = 14 \times 10^{-6}\,\mathrm{m^2/s}$ の空気中を速度 $V_1 = 5\,\mathrm{m/s}$ で飛んでいる．空気と昆虫との相対運動を調べるのに，長さ l_2 が昆虫の長さ l_1 の 5 倍の模型を用いて，動粘度 $\nu_2 = 110 \times 10^{-6}\,\mathrm{m^2/s}$ のオリーブ油の流れの中で模型実験をする場合，オリーブ油の速度 V_2 をいくらにしたらよいか．

〔解〕 実物と模型との流れが力学的に相似であるためには，式(9.5)で示したように，それぞれのレイノルズ数を等しくしなければならない．したがって

$$\frac{V_1 \times l_1}{\nu_1}\ (\text{実物}) = \frac{V_2 \times l_2}{\nu_2}\ (\text{模型}) \tag{1}$$

となる必要がある．昆虫（実物）が空気中を飛ぶときのレイノルズ数 Re_1 は

$$Re_1 = \frac{V_1 \times l_1}{\nu_1} = \frac{5 \times 0.02}{14 \times 10^{-6}} = 7\,142 \tag{2}$$

となるので，模型のレイノルズ数 Re_2 は

$$Re_2 = \frac{V_2 \times l_2}{\nu_2} = 7\,142 \tag{3}$$

この式(3)に $\nu_2 = 110 \times 10^{-6}\,\mathrm{m^2/s}$, $l_2 = 5 \times 0.02\,\mathrm{m}$ を代入すると

$$V_2 = \frac{7\,142 \times \nu_2}{l_2} = \frac{7\,142 \times 110 \times 10^{-6}}{5 \times 0.02} = 7.86\,\mathrm{m/s}$$

すなわち，模型を $7.86\,\mathrm{m/s}$ のオリーブ油の流れの中においたときの模型まわりの流れは，昆虫が実際に空気中を飛んでいるときの昆虫のまわりの流れと一致する．

【9.11】 温度 $20\,°\mathrm{C}$，圧力 $765\,\mathrm{mmHg}$ の空気が，直径 $D_1 = 1\,000\,\mathrm{mm}$ の円管内を平均速度 $V_1 = 2\,\mathrm{m/s}$ で流れている．この円管内の流れの状態を調べるために，内径 $D_2 = 100\,\mathrm{mm}$ のガラス円管の模型を用い，空気と同じ温度の水を流して実験しようとしている．ガラス管内の水の平均速度 V_2 をいくらにしたらよいか．

〔解〕 流れが力学的に相似であるためには，式(9.5)の代表長さ l に管内径 D を用いると

$$\frac{V_1 \times D_1}{\nu_1}(\text{実物}) = \frac{V_2 \times D_2}{\nu_2}(\text{模型}) \tag{1}$$

でなければならない。温度20°Cの空気および水の動粘度は,第1章の表1.5と表1.4より,それぞれ $\nu_1 = 15.15 \times 10^{-6}$ m²/s, $\nu_2 = 1.0038 \times 10^{-6}$ m²/s であるから,模型実験における速度 V_2 は,式(1)より

$$V_2 = V_1 \frac{D_1}{D_2} \frac{\nu_2}{\nu_1} = 2 \times \frac{1}{0.1} \times \frac{1.0038 \times 10^{-6}}{15.15 \times 10^{-6}} = 1.325 \text{ m/s} = 132.5 \text{ cm/s}$$

【9.12】 全長 $l_1 = 150$ m のタンカーが,温度10°Cの海上を $V_1 = 12$ m/s の速度で航行している。いま,このタンカーの海水から受ける全抵抗 D_1 を求めるために,水道水を入れた水槽中で1/25の模型船を用いて試験をしている。実船のタンカーとフルード数 F_r を等しくする水槽試験で得た全抵抗の値が $D_2 = 80$ N であった。模型船の摩擦抵抗 D_{f2} および造波抵抗 D_{w2},実船の造波抵抗 D_{w1} と摩擦抵抗 D_{f1} および全抵抗 D_1 を推定せよ。ただし,実船のタンカーの濡れ面積を $A_1 = 4000$ m²,海水の動粘度を $\nu_1 = 1.188 \times 10^{-6}$ m²/s,海水の密度を $\rho_1 = 1025$ kg/m³,水道水の動粘度を $\nu_2 = 1.310 \times 10^{-6}$ m²/s とする。

〔解〕 航行しているタンカーの全抵抗は,おもに表面摩擦による摩擦抵抗 D_f が大きな割合を占めるが,このほかに船首や船尾からの波の発生に基づく造波抵抗 D_w および境界層のはく離による造渦抵抗 D_v とがあると考えられる。簡単のために,造渦抵抗 D_v を造波抵抗 D_w のなかに含めると,船体の受ける全抵抗 D は,摩擦抵抗 D_f と造波抵抗 D_w の二つに大別できる。すなわち,全抵抗 D は

$$D = D_f + D_w = C_D \frac{\rho}{2} V^2 A = (C_f + C_w) \frac{\rho}{2} V^2 A \tag{9.23}$$

ここで,C_f を**摩擦係数**(coefficient of friction),C_w を**造波抵抗係数**(coefficient of wave making resistance)という。C_f は Re の関数,C_w は F_r の関数とみなせるので,実船と模型船との Re と F_r を同時に満足させることが理想であるが,現実的には不可能である。なぜならば,粘性による摩擦抵抗を考慮すれば,Re を同一にして試験をしなければならない。

このとき,水槽における模型試験を実船と同一の流体の動粘度をもつ海水で行うとすると,Re を同一にするためには

$$V_1 l_1 (\text{実船}) = V_2 l_2 (\text{模型}) \tag{1}$$

であるから,模型試験における速度 V_2 は

$$\frac{V_2}{V_1} = \frac{l_1}{l_2} = 25$$

$$\therefore \quad V_2 = 25 V_1 = 25 \times 12 = 300 \text{ m/s} \tag{2}$$

模型試験において,このような高速度での実験は不可能である。なお,模型試

験における流体を動粘度の小さい他の流体におき換えて Re を同一にすることも考えられるが，実際に Re を同一にするためには，水よりも 10^{-2} から 10^{-3} 程度のかなり小さな動粘度の流体を使用しなければならず，このような流体を見出すのは不可能である．

　一般的には，摩擦抵抗は同じ長さと濡れ面積をもつ平板が，船と同じ速さで運動するときの抵抗に等しいと考えて分離する．したがって，船舶の模型試験では，まず，F_r を実船と等しくなるようにして模型船の抵抗 D を測定し，この測定された抵抗 D から模型船の表面摩擦の抵抗 D_f を計算した値を式(9.23)に代入して，模型船の造波抵抗 D_w を求める．これらの値を使用して，実船の造波抵抗や全抵抗を計算する．

　まず，F_r を等しくする模型船の速度 V_2 は，式(9.8)を用いると

$$F_r = \frac{V_1}{\sqrt{gl_1}} = \frac{V_2}{\sqrt{gl_2}} \tag{3}$$

であるから

$$V_2 = V_1 \sqrt{\frac{l_2}{l_1}} = 12 \times \sqrt{\frac{1}{25}} = 2.4 \text{ m/s} \tag{4}$$

つぎに，模型船の Re_2 は，代表長さ $l_2 = 150/25 = 6$ m であるから

$$Re_2 = \frac{V_2 l_2}{\nu_2} = \frac{2.4 \times 6}{1.310 \times 10^{-6}} = 10.99 \times 10^6 \tag{5}$$

したがって，模型船の摩擦係数 C_{f2} は，便宜上，平板の全長にわたって乱流境界層が存在する場合のシュリヒティングの式〔式(7.12)参照〕($10^6 < Re_l < 10^9$) を用いると

$$C_{f2} = \frac{0.455}{(\log_{10} Re_2)^{2.58}} = \frac{0.455}{(\log_{10} 10.99 \times 10^6)^{2.58}} = 2.96 \times 10^{-3} \tag{6}$$

であるから，模型船の摩擦抵抗 D_{f2} は，式(9.23)より

$$D_{f2} = C_{f2} \frac{\rho_2}{2} V_2^2 A_2 = 2.96 \times 10^{-3} \times \frac{1\,000}{2} \times 2.4^2 \times \frac{4\,000}{25^2} = 54.56 \text{ N} \tag{7}$$

また，模型船の造波抵抗 D_{w2} は

$$D_{w2} = D_2 - D_{f2} = 80 - 54.56 = 25.44 \text{ N} \tag{8}$$

つぎに，造波抵抗 D_w は，式(9.23)より $D_w = C_w (1/2) \rho V^2 A$ で表され，実船と模型船との比をとると，$A \propto l^2$ であるから次式が成り立つ．

$$\frac{D_{w1}}{D_{w2}} = \frac{C_{w1}(1/2) \rho_1 V_1^2 A_1}{C_{w2}(1/2) \rho_2 V_2^2 A_2} = \frac{C_{w1} \rho_1 V_1^2 l_1^2}{C_{w2} \rho_2 V_2^2 l_2^2} \tag{9}$$

ここで，造波抵抗係数 C_w は F_r の関数とすると，実船と模型船の F_r は等しいとしているから，$C_{w1} = C_{w2}$ である．したがって

$$\frac{D_{w1}}{D_{w2}} = \frac{\rho_1 V_1^2 l_1^2}{\rho_2 V_2^2 l_2^2} \tag{10}$$

ゆえに，実船の造波抵抗 D_{w1} は

$$D_{w1} = D_{w2} \frac{\rho_1 V_1^2 l_1^2}{\rho_2 V_2^2 l_2^2}$$

$$= 24.15 \times \frac{1\,025}{1\,000} \times \left(\frac{12}{2.4}\right)^2 \times \left(\frac{150}{6}\right)^2 = 386.78 \times 10^3 \text{ N} \tag{11}$$

実船の摩擦抵抗 D_{f1} は，まず実船の Re_1 を求めると

$$Re_1 = \frac{V_1 l_1}{\nu_1} = \frac{12 \times 150}{1.188 \times 10^{-6}} = 1\,515.15 \times 10^6 \tag{12}$$

シュリヒティングの式から実船の摩擦係数 C_{f1} を求めると

$$C_{f1} = \frac{0.455}{(\log Re_1)^{2.58}} = \frac{0.455}{(\log 1\,515.15 \times 10^6)^{2.58}} = 1.49 \times 10^{-3} \tag{13}$$

したがって，実船の摩擦抵抗 D_{f1} は，式(9.23)より

$$D_{f1} = \frac{1}{2} \rho_1 V_1^2 A_1 C_{f1}$$

$$= \frac{1}{2} \times 1\,025 \times 12^2 \times 4\,000 \times 1.49 \times 10^{-3} = 439.85 \times 10^3 \text{ N} \tag{14}$$

ゆえに，実船の全抵抗 D_1 は

$$D_1 = D_{w1} + D_{f1}$$

$$= 386.78 \times 10^3 + 439.85 \times 10^3 = 826.63 \times 10^3 \text{ N} = 826.63 \text{ kN} \tag{15}$$

10 圧縮性流体の流れ

10.1 はじめに

第9章までは，おもに水や低速の気体の流れ（マッハ数0.3以下）を非圧縮性流れとして取り扱ってきた。高速の気体の流れでは，運動エネルギーが大きく，温度や密度が著しく変化するので，**圧縮性流れ**（compressible flow）として取り扱う必要がある。このような圧縮性流れは，航空機や高速で移動する物体まわりの流れ，さらに高速回転するターボ機械の内部の流れや，高圧気体の管路内での膨張する流れなどに見られる。

本章においては，このような**圧縮性流体の流れ**（compressible fluid flow）や衝撃波などの現象について，その基本的な事項を述べる。

10.2 圧縮性流体の基礎

10.2.1 気体の熱力学

（1）気体の状態方程式 第1章の気体の性質で述べたように，**完全気体**（perfect gas）あるいは**理想気体**（ideal gas）においては，気体の圧力 p〔Pa〕，密度 ρ〔kg/m³〕，絶対温度 T〔K〕（以下，単に温度と書く）の間に，完全気体の**状態方程式**（equation of state）といわれるつぎに示す関係式が成り立つ。

$$p = \rho R T \quad \text{あるいは} \quad pv = RT \tag{10.1}$$

ここで，R〔J/(kg·K)〕は**ガス定数**（gas constant），v〔m³/kg〕は $v = 1/\rho$ で単位質量の気体の占める体積，すなわち**比体積**（specific volume）である。なお，温度 293.15 K（20 ℃）の乾き空気では，ガス定数 $R = 287.03$ J/(kg·K) である（表1.7参照）。

10.2 圧縮性流体の基礎

（2） 熱力学の第1法則　図10.1に示すように，ある閉じられた単位質量の気体を考える。この単位質量の気体に，外部から熱量 dq 〔J/kg〕が加えられると，気体の内部エネルギーは de 〔J/kg〕だけ増加し，同時に外部に対して dw の仕事，すなわち気体の膨張による仕事を行う。この関係は，**熱力学の第1法則**（first law of thermodynamics）より次式で表される。

$$dq = de + dw = de + pd\left(\frac{1}{\rho}\right) = de + pdv \tag{10.2}$$

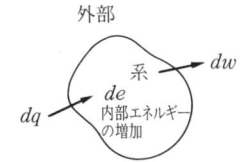

図10.1　熱力学の第1法則

（3） 内部エネルギーとエンタルピー　単位質量の**エンタルピー**（enthalpy）h 〔J/kg〕は，次式で定義される。

$$h = e + \frac{p}{\rho} = e + pv \tag{10.3}$$

ここで，e は**内部エネルギー**（internal energy）であり，pv は気体を流動させるためのエネルギー（仕事）である。

いま，式(10.3)を微分すると，$dh = de + pd(1/\rho) + (1/\rho)dp$ となるから，この関係式を用いて，式(10.2)の内部エネルギー de をエンタルピー dh でおき換えると，式(10.2)の熱量 dq は次式で表される。

$$dq = dh - \frac{1}{\rho}dp = dh - vdp \tag{10.4}$$

（4） 比熱および比熱比　単位質量の物質の温度を1Kだけ上げるのに必要な熱量を，**比熱**（specific heat）という。単位質量の物質に，外部から dq の熱量を加えたときの物質の温度上昇を dT とすると比熱 c は次式で表される。

$$c = \frac{dq}{dT} \tag{10.5}$$

c の単位は J/(kg·K) である。気体の場合には，つぎに示す**定容比熱**（specific heat at constant volume）c_v 〔J/(kg·K)〕と**定圧比熱**（specific heat at constant pressure) c_p〔J/(kg・K)〕が使用される。

$$c_v = \left(\frac{dq}{dT}\right)_{v=\text{const.}}, \quad c_p = \left(\frac{dq}{dT}\right)_{p=\text{const.}} \tag{10.6}$$

式(10.2), (10.4)において, それぞれ $dv=0, dp=0$ とすると, $dq=de, dq=dh$ となるから

$$de = c_v dT \tag{10.7}$$

$$dh = c_p dT \tag{10.8}$$

したがって

$$e = c_v T \tag{10.9}$$

$$h = c_p T \tag{10.10}$$

定圧比熱と定容比熱との比を κ とすると

$$\kappa = \frac{c_p}{c_v} \tag{10.11}$$

この κ を**比熱比**（specific heat ratio）といい, 圧縮性流体の流れでは重要な値である。温度 293.15 K の乾き空気の比熱比は $\kappa=1.4$ である（表1.7参照）。

式(10.3)のエンタルピーの式より

$$\frac{dh}{dT} = \frac{de}{dT} + \frac{d(p/\rho)}{dT}$$

であるから, この式に式(10.1)と式(10.7), (10.8)を代入すると

$$c_p = c_v + R \tag{10.12}$$

式(10.11)と式(10.12)より

$$c_v = \frac{1}{\kappa-1}R, \quad c_p = \frac{\kappa}{\kappa-1}R \tag{10.13}$$

なお, 内部エネルギー e とエンタルピー h は, 式(10.13)を式(10.9), (10.10)に代入すると

$$e = \frac{1}{\kappa-1}RT = \frac{1}{\kappa-1}\frac{p}{\rho} \tag{10.14}$$

$$h = \frac{\kappa}{\kappa-1}RT = \frac{\kappa}{\kappa-1}\frac{p}{\rho} \tag{10.15}$$

（5） **熱力学の第2法則とエントロピー**　　図10.1に示したような, ある

閉じられた系の外部の温度が系の内部の温度よりも高い場合には，**熱力学の第2法則**（second law of thermodynamics）により熱は温度の高い外部から温度の低い系の内部に流れ，系の内部は別の状態量となる。別の状態量となった系は，最初の状態の系に戻ることはできず，**不可逆変化**（irreversible change）となる。この不可逆変化の程度を表すのが，**エントロピー**（entropy）と呼ばれるものである。

これに対して，状態量がきわめてゆるやかに変化して，元の状態に戻る場合を**可逆変化**（reversible change）という。気体の単位質量のエントロピーを s 〔J/(kg·K)〕とすると，エントロピーの変化 ds は

$$ds = \frac{dq}{T} \tag{10.16}$$

で定義される。式(10.2)，(10.4)および式(10.7)，(10.8)より

$$ds = c_v \frac{dT}{T} - R \frac{d\rho}{\rho} \tag{10.17}$$

$$ds = c_p \frac{dT}{T} - R \frac{dp}{p} \tag{10.18}$$

系がある状態 (s_0, p_0, ρ_0, T_0) から別の状態 (s, p, ρ, T) に状態変化する場合のエントロピーの変化は，上式を積分して式(10.13)を用いると

$$s - s_0 = c_v \ln \frac{T}{T_0} - R \ln \frac{\rho}{\rho_0} = R \ln \left\{ \left(\frac{T}{T_0}\right)^{\frac{1}{\kappa-1}} \left(\frac{\rho}{\rho_0}\right)^{-1} \right\} \tag{10.19}$$

$$s - s_0 = c_p \ln \frac{T}{T_0} - R \ln \frac{p}{p_0} = R \ln \left\{ \left(\frac{T}{T_0}\right)^{\frac{\kappa}{\kappa-1}} \left(\frac{p}{p_0}\right)^{-1} \right\} \tag{10.20}$$

なお，系の外部との間に熱の出入りのない**断熱変化**（adiabatic change），すなわち $dq=0$ の場合には $ds=0$ となる。

このように，$ds=0$ の状態で気体の状態量が変化することを**等エントロピー変化**（isentropic change）という。等エントロピー変化では，式(10.19)，(10.20)において $s=s_0$ であるから次式が得られる。

$$\frac{\rho}{\rho_0} = \left(\frac{T}{T_0}\right)^{\frac{1}{\kappa-1}}, \quad \frac{p}{p_0} = \left(\frac{T}{T_0}\right)^{\frac{\kappa}{\kappa-1}} \tag{10.21}$$

これらの式より次式となる。

$$\frac{p}{p_0}=\left(\frac{\rho}{\rho_0}\right)^\kappa \tag{10.22}$$

式(10.21),(10.22)を,完全気体の圧力,温度,密度の間の**等エントロピー関係式**(isentropic relation)という。

断熱でかつ可逆な変化では,エントロピーは一定に保たれる。圧縮性流れでは,等エントロピー変化の仮定が実際の流れに十分よい近似で適用でき重要である。等エントロピーの関係式は,一般には

$$pv^\kappa=\text{const.},\quad \frac{p}{\rho^\kappa}=\text{const.} \tag{10.23}$$

あるいは次式で表される。

$$Tv^{\kappa-1}=\text{const.},\quad \frac{T}{\rho^{\kappa-1}}=\text{const.} \tag{10.24}$$

10.2.2 気体の圧縮性

第1章の流体の圧縮性で述べたように,流体に作用する圧力が増大すると流体は圧縮され,密度変化を伴ってその体積は減少する。このような流体の性質を**圧縮性**(compressibility)といい,気体の場合には,体積変化や密度変化は特に著しい。いま,完全気体の圧縮が等エントロピー的に行われる場合を考え,等エントロピーの関係式(10.23)を対数微分すると

$$\frac{dp}{p}-\kappa\frac{d\rho}{\rho}=0 \tag{10.25}$$

$$\therefore\quad \frac{d\rho}{dp}=\frac{1}{\kappa}\frac{\rho}{p} \tag{10.26}$$

したがって,等エントロピー変化における完全気体の**等エントロピー圧縮率**(isentropic compressibility) β_s は,式(1.12)を参照して式(10.26)を用いると

$$\beta_s=-\frac{1}{V}\frac{dV}{dp}=-\frac{1}{v}\frac{dv}{dp}=\frac{1}{\rho}\frac{d\rho}{dp}=\frac{1}{\kappa p} \tag{10.27}$$

となり,β_s は低圧では大きく,高圧では小さくなる。すなわち,低圧の気体ほど圧縮しやすく,高圧の気体ほど圧縮しにくいことがわかる。

また,等エントロピー圧縮率 β_s の逆数,すなわち,完全気体の**等エントロピー体積弾性係数**(isentropic bulk modulus) K_s は,式(1.13),(1.14)と式

(10.27)より

$$K_s = \frac{1}{\beta_s} = \rho \frac{dp}{d\rho} = \kappa p \tag{10.28}$$

10.2.3 微小な圧力変動の伝ぱと音速

音は空気中を縦波として伝わることから，音を**音波**（sound wave）ともいう。音波の通過による圧力変動は十分に小さく，また大気圧に比べてきわめて小さい。このような十分に小さい圧力変動を**微小じょう乱**（infinitesimal disturbance），それが伝わる速度を**音速**（sonic velocity，あるいは acoustic velocity）という。

図 10.2（a）に示すように，一定断面積 A の管内の静止流体中を，微小な圧力変動が伝わる場合を考える。微小な圧力変動，すなわち微小じょう乱の波面は速度 a，つまり音速 a で流体中を伝ぱしていく。波面の通過直前の流体の圧力を p，密度を ρ，温度を T とする。波面の通過後，速度は dV，圧力は dp，密度は $d\rho$，温度は dT だけ変化すると考える。この場合，流れは波面の通過によってその状態が変化し，時間の変化とともに変わる流れ，すなわち非定常流れとなる。

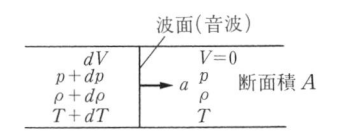

（a）管路に固定した座標系から見た流れ

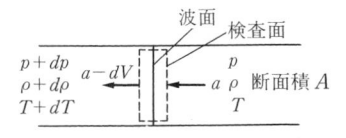

（b）波面に固定した座標系から見た流れ

図 10.2 音波の伝ぱ

そこで，問題を容易に理解するために，波面に固定した座標系を考える。つまり，波面と同じ速度 a で移動する観測者から見ると，図（b）に示すように，波面は静止し，流れは時間的に変化しない流れ，すなわち定常流れと見なすことができる。

いま，図に示すような検査面を考え，ここにおいて質量保存則を適用する。検査面に流入する質量と流出する質量は等しいので

10. 圧縮性流体の流れ

$$\rho a A = (\rho + d\rho)(a - dV)A \tag{10.29}$$

右辺の二次の微小項を省略して整理すると

$$\frac{d\rho}{\rho} = \frac{dV}{a} \tag{10.30}$$

つぎに，波面前後の流れに運動量の法則を適用すると

$$\rho a A\{(a-dV) - a\} = A\{p - (p+dp)\}$$

よって

$$dp = \rho a dV \tag{10.31}$$

式(10.30)，(10.31)より

$$a^2 = \frac{dp}{d\rho} \tag{10.32}$$

等エントロピーの関係式(10.23)の対数をとり，微分した式と状態方程式(10.1)を上式に代入すると

$$a^2 = \kappa \frac{p}{\rho} = \kappa R T \tag{10.33}$$

となり，式(10.32)と式(10.33)とから音速 a は

$$a = \sqrt{\frac{dp}{d\rho}} = \sqrt{\kappa \frac{p}{\rho}} = \sqrt{\kappa R T} \tag{10.34}$$

したがって，音速 a は温度 T の関数で，その平方根に比例して増加し，また，温度は場所によって異なるから，音速も場所によって変化することがわかる。温度 293.15 K の乾き空気の音速は，おおよそ $a = 343$ m/s である。

なお，等エントロピー変化における音速 a は，一般的に次式で表される。

$$a = \sqrt{\left(\frac{\partial p}{\partial \rho}\right)_s} \tag{10.35}$$

また，式(10.27)，(10.28)の等エントロピー圧縮率 β_s および等エントロピー体積弾性係数 K_s を用いると，音速 a は

$$a = \sqrt{\frac{dp}{d\rho}} = \sqrt{\frac{1}{\rho \beta_s}} = \sqrt{\frac{K_s}{\rho}} \tag{10.36}$$

10.2.4　マ　ッ　ハ　数

マッハ数（Mach number）は，圧縮性流体における重要な無次元量である。

流れのある点における速度を V，その点における音速を a とすると，マッハ数 M は，次式で定義される。

$$M = \frac{V}{a} \tag{10.37}$$

10.2.5　音の伝ぱと圧縮性流れの分類

いま，静止大気中を飛行機などの物体，あるいは音源が一定速度 V で移動しているとする。ある時刻における音源は，時間の経過とともに移動した位置を中心として音速 a で球状に広がりながら伝ぱする。

図10.3に示すように，音源の移動速度 V と音速 a の違い，すなわちマッハ数 M の大きさによって音の伝ぱの状態が大きく変化する。

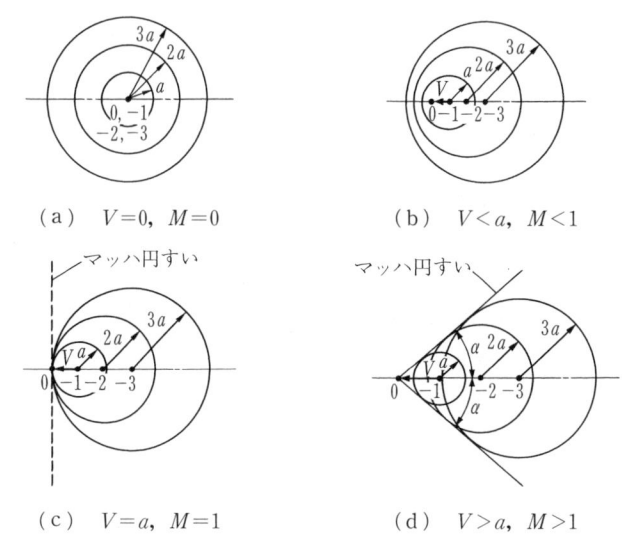

(a)　$V=0$, $M=0$

(b)　$V<a$, $M<1$

(c)　$V=a$, $M=1$

(d)　$V>a$, $M>1$

図10.3　音の伝ぱの状態

圧縮性流れは，マッハ数によって以下のように分類される。

（1）**音源静止**（$M=0$）　　図(a)に示すように，音源が静止している場合で，音波（微小じょう乱）は音源を中心として音速 a で同心球面状に広がる。

（2）**亜音速流**（subsonic flow）（$M<1$）　　気流の速度が音速よりも遅い流れで，上限のマッハ数はほぼ0.8程度である。また，図(b)に示すように，

音源の移動速度が音速よりも遅い場合で，音源は過去に放射された音波を追い越すことはできない。観測者は，音源が近づくときには，振動数の高い音を聴き，遠ざかるときには低い音を聴くことになる。この現象を**ドップラー効果**（Doppler effect）という。

（3）**遷音速流**（transonic flow）（$M \fallingdotseq 1$） マッハ数が1付近（$0.8 < M < 1.2$）の流れであり，亜音速流れと超音速流れが混在する不安定な流れである。なお，図（c）に示すように，音源が音速と等しい速度（$V = a, M = 1$）で移動している場合，音源の前方で音波の集積が生じて垂直な衝撃波が発生する。したがって，音波は，この垂直な衝撃波の上流側へ伝わることはできない。この$M = 1$の流れを**音速流**（sonic flow）という。

（4）**超音速流**（supersonic flow）（$M > 1$） マッハ数が1よりも大きい流れで，気流の速度が音速よりも大きく，一般にはマッハ数が1.2より大きく5より小さい場合に現れる。温度や密度などの物理量が著しく変化して，衝撃波が発生する。

図（d）に示すように，音源が音速よりも速い速度で移動しており，音源は過去に放射された音波を追い越すことになる。音波は円すい状の包絡面を形成し，包絡面の外側には音源の影響は現れない。すなわち，円すいの内部だけに音源の影響が現れることになる。

この円すいを**マッハ円すい**（Mach cone）とよび，半頂角αとマッハ数Mとの間には

$$\sin \alpha = \frac{a}{V} = \frac{1}{M} \tag{10.38}$$

の関係がある。なお，角αは**マッハ角**（Mach angle）とよばれ，流線に対してαだけ傾いた線を**マッハ線**（Mach line）あるいは**マッハ波**（Mach wave）という。したがってマッハ円すいは，マッハ線によって構成された面である。

（5）**極超音速流**（hypersonic flow）（$M > 5$） 超音速流と区別され，運動エネルギーや状態量の変化がきわめて顕著である。マッハ円すいと物体表面がきわめて接近した状態になり，このような流れの中に物体があるとき，物体

の先端にはきわめて強い衝撃波が生じる。

10.3 一次元圧縮性流れ

図10.4に示すように，管路内の断面積が緩やかに変化する場合の流れの速度，圧力，密度，温度などが管軸方向には変化するが，管軸に垂直な断面内では変化しない一様な流れを**一次元圧縮性流れ**（one-dimensional compressible flow）という。ここで取り扱う気体は完全気体とし，流れは一次元の定常で，断熱変化をする等エントロピー流れであるとする。

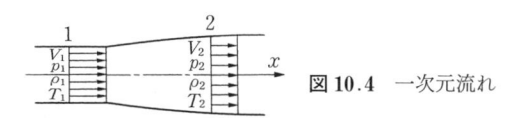

図10.4 一次元流れ

このような理論的な流れの取扱いは，実際の粘性をもつ流れにおいても，**断熱流れ**（adiabatic flow）であれば近似的に成立すると考えてよい。

10.3.1 エネルギーの式

流れが定常で断熱的である場合には，気体のエンタルピーをh〔J/kg〕とすると，エネルギーの保存則である熱力学の第1法則を用いて，つぎの**エネルギーの式**（equation of energy）が成立する。

$$h+\frac{V^2}{2}=\text{const.} \tag{10.39}$$

式(10.39)に，式(10.10)と式(10.15)を代入すると

$$c_p T+\frac{V^2}{2}=\text{const.} \tag{10.40}$$

$$\frac{\kappa}{\kappa-1}RT+\frac{V^2}{2}=\text{const.} \tag{10.41}$$

$$\frac{\kappa}{\kappa-1}\frac{p}{\rho}+\frac{V^2}{2}=\text{const.} \tag{10.42}$$

この式は，流れに粘性がある場合や，次節で述べるような，衝撃波が生じてエントロピーが増加するような不可逆変化の場合でも成立する。なお，速度と音速の関係は，式(10.33)より

$$\frac{a^2}{\kappa-1}+\frac{V^2}{2}=\text{const.} \tag{10.43}$$

図10.5(a)に示すように，流れの中におかれた円柱の前方の点Aでは，速度は $V=0$ となる。この点を**よどみ点**（stagnation point）とよぶ。よどみ点における圧力および温度をそれぞれ**よどみ点圧力**（stagnation pressure），**よどみ点温度**（stagnation temperature），あるいは**全圧**（total pressure），**全温度**（total temperature）という。なお，流れている流体の圧力や温度を全圧や全温度と区別して，**静圧**（static pressure）および**静温度**（static temperature）という。

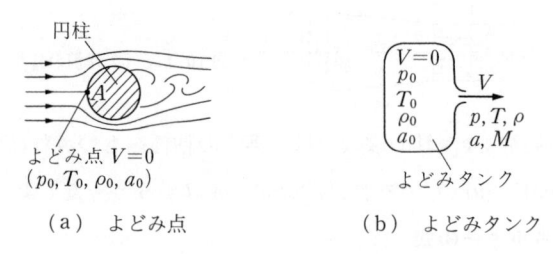

(a) よどみ点 　　(b) よどみタンク

図10.5　よどみ点状態

いま，図(b)に示すように，よどみタンクから気体が噴出する場合を考えると，式(10.42)より

$$\frac{\kappa}{\kappa-1}\frac{p}{\rho}+\frac{V^2}{2}=\frac{\kappa}{\kappa-1}\frac{p_0}{\rho_0} \tag{10.44}$$

上式は，式(10.1), (10.13)を用いると

$$C_p T+\frac{V^2}{2}=C_p T_0 \tag{10.45}$$

あるいは

$$T+\frac{V^2}{2C_p}=T_0 \tag{10.46}$$

ここで，T は静温度，$V^2/(2C_p)$ は動温度，T_0 は全温度である。これらの式と式(10.13), (10.21), (10.22), および式(10.33), (10.37)などにより，つぎの重要な式が導かれる。

10.3 一次元圧縮性流れ

$$\frac{T_0}{T} = 1 + \frac{\kappa-1}{2}M^2 \tag{10.47}$$

$$\frac{p_0}{p} = \left(1 + \frac{\kappa-1}{2}M^2\right)^{\frac{\kappa}{\kappa-1}} \tag{10.48}$$

$$\frac{\rho_0}{\rho} = \left(1 + \frac{\kappa-1}{2}M^2\right)^{\frac{1}{\kappa-1}} \tag{10.49}$$

10.3.2 等エントロピー流れおよび管路の断面積変化と状態量の関係

図 10.4 に示したような断面積 A が緩やかに変化する管路内の一次元圧縮性流れが,断面積の変化によってどのように変化するかを調べる。流れは,断熱でエントロピーが一定に保たれる**等エントロピー流れ**(isentropic flow)であるとする。この場合の基礎式は

$$\text{連続の式}: \rho VA = \text{const.} \tag{10.50}$$

$$\text{運動方程式}: V\frac{dV}{dx} + \frac{1}{\rho}\frac{dp}{dx} = 0 \tag{10.51}$$

$$\text{等エントロピーの式}: \frac{p}{\rho^\kappa} = \text{const.} \tag{10.52}$$

$$\text{状態方程式}: p = \rho RT \tag{10.53}$$

であり,これらの式を微分形で表示すると

$$\text{連続の式}: \frac{d\rho}{\rho} + \frac{dV}{V} + \frac{dA}{A} = 0 \tag{10.54}$$

$$\text{運動方程式}: VdV + \frac{dp}{\rho} = 0 \tag{10.55}$$

$$\text{等エントロピーの式}: \frac{dp}{p} - \kappa\frac{d\rho}{\rho} = 0 \tag{10.56}$$

$$\text{状態方程式}: \frac{dp}{p} = \frac{d\rho}{\rho} + \frac{dT}{T} \tag{10.57}$$

つぎに,等エントロピー流れにおける管路断面積変化 dA/A と状態量の変化の関係を調べてみる。音速の式 $a^2 = dp/d\rho$ を用いて式(10.55)を書き換えると

$$VdV + a^2\frac{d\rho}{\rho} = 0 \tag{10.58}$$

これに,$M = V/a$ の関係を用いると

式(10.59)と式(10.54)より

$$\frac{d\rho}{\rho} = -\frac{M^2}{M^2-1}\frac{dA}{A} \tag{10.60}$$

式(10.60)と式(10.56)より

$$\frac{dp}{p} = -\frac{\kappa M^2}{M^2-1}\frac{dA}{A} \tag{10.61}$$

式(10.60)と式(10.59)より

$$\frac{dV}{V} = \frac{1}{M^2-1}\frac{dA}{A} \tag{10.62}$$

式(10.57)に式(10.60)と式(10.61)を用いて

$$\frac{dT}{T} = -\frac{(\kappa-1)M^2}{M^2-1}\frac{dA}{A} \tag{10.63}$$

さらに，$a^2 = \kappa RT$ を対数微分して，式(10.63)を用いると

$$\frac{da}{a} = -\frac{(\kappa-1)M^2}{2(M^2-1)}\frac{dA}{A} \tag{10.64}$$

同様に，$M = V/a$ を対数微分して，式(10.62)，(10.64)を用いると

$$\frac{dM}{M} = \frac{2+(\kappa-1)M^2}{2(M^2-1)}\frac{dA}{A} \tag{10.65}$$

式(10.60)〜(10.65)でわかるように，等エントロピー流れでは，断面積の変化によって，気体の状態量や速度，マッハ数などに影響を及ぼす。これらの式から得られる状態量の変化を調べることができる。

図 10.6 に，管路断面積の変化が等エントロピー流れに及ぼすノズルと，ディフューザ内の流れを示す。

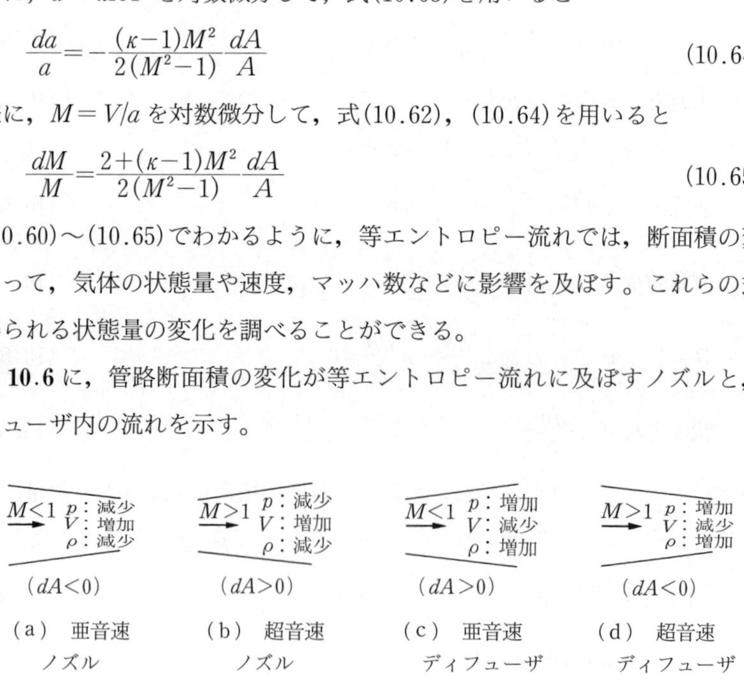

(a) 亜音速ノズル	(b) 超音速ノズル	(c) 亜音速ディフューザ	(d) 超音速ディフューザ
$M<1$　p：減少　V：増加　ρ：減少　$(dA<0)$	$M>1$　p：減少　V：増加　ρ：減少　$(dA>0)$	$M<1$　p：増加　V：減少　ρ：増加　$(dA>0)$	$M>1$　p：増加　V：減少　ρ：増加　$(dA<0)$

図 10.6　管路断面積変化の等エントロピー流れの様子

流れを加速するための**ノズル**（nozzle），および減速するための**ディフューザ**（diffuser）は，亜音速と超音速では，形状が逆であることがわかる．超音速流れを連続的に得るためには，**図10.7** に示すような，ノズルの途中に最小断面積の**スロート**（throat）をもつ**ラバルノズル**（Laval nozzle）を用いる必要がある．

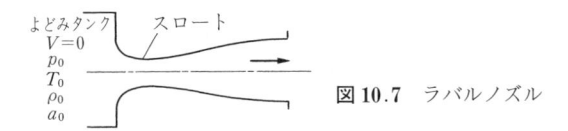

図10.7 ラバルノズル

10.3.3 臨界状態および管路の断面積比とマッハ数の関係

流れの速度 V が音速 a に等しくなった状態，すなわち $M=1$ の状態を**臨界状態**（critical state）という．臨界状態はラバルノズルの最小断面積のスロート部で生じる．$M=1$ の臨界状態における空気の流れの状態量に * の記号を付けて，等エントロピー流れのよどみ点状態と臨界状態の関係式を求めてみよう．

式(10.47)，(10.48)および式(10.49)において，$M=1, \kappa=1.4$ とすると

$$\frac{T^*}{T_0} = \frac{2}{\kappa+1} = 0.833 \tag{10.66}$$

$$\frac{p^*}{p_0} = \left(\frac{2}{\kappa+1}\right)^{\frac{\kappa}{\kappa-1}} = 0.528 \tag{10.67}$$

$$\frac{\rho^*}{\rho_0} = \left(\frac{2}{\kappa+1}\right)^{\frac{1}{\kappa-1}} = 0.634 \tag{10.68}$$

の関係式が得られる．式(10.67)より，**臨界圧力**（critical pressure）p^* が $p^* = 0.528 p_0$ のときに，流れはスロートで閉そく，すなわち**チョーク**（choke）して $M=1$ の流れとなる．

つぎに，管路内の等エントロピー流れの $M=1$ の臨界状態における断面積 A^* と，任意のマッハ数 M における断面積 A との関係を求めてみよう．連続の式より，質量流量は

$$\rho V A = \rho^* V^* A^*$$

であるから

$$\frac{A}{A^*} = \frac{\rho^*}{\rho}\frac{V^*}{V} = \frac{\rho^*}{\rho_0}\frac{\rho_0}{\rho}\frac{V^*}{a^*}\frac{a^*}{a_0}\frac{a_0}{a}\frac{a}{V} \tag{10.69}$$

上式の ρ^*/ρ_0 および ρ_0/ρ は，それぞれ式(10.68)，(10.49)を，a^*/a_0 および a_0/a は，式(10.34)，(10.66)を用いて，また，$V^*/a^*=1, a/V=1/M$ であるから，これらを式(10.69)に代入して，整理すると

$$\frac{A}{A^*} = \frac{1}{M}\left\{\frac{(\kappa-1)M^2+2}{\kappa+1}\right\}^{\frac{\kappa+1}{2(\kappa-1)}} \tag{10.70}$$

の関係式が得られる．この式より，断面積比 A/A^* が与えられると，マッハ数が求められ，あるマッハ数に対しては，断面積比を決定することができる．

なお，断面積比と圧力比の関係は，式(10.48)から M を消去すると

$$\frac{A}{A^*} = \left(\frac{\kappa-1}{2}\right)^{\frac{1}{2}}\left(\frac{2}{\kappa+1}\right)^{\frac{\kappa+1}{2(\kappa-1)}}\left\{1-\left(\frac{p}{p_0}\right)^{\frac{\kappa-1}{\kappa}}\right\}^{-\frac{1}{2}}\left(\frac{p}{p_0}\right)^{-\frac{1}{\kappa}} \tag{10.71}$$

10.3.4 先細ノズル内の流れ

図 10.8(a)に示すように，出口部の断面積 A_e が最小となるようなノズルを**先細ノズル**（converging nozzle）といい，よどみタンクから流出する等エントロピー流れを考える．いま，ノズルの外側の圧力すなわち**背圧**（back pressure）p_b を，よどみタンクの圧力 p_0 から少しずつ減少させていく場合を考える．

（1）亜音速噴流（$p_e=p_b>p^*, M_e<1$）　背圧 p_b が臨界圧力 p^* よりも高く，ノズル出口の圧力 p_e と背圧が等しい $p_e=p_b$ の場合の流れは，図(b)の曲線 a に示すような圧力分布となる．ノズル内では亜音速の流れであり，当然，ノズル出口で $M_e<1$ の**亜音速噴流**（subsonic jet）となる．エネルギーの式(10.44)および等エントロピーの関係式(10.23)を，よどみタンクとノズル出口

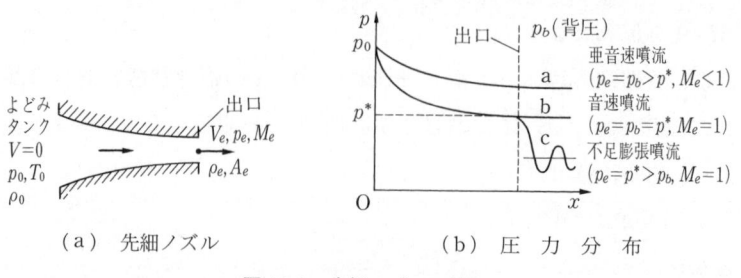

(a) 先細ノズル　　　　(b) 圧　力　分　布

図 10.8　先細ノズルの流れ

に適用するために，V, ρ, p をそれぞれ V_e, ρ_e, p_e におき換えると

$$\frac{\kappa}{\kappa-1}\frac{p_e}{\rho_e}+\frac{V_e^2}{2}=\frac{\kappa}{\kappa-1}\frac{p_0}{\rho_0}$$

$$\frac{p_e}{\rho_e^\kappa}=\frac{p_0}{\rho_0^\kappa}$$

となるから，これらの2式より

$$V_e=\sqrt{\frac{2\kappa}{\kappa-1}\frac{p_0}{\rho_0}\left\{1-\left(\frac{p_e}{p_0}\right)^{\frac{\kappa-1}{\kappa}}\right\}} \tag{10.72}$$

ノズルを通過する単位時間あたりの質量流量 m は

$$m=\rho_e V_e A_e=\frac{A_e p_0}{\sqrt{RT_0}}\sqrt{\frac{2\kappa}{\kappa-1}\left\{\left(\frac{p_e}{p_0}\right)^{\frac{2}{\kappa}}-\left(\frac{p_e}{p_0}\right)^{\frac{\kappa+1}{\kappa}}\right\}} \tag{10.73}$$

（2） **音速噴流**（$p_e=p_b=p^*, M_e=1$）　　背圧 p_b が臨界圧力 p^* に等しく，さらにノズル出口の圧力と背圧が等しい $p_e=p_b$ の臨界状態の流れは，$M_e=1$ の**音速噴流**（sonic jet）となる．すなわち，出口でチョークした流れとなる．いま，式(10.67)において，$p^*=p_b$ であるから

$$\frac{p_b}{p_0}=\frac{p^*}{p_0}=\left(\frac{2}{\kappa+1}\right)^{\frac{\kappa}{\kappa-1}}=0.528 \tag{10.74}$$

ノズル出口の速度 V_e^* は，式(10.72)において，$p_e=p^*$ とすると

$$V_e^*=\sqrt{\frac{2\kappa}{\kappa+1}\frac{p_0}{\rho_0}}=a_0\sqrt{\frac{2}{\kappa+1}}=0.913\,a_0 \quad (\kappa=1.4) \tag{10.75}$$

また，$p_b=p^*$ のときの，単位時間あたりの質量流量 m は，式(10.73)，(10.74)より

$$m=\frac{A_e p_0}{\sqrt{RT_0}}\sqrt{\kappa\left(\frac{2}{\kappa+1}\right)^{\frac{\kappa+1}{\kappa-1}}}=0.685\frac{A_e p_0}{\sqrt{RT_0}} \quad (\kappa=1.4) \tag{10.76}$$

（3） **不足膨張噴流**（$p_e=p^*>p_b, M_e=1$）　　背圧 p_b が臨界圧力 p^* よりも低く，ノズル出口圧力が臨界圧力に等しい $p_e=p^*$ の場合の流れは，図(b)に示す曲線cのような圧力分布となる．

なお，ノズル内の流れは，ノズル出口のスロート部で $M_e=1$ の音速となるので，音速噴流における $p_b=p^*$ の場合と同じである．この場合，背圧 p_b を

臨界圧力 p^* より低くしても，ノズル内の圧力は，背圧まで膨張することはできず，ノズル出口の圧力 $p_e(=p^*)$ は，背圧 p_b よりも低くなることはない。このような膨張を**不足膨張**（under expansion）という。ノズルから噴出される噴流は，背圧 p_b まで膨張を続けて超音速流となり，膨張波を伴う複雑な**不足膨張噴流**（under expanded jet）となる。また，ノズル内では曲線 b と c は一致しており，ノズルの出口速度 V_e や質量流量 m_e は，式(10.75)，(10.76)と同じである。

10.3.5　ラバルノズル内の流れと噴流の形態

図 **10.9** に示すような，超音速流を得るためのラバルノズル内の等エントロピー流れ，およびラバルノズルから噴出する流れの形態について調べてみよう。

図(a)の圧力分布の曲線 a に示すように，背圧 p_b をよどみ圧力 p_0 よりも低くすると流れが生じるが，ラバルノズル内の流れは全域で亜音速流となる。背圧をさらに低くすると，曲線 b に示すように，流れはスロートで $p^*/p_0=$

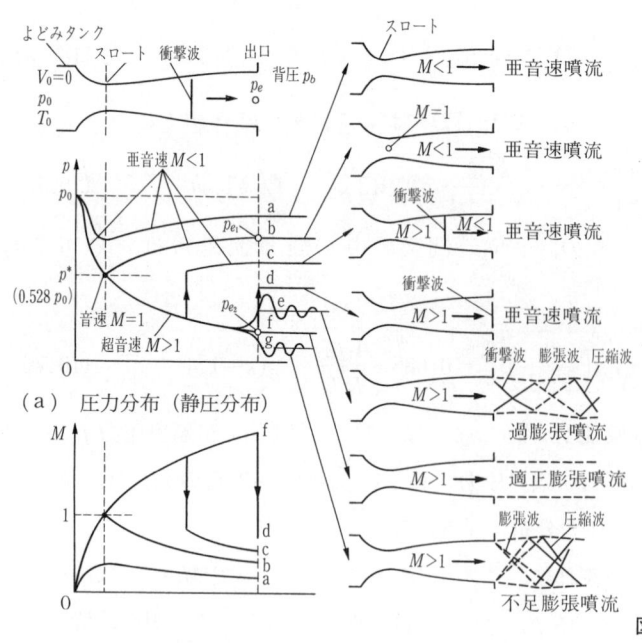

図 **10.9**　ラバルノズル内の流れ

0.528の臨界状態となり，$M=1$の音速（臨界流）に達するが，それより下流では亜音速流となる．さらに圧力を低くすると，曲線cの状態になる．スロートを過ぎた流れは超音速となるが，ノズルの広がり部で衝撃波が生じて圧力は不連続的に増大し，その下流側で亜音速に減じる．圧力をさらに低くしていくと，この衝撃波は下流に移動し，ついには曲線dの状態になり，出口部において垂直衝撃波の生じる流れとなる．ノズル出口の圧力が背圧よりも低くなると，曲線eに示すように，流れはノズル内で背圧以下まで膨張，すなわち**過膨張**（over expansion）する．このとき，ノズルから噴出される流れは，超音速の**過膨張噴流**（over expanded jet）となり，出口に斜め衝撃波が生じる．つぎに，曲線fに示す出口の圧力が背圧p_bと等しくなるときを**適正膨張**（correct expansion）といい，ノズルから噴出される流れは，超音速となる．このような流れを**適正膨張噴流**（correct expanded jet）という．なお，曲線gに示すように，ノズル出口の圧力が背圧よりも高くなると，ノズル内の圧力は背圧まで膨張することができないので不足膨張という．

ノズルから噴出される流れは，出口から膨張波が発生して衝撃波を伴った超音速となり，このような流れを不足膨張噴流という．すなわち，ラバルノズルから噴出される超音速噴流には，出口圧力p_eと背圧p_bとの大きさの違いにより，3種類に区別される．$p_e<p_b$の場合には過膨張噴流，$p_e=p_b$の場合には適正膨張噴流，$p_e>p_b$の場合には不足膨張噴流という．なお，これらはいずれも超音速であることから，例えば**不足膨張超音速噴流**（under expanded supersonic jet）などとよばれている．

図10.10(a)，(b)に，シュリーレン法によって撮影された不足膨張超音速噴流の流れの様子を示す．噴流中には，多数の**ダイヤモンドセル**（diamond cell）から構成される**擬似衝撃波**（pseudo-shock wave）が形成され，中央には**滑り面**（slip surface）が生じている．噴流は，図(a)の黒色と白色の三角領域でそれぞれ**過圧縮**（over compression），過膨張を繰り返し，図10.9(a)の曲線gに示すような圧力の変動する複雑な流れとなる．

表10.1に，ラバルノズルの出口マッハ数M_eに対する出口断面積A_eとス

272   10. 圧縮性流体の流れ

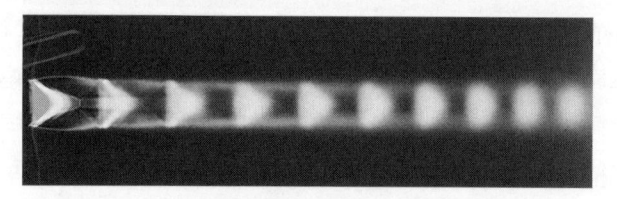

(a) 時間平均的な流れ

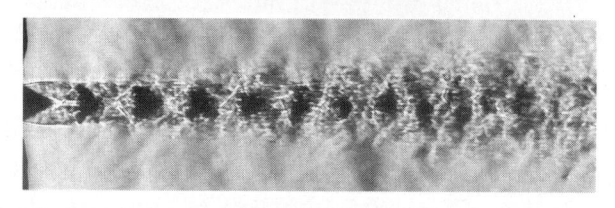

(b) 瞬間的な流れ

図 10.10 不足膨張超音速噴流（近畿大学 児島忠倫教授提供）

ロート断面積 A^* の比 A_e/A^*，および出口圧力比 p_{e1}/p_0，p_{e2}/p_0 の値を示す。これらの値は，式(10.70)，(10.71)から求められ，それぞれ超音速，亜音速の値が示されている。

表 10.1　ラバルノズルの作動特性（$\kappa=1.4$）

M_e (超音速流)	p_{e2}/p_0 (超音速流)	A_e/A^*	M_e (亜音速流)	p_{e1}/p_0 (亜音速流)
1.0	0.528 3	1.000	1.000	0.528 3
1.3	0.360 9	1.066	0.743	0.693 0
1.5	0.272 4	1.176	0.610	0.777 6
1.6	0.235 3	1.250	0.553	0.812 3
1.7	0.202 6	1.338	0.501	0.842 4
1.8	0.174 0	1.439	0.454	0.868 2
1.9	0.149 2	1.555	0.411	0.890 2
2.0	0.127 8	1.687	0.372	0.908 8
2.1	0.109 4	1.837	0.337	0.924 4
2.2	0.093 5	2.005	0.305	0.937 5
2.3	0.080 0	2.193	0.276	0.948 4
2.4	0.068 4	2.403	0.250	0.957 5
2.5	0.058 5	2.637	0.226	0.965 0
2.7	0.043 0	3.183	0.186	0.976 3
3.0	0.027 2	4.235	0.138	0.986 7

10.4 衝撃波

衝撃波（shock wave）は，ラバルノズル内や超音速流中におかれた物体まわり，さらに爆発現象などのように，流体中のエネルギー変化が急激に変化をした場合に生じる。衝撃波の厚さは非常に薄く，この層の中では，圧力，温度，密度などの状態量が不連続的に急激に変化し，不可逆変化となる。工学的には，衝撃波内部の詳細な構造よりも，衝撃波前後での流れの圧力，速度，密度や温度などの状態量の関係が重要であるので，これらの関係を調べてみよう。

10.4.1 垂直衝撃波

衝撃波の波面が流線に対して垂直なものを，**垂直衝撃波**（normal shock wave）という。ここでは，垂直衝撃波前後の状態量の変化について調べてみよう。

（1） **垂直衝撃波の基礎式** 図 10.11 に示すように，垂直衝撃波を囲む検査体積をとると，垂直衝撃波前後の流れには，つぎの基礎式が成立する。

$$\text{連続の式}：\rho_1 V_1 = \rho_2 V_2 \tag{10.77}$$

$$\text{運動量の式}：p_1 + \rho_1 V_1^2 = p_2 + \rho_2 V_2^2 \tag{10.78}$$

$$\text{エネルギーの式}：\frac{\kappa}{\kappa-1}\frac{p_1}{\rho_1} + \frac{1}{2}V_1^2 = \frac{\kappa}{\kappa-1}\frac{p_2}{\rho_2} + \frac{1}{2}V_2^2 = \frac{\kappa+1}{2(\kappa-1)}a^{*2} \tag{10.79}$$

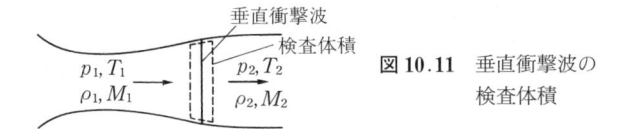

図 10.11 垂直衝撃波の検査体積

（2） **プラントルの式** 式(10.77)，(10.78)，(10.79)を用いて整理すると

$$V_1 V_2 = a^{*2} \tag{10.80}$$

が得られる。すなわち，垂直衝撃波前後の速度の積は一定であり，臨界音速の2乗に等しい。この式を**プラントルの式**（Prandtl's equation）という。なお，圧縮性の流れにおいては，マッハ数 $M = V/a$ は重要な無次元数であるが，臨

界状態の臨界マッハ数を M^*, 音速を a^* として

$$M^* = \frac{V}{a^*} \tag{10.81}$$

を用いると便利な場合がある.

いま,この臨界マッハ数を用いると,式(10.80)は

$$M_1^* M_2^* = 1 \tag{10.82}$$

この式は,衝撃波の上流が亜音速流のときには,下流は超音速流であり,また,上流が超音速流のときには,下流は亜音速流であることを意味している.なお,臨界マッハ数 M^* と M との関係は

$$M^{*2} = \frac{(\kappa+1)M^2}{2+(\kappa-1)M^2} \tag{10.83}$$

(3) 垂直衝撃波に関する式 垂直衝撃波前後の状態量を求めるには,衝撃波上流のマッハ数 M_1 の関数で表すのが実用上便利である.衝撃波前後のマッハ数,温度比,圧力比および密度比の関係は,それぞれつぎのように表される.

マッハ数 M_2 は,式(10.83)を式(10.82)に代入して整理すると

$$M_2^2 = \frac{2+(\kappa-1)M_1^2}{2\kappa M_1^2-(\kappa-1)} \tag{10.84}$$

温度比 T_2/T_1 は,式(10.47)を展開した式

$$\frac{T_2}{T_1} = \frac{(\kappa-1)M_1^2+2}{(\kappa-1)M_2^2+2}$$

に,式(10.84)の M_2 を代入して整理すると

$$\frac{T_2}{T_1} = \frac{\{2\kappa M_1^2-(\kappa-1)\}\{(\kappa-1)M_1^2+2\}}{(\kappa+1)^2 M_1^2} \tag{10.85}$$

圧力比 p_2/p_1 は,式(10.78)の V^2 に式(10.34),(10.37)から得られる $V=M\sqrt{\kappa p/\rho}$ を代入して得られたつぎの式

$$\frac{p_2}{p_1} = \frac{1+\kappa M_1^2}{1+\kappa M_2^2}$$

に,式(10.84)の M_2 を代入して整理すると

$$\frac{p_2}{p_1} = \frac{2\kappa M_1^2-(\kappa-1)}{\kappa+1} \tag{10.86}$$

さらに、衝撃波前後の密度比 ρ_2/ρ_1 は、状態方程式(10.1)より得られる $\rho_2/\rho_1 = (p_2/p_1)(T_1/T_2)$ に、式(10.85)と式(10.86)を代入して

$$\frac{\rho_2}{\rho_1} = \frac{V_1}{V_2} = \frac{(\kappa+1)M_1^2}{(\kappa-1)M_1^2+2} \tag{10.87}$$

衝撃波が生じているときには、$p_2/p_1 > 1$ であるから、式(10.86)において、$M_1 > 1$ となる。また、式(10.84)において、$M_1 > 1$ の場合には、$M_2 < 1$ となる。これらのことから、$M > 1$ の超音速流が垂直衝撃波を通過すると、亜音速に減じることがわかる。

つぎに、衝撃波によるエントロピー変化 $s_2 - s_1$ は、式(10.20)より

$$\frac{s_2 - s_1}{R} = \ln\left\{\left(\frac{T_2}{T_1}\right)^{\frac{\kappa}{\kappa-1}}\left(\frac{p_2}{p_1}\right)^{-1}\right\} \tag{10.88}$$

この式(10.88)に $T_2/T_1 = (p_2/p_1)(\rho_1/\rho_2)$ の関係を代入すると

$$\frac{s_2 - s_1}{R} = \ln\left\{\left(\frac{\rho_1}{\rho_2}\right)^{\frac{\kappa}{\kappa-1}}\left(\frac{p_2}{p_1}\right)^{\frac{1}{\kappa-1}}\right\} \tag{10.89}$$

さらに、衝撃波によるエントロピー変化 $s_2 - s_1$ を M_1 で表すには、式(10.89)に式(10.86),(10.87)を代入すると

$$\frac{s_2 - s_1}{R} = \frac{\kappa}{\kappa-1}\ln\left\{\frac{(\kappa-1)M_1^2+2}{(\kappa+1)M_1^2}\right\} + \frac{1}{\kappa-1}\ln\left\{\frac{2\kappa M_1^2-(\kappa-1)}{\kappa+1}\right\} \tag{10.90}$$

(4) ランキン・ユゴニオの式　衝撃波前後の状態量の変化は、つぎの式からも求められる。式(10.86),(10.87)より

$$\frac{\rho_2}{\rho_1} = \frac{V_1}{V_2} = \frac{\dfrac{p_2}{p_1}+\dfrac{\kappa-1}{\kappa+1}}{\dfrac{\kappa-1}{\kappa+1}\dfrac{p_2}{p_1}+1} \tag{10.91}$$

この式は、衝撃波前後の圧力比と密度比を表す重要な式で、**ランキン・ユゴニオの式**（Rankine-Hugoniot equation）という。

10.4.2 斜め衝撃波

図 **10.12**（a）～（d）に示すように、超音速流の中にくさび形状や鈍頭形状の物体がおかれたり、あるいは超音速流が凹壁面を通過するときには、流れに傾斜した衝撃波が発生する。このような衝撃波を**斜め衝撃波**（oblique shock

10. 圧縮性流体の流れ

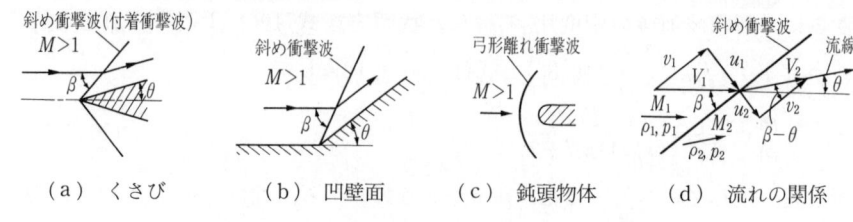

図 10.12 斜め衝撃波と衝撃波前後の流れの関係

(a) くさび　　(b) 凹壁面　　(c) 鈍頭物体　　(d) 流れの関係

wave) という。特に，くさびの半頂角 θ が小さいときには，先端に付着した**弱い衝撃波**（weak shock wave）が生じる。このような衝撃波を**付着衝撃波**（attached shock wave）という。

半頂角 θ が大きくなり，図(c)のような鈍頭物体では，先端から離れた**強い衝撃波**（strong shock wave）の**離脱衝撃波**（detached shock wave）が発生する。弓形の形状をしている場合には，**弓形離れ衝撃波**（detached bow shock wave）あるいは**わん曲衝撃波**（bow shock wave）という。

ここでは，斜め衝撃波前後の状態量の関係を調べてみよう。それぞれの速度および角度は，図(d)の流れの関係に示すとおりである。

$$\text{連続の式：} \rho_1 u_1 = \rho_2 u_2 \tag{10.92}$$

$$\text{波面に垂直な運動量の式：} p_1 + \rho_1 u_1^2 = p_2 + \rho_2 u_2^2 \tag{10.93}$$

$$\text{波面に平行な運動量の式：} \rho_1 u_1 v_1 = \rho_2 u_2 v_2 \tag{10.94}$$

式(10.92)を用いると

$$v_1 = v_2 \tag{10.95}$$

斜め衝撃波の波面に平行な方向には変化はないことがわかる。エネルギーの式は

$$\frac{\kappa}{\kappa-1}\frac{p_1}{\rho_1} + \frac{1}{2}V_1^2 = \frac{\kappa}{\kappa-1}\frac{p_2}{\rho_2} + \frac{1}{2}V_2^2 \tag{10.96}$$

速度線図より $V_1^2 = u_1^2 + v_1^2$, $V_2^2 = u_2^2 + v_2^2$ の関係があるから，これらを上式に代入すると，エネルギーの式は

$$\frac{\kappa}{\kappa-1}\frac{p_1}{\rho_1} + \frac{1}{2}u_1^2 = \frac{\kappa}{\kappa-1}\frac{p_2}{\rho_2} + \frac{1}{2}u_2^2 \tag{10.97}$$

これらの式より，斜め衝撃波に垂直な流れの成分をとると，垂直衝撃波の基礎式(10.77)～(10.79)をそのまま適用できる。図(d)より

$$u_1 = V_1 \sin \beta, \quad u_2 = V_2 \sin(\beta - \theta) \tag{10.98}$$

斜め衝撃波に垂直な成分の衝撃波の波面前後のマッハ数を，それぞれ M_{u1}, M_{u2} とすると，上式より

$$\frac{u_1}{a_1} = M_{u1} = M_1 \sin \beta, \quad \frac{u_2}{a_2} = M_{u2} = M_2 \sin(\beta - \theta) \tag{10.99}$$

この式の M_{u1}, M_{u2} を垂直衝撃波の基礎式における M_1, M_2 とおき換え，垂直衝撃波に関する式(10.84)～(10.87)に適用すると，斜め衝撃波前後のマッハ数，温度比，圧力比，および密度比の関係は，それぞれつぎのように衝撃波前のマッハ数 M_1 で表される。

$$M_2^2 \sin^2(\beta - \theta) = \frac{2 + (\kappa-1)M_1^2 \sin^2 \beta}{2\kappa M_1^2 \sin^2 \beta - (\kappa-1)} \tag{10.100}$$

$$\frac{T_2}{T_1} = \frac{\{2\kappa M_1^2 \sin^2 \beta - (\kappa-1)\}\{(\kappa-1)M_1^2 \sin^2 \beta + 2\}}{(\kappa+1)^2 M_1^2 \sin^2 \beta} \tag{10.101}$$

$$\frac{p_2}{p_1} = \frac{2\kappa M_1^2 \sin^2 \beta - (\kappa-1)}{\kappa+1} \tag{10.102}$$

$$\frac{\rho_2}{\rho_1} = \frac{(\kappa+1)M_1^2 \sin^2 \beta}{(\kappa-1)M_1^2 \sin^2 \beta + 2} \tag{10.103}$$

なお，ここで角度 β は**衝撃波角** (shock angle)，θ は**偏角** (deflection angle) とよばれるもので，β と θ との間には

$$\tan \theta = \frac{2(M_1^2 \sin^2 \beta - 1) \cot \beta}{M_1^2(\kappa + \cos 2\beta) + 2} \tag{10.104}$$

の関係式が成り立つ。この式は，衝撃波直前のマッハ数 M_1 をパラメータとする衝撃波角 β と偏角 θ との関係を示す重要な式である。

10.4.3 離脱衝撃波

図 **10.13** に示すように，超音速噴流中におかれたピトー管によってマッハ数の測定をする場合，その先端には弓形離れ衝撃波が生じる。ピトー管の前面においては衝撃波が垂直であると考えてよい。衝撃波前の超音速流は，この垂直衝撃波を通過して亜音速流となり，断熱で等エントロピー流れが成り立つとす

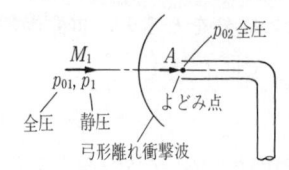

図10.13 超音速噴流中におかれた全圧ピトー管

る.

ピトー管の先端の点Aでは，よどみ圧力（全圧）p_{02} となり，衝撃波前方のマッハ数を M_1，全圧を p_{01}，静圧を p_1 とすると，よどみ圧力 p_{02}，マッハ数 M_1 および全圧 p_{01} との間には，つぎの式が成立する.

$$\frac{p_{02}}{p_{01}} = \left\{\frac{(\kappa+1)M_1^2}{(\kappa-1)M_1^2+2}\right\}^{\frac{\kappa}{\kappa-1}} \left\{\frac{\kappa+1}{2\kappa M_1^2-(\kappa-1)}\right\}^{\frac{1}{\kappa-1}} \tag{10.105}$$

この式より，M_1 と p_{02} が既知であると，真のよどみ圧力 p_{01} が求められる．また，$M>1$ のときには，$p_{02}<p_{01}$ となり，流れの全圧は，垂直衝撃波によって減少することがわかる．なお，衝撃波前方のよどみタンクの状態がわからないときには，例えば，等エントロピー流れでない場合や，飛行機などで全圧 p_{02} を測定する場合には，一様流れの前方静圧 p_1 が既知であれば，つぎの式から，マッハ数 M_1 を求めることができる．式(10.105)と式(10.48)より

$$\frac{p_{02}}{p_1} = \frac{p_{02}}{p_{01}}\frac{p_{01}}{p_1} = \left\{\frac{(\kappa+1)M_1^2}{2}\right\}^{\frac{\kappa}{\kappa-1}} \left\{\frac{\kappa+1}{2\kappa M_1^2-(\kappa-1)}\right\}^{\frac{1}{\kappa-1}} \tag{10.106}$$

上式を**レイリーのピトー管公式**（Rayleigh Pitot-tube formula）といい，p_1 と p_{02} を測定することによって，超音速流のマッハ数 M_1 を求めることができる．

10.5 圧縮波と膨張波

衝撃波の強さが小さい極限の場合としての，圧縮波と膨張波の簡単な性質について調べてみよう．

10.5.1 圧　縮　波

図10.14(a)に示すように，一様な超音速流が緩やかに曲がる凹壁面に沿って流れている場合を考える．

図に示すように，凹壁面より無数の**マッハ波**（Mach wave）が生じるが，

10.5 圧縮波と膨張波

このマッハ波を**圧縮波**（compression wave）とよぶ．圧縮波は上方で集合して，交点をもつことになる．

例えば，図の点 A, B で発生した圧縮波は，点 C で集合する．点 C より上方では，このような圧縮波がつぎつぎに集合して衝撃波が形成される．図(b)に示すように，流線①，②，③上の圧力は，流線①，②では連続的に増加しているが，流線③では不連続的に増加している．

すなわち，圧縮波を通過した流れの圧力は，増加することになる．点 C と凹壁面との間の流れではエントロピーは変化しないが，衝撃波を通過する流れでは，エントロピーは増加する．したがって，点 C を通過する流線は，この点の前後でエントロピーが異なることになる．この面を**滑り面**（slip surface）といい，この面では速度差を生じる．

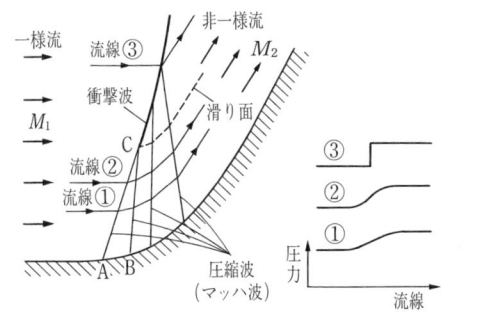

図 10.14　緩やかに曲がる凹壁面を過ぎる超音速流
(a) 凹壁面　(b) 圧力分布

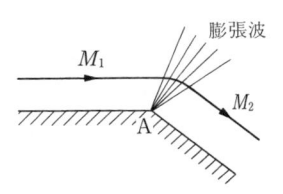

図 10.15　凸壁面を過ぎる超音速流

10.5.2 膨　張　波

図 10.15 に，凸壁面を過ぎる超音速流の流れの様子を示す．角部の点 A より無数の弱い**膨張波**（expansion wave）が発生しており，流れは膨張波の発生している部分で少しずつ方向を変え，圧力や密度は低下していく．このような流れを**プラントル・マイヤー流れ**（Prandtl-Meyer flow），膨張波を**有心膨張波**（centered expansion）あるいは**プラントル・マイヤー膨張扇**（Prandtl-Meyer expansion fan）という．

演習問題

【10.1】 温度 20°C の空気のガス定数を $R=287.03\,\mathrm{J/(kg\cdot K)}$ とし,圧力 1 atm の状態における空気の密度を求めよ.

〔解〕 温度 $T=273.15+20=293.15\,\mathrm{K}$,圧力 $p=1\,\mathrm{atm}=101.3\,\mathrm{kPa}$ であるから,式(10.1)より

$$\rho=\frac{p}{RT}=\frac{101.3\times10^3}{287.03\times293.15}=1.20\,\mathrm{kg/m^3}$$

なお,同じ状態における水の密度は $998\,\mathrm{kg/m^3}$ であるから,空気の密度は,水の密度の約 1/830 である.

【10.2】 温度 293 K の空気のガス定数を $R=287.03\,\mathrm{J/(kg\cdot K)}$,比熱比 $\kappa=1.4$ として,空気の定容比熱と定圧比熱を求めよ.

〔解〕 式(10.13)より

$$c_v=\frac{1}{\kappa-1}R=7.18\times10^2\,\mathrm{J/(kg\cdot K)},\quad c_p=\frac{\kappa}{\kappa-1}R=1.005\times10^3\,\mathrm{J/(kg\cdot K)}$$

【10.3】 よどみタンクでの空気の温度が 2 300 K であるとき,この空気の 1 kg あたりのエンタルピー h を求めよ.

〔解〕 式(10.15)より

$$h=\frac{\kappa}{\kappa-1}RT=\frac{1.4}{1.4-1}\times287.03\times2\,300=2.31\times10^6\,\mathrm{J}=2.31\,\mathrm{MJ}$$

【10.4】 遠心式圧縮機によって圧力 150 kPa の空気を,800 kPa まで等エントロピー的に圧縮するとき,この遠心式圧縮機による空気の温度変化と内部エネルギーの変化を求めよ.ただし,初めの空気の温度を 293 K とする.

〔解〕 初めの状態の温度,圧力に添字 0 を付けると,式(10.21)より

$$\frac{T}{T_0}=\left(\frac{p}{p_0}\right)^{\frac{\kappa-1}{\kappa}}$$

$$\therefore\ T=T_0\left(\frac{p}{p_0}\right)^{\frac{\kappa-1}{\kappa}}=293\times\left(\frac{800\times10^3}{150\times10^3}\right)^{\frac{1.4-1}{1.4}}=472.6\,\mathrm{K}$$

したがって,空気の温度変化は

$$T-T_0=472.6-293=179.6\,\mathrm{K}$$

となる.内部エネルギーの変化は,式(10.7)を積分した次式に,前問で得られた c_v と上で得られた温度変化の値を代入すると求まる.

$$e - e_0 = c_v(T - T_0) = 7.18 \times 10^2 \times 179.6 = 1.29 \times 10^5 \text{ J/kg}$$

【10.5】 温度20℃における空気の音速を求めよ．また，液体の音速の式を導き，水の音速 a を求めよ．ただし，水の体積弾性係数 $K = 2.13 \times 10^6$ kPa（表1.8参照），密度 $\rho = 998$ kg/m³ とする．

〔解〕 空気の音速は，式(10.34)より

$$a = \sqrt{\kappa RT} = \sqrt{1.4 \times 287.03 \times (273.15 + 20)} = 343.2 \text{ m/s}$$

つぎに，液体の音速を導く．液体が圧縮されるとき，等エントロピー的に行われる場合の等エントロピー体積弾性係数を K_s，また，等エントロピー圧縮率を β_s とすると，式(10.28)と同じつぎの関係式が成り立つ．

$$K_s = \frac{1}{\beta_s} = \rho \frac{dp}{d\rho} = \kappa p \tag{10.107}$$

$$\therefore \quad \frac{dp}{d\rho} = \frac{K_s}{\rho} \tag{10.108}$$

したがって，液体の音速 a は，式(10.34)に式(10.108)を代入して

$$a = \sqrt{\frac{K_s}{\rho}} \tag{10.109}$$

ゆえに，水の音速 a は，式(10.109)より

$$a = \sqrt{\frac{K_s}{\rho}} = \sqrt{\frac{2.13 \times 10^9}{998}} = 1461 \text{ m/s}$$

なお，上式(10.109)は，当然ながら等エントロピー的に変化する完全気体の音速の式(10.36)と同じである．

【10.6】 ジェット機が，温度 −40℃の大気中を速度 550 m/s で飛行している．このときの音速とジェット機のマッハ数を求めよ．

〔解〕 音速 a は，式(10.34)より

$$a = \sqrt{\kappa RT} = \sqrt{1.4 \times 287.03 \times (273.15 - 40)} = 306.1 \text{ m/s}$$

マッハ数 M は，式(10.37)より

$$M = \frac{V}{a} = \frac{550}{306.1} = 1.80$$

【10.7】 つぎの状態における空気の音速を求めよ．
（1） 温度 450 K
（2） 圧力 800 kPa，密度 8.5 kg/m³
（3） 定圧比熱 1 020 J/(kg·K)，比熱比 1.4，温度 300 K

〔解〕（1） 式(10.34)より

$$a = \sqrt{\kappa RT} = \sqrt{1.4 \times 287.03 \times 450} = 425.2 \text{ m/s}$$

(2) $a=\sqrt{\kappa\dfrac{p}{\rho}}=\sqrt{1.4\times\dfrac{800\times10^3}{8.5}}=363.0$ m/s

(3) 式(10.13)と式(10.34)より
$$a=\sqrt{\kappa RT}=\sqrt{(\kappa-1)c_pT}=\sqrt{(1.4-1)\times1\,020\times300}=349.9\text{ m/s}$$

【10.8】 超音速風洞を用いて，ジェット戦闘機の模型の先端から生じる衝撃波を観察し，マッハ円すいのマッハ角を測定したところ35°であった。大気の温度を20℃として，ジェット戦闘機の速度とマッハ数を求めよ。

〔解〕 20℃の音速 a は，式(10.34)より
$$a=\sqrt{\kappa RT}=\sqrt{1.4\times287.03\times(273.15+20)}=343\text{ m/s}$$
つぎに，速度 V とマッハ数 M は，式(10.38)よりつぎの値を得る。
$$V=\dfrac{a}{\sin\alpha}=\dfrac{343}{\sin 35°}=598\text{ m/s}$$
$$M=\dfrac{1}{\sin\alpha}=\dfrac{1}{\sin 35°}=1.74$$

【10.9】 よどみタンクでの圧力101.3 kPa，密度1.8 kg/m³の空気が，タンクに取り付けられたノズルから真空中に連続的に噴出している。ノズル出口での圧力を0として，空気の噴出する最大速度およびマッハ数を求めよ。

〔解〕 エネルギーの式(10.44)
$$\dfrac{\kappa}{\kappa-1}\dfrac{p}{\rho}+\dfrac{V^2}{2}=\dfrac{\kappa}{\kappa-1}\dfrac{p_0}{\rho_0}$$
において，出口圧力が0であるから最大速度 V は
$$V=\sqrt{\dfrac{2\kappa}{\kappa-1}\dfrac{p_0}{\rho_0}}=\sqrt{\dfrac{2\times1.4}{1.4-1}\times\dfrac{101.3\times10^3}{1.8}}=627.6\text{ m/s}$$
つぎに，マッハ数 M は，式(10.34)，(10.37)より
$$M=\dfrac{V}{a}=\dfrac{V}{\sqrt{\kappa p/\rho}}=\dfrac{627.6}{\sqrt{1.4\times101.3\times10^3/1.8}}=2.24$$

【10.10】 よどみタンク内にある温度310 Kの空気が，ノズルから真空中に噴出する場合の音速と可能な最大噴出速度を求めよ。

〔解〕 式(10.34)より，よどみタンク内の音速 a_0 は
$$a_0=\sqrt{\kappa RT_0}=\sqrt{1.4\times287.03\times310}=352.9\text{ m/s}$$
つぎに，可能な最大噴出速度 V は，流れがノズルの出口面で真空にいたるまで膨張すると仮定すれば，式(10.44)において $p=0$ とおき，$\kappa p_0/\rho_0=a_0^2$ であるから次式より

$$V=\sqrt{\frac{2\kappa}{\kappa-1}\frac{p_0}{\rho_0}}=a_0\sqrt{\frac{2}{\kappa-1}}=352.9\times\sqrt{\frac{2}{1.4-1}}=789.1\,\text{m/s}$$

【10.11】 よどみタンクで圧力 101.3 kPa，密度 1.5 kg/m³ の空気が，ノズルから等エントロピー的に真空中に噴出しているとする。この空気のマッハ数 M が 1.9 になったときの圧力 p，密度 ρ および速度 V を求めよ。

〔解〕 圧力と密度は，それぞれ式(10.48)，(10.49)より

$$p=\frac{p_0}{[1+\{(\kappa-1)/2\}M^2]^{\frac{\kappa}{\kappa-1}}}=\frac{101.3}{[1+\{(1.4-1)/2\}\times 1.9^2]^{\frac{1.4}{1.4-1}}}=15.12\,\text{kPa} \tag{1}$$

$$\rho=\frac{\rho_0}{[1+\{(\kappa-1)/2\}M^2]^{\frac{1}{\kappa-1}}}=\frac{1.5}{[1+\{(1.4-1)/2\}\times 1.9^2]^{\frac{1}{1.4-1}}}=0.385\,\text{kg/m}^3 \tag{2}$$

つぎに，速度 V は，式(10.44)を変形した次式より求める。

$$V=\sqrt{\frac{2\kappa}{\kappa-1}\left(\frac{p_0}{\rho_0}-\frac{p}{\rho}\right)} \tag{3}$$

式(3)に，κ, p_0, ρ_0 および式(1)，(2)で得られた p, ρ の値を代入して

$$V=\sqrt{\frac{2\kappa}{\kappa-1}\left(\frac{p_0}{\rho_0}-\frac{p}{\rho}\right)}=\sqrt{\frac{2\times 1.4}{1.4-1}\times\left(\frac{101.3\times 10^3}{1.5}-\frac{15.12\times 10^3}{0.385}\right)}$$
$$=444.8\,\text{m/s}$$

【10.12】 一次元流れで，定常な断熱変化をする等エントロピー流れにおけるエネルギーの式(10.39)，すなわち $h+V^2/2=\text{const.}$ は，エントロピーが一定となることを証明せよ。

〔解〕 等エントロピー流れのエネルギーの式(10.39)を微分形で表すと

$$dh+VdV=0 \tag{10.110}$$

また，式(10.55)の等エントロピー流れにおける，オイラーの運動方程式 $VdV+dp/\rho=0$ より

$$VdV=-\frac{dp}{\rho}=-vdp \tag{1}$$

の関係が得られるから，これを式(10.110)に代入すると

$$dh-vdp=0 \tag{2}$$

一方，エントロピー変化の式(10.16)と式(10.4)より

$$ds=\frac{dq}{T}=\frac{dh-vdp}{T} \tag{3}$$

ゆえに，式(2)と式(3)より

$ds=0$

すなわち $s=$const. となる. 証明終り.

【**10.13**】 一次元管路において，断面①で静温40°C, 静圧 100 kN/m^2 の空気が速度 400 m/s の速さで等エントロピー的に流れている. 断面②の静圧が 140 kN/m^2 として，断面②における速度を求めよ. つぎに，断面②の温度，および両断面におけるマッハ数を求めよ.

〔解〕 式(10.41)を断面①と断面②に適用すると式(1)が得られ，この式を変形すると断面②での速度 V_2 は式(2)で求まる.

$$\frac{\kappa}{\kappa-1}RT_1+\frac{V_1^2}{2}=\frac{\kappa}{\kappa-1}RT_2+\frac{V_2^2}{2} \qquad (1)$$

$$\frac{V_2^2-V_1^2}{2}=\frac{\kappa}{\kappa-1}RT_1\left(1-\frac{T_2}{T_1}\right)$$

$$V_2=\sqrt{\frac{2\kappa}{\kappa-1}RT_1\left(1-\frac{T_2}{T_1}\right)+V_1^2} \qquad (2)$$

また，式(10.21)より

$$\frac{T_2}{T_1}=\left(\frac{p_2}{p_1}\right)^{\frac{\kappa-1}{\kappa}} \qquad (3)$$

の関係式が得られ，これを式(2)に代入すると

$$V_2=\sqrt{\frac{2\kappa}{\kappa-1}RT_1\left\{1-\left(\frac{p_2}{p_1}\right)^{\frac{\kappa-1}{\kappa}}\right\}+V_1^2}$$

$$=\sqrt{\frac{2\times1.4}{1.4-1}\times287.03\times(273.15+40)\times\left\{1-\left(\frac{140}{100}\right)^{\frac{1.4-1}{1.4}}\right\}+400^2}$$

$$=311.6 \text{ m/s} \qquad (4)$$

つぎに，温度 T_2 は，式(3)を変形して

$$T_2=T_1\left(\frac{p_2}{p_1}\right)^{\frac{\kappa-1}{\kappa}} \qquad (5)$$

ゆえに

$$T_2=(273.15+40)\times\left(\frac{140}{100}\right)^{\frac{1.4-1}{1.4}}=344.8 \text{ K}$$

断面①，②でのマッハ数 M_1, M_2 は，式(10.34), (10.37)より

$$M_1=\frac{V_1}{a_1}=\frac{V_1}{\sqrt{\kappa RT_1}}=\frac{400}{\sqrt{1.4\times287.1\times(273.2+40)}}=1.13$$

$$M_2=\frac{V_2}{a_2}=\frac{V_2}{\sqrt{\kappa RT_2}}=\frac{310.6}{\sqrt{1.4\times287.1\times344.8}}=0.834$$

【**10.14**】 よどみタンクに取り付けられた出口断面積 3.5 cm^2 の先細ノズルから,

演習問題 285

よどみ圧力 1 MPa，温度 70°C の空気が圧力 101.3 kPa の大気中に噴出している．ノズル出口での圧力，速度，および質量流量を求めよ．

〔解〕 大気中の背圧 p_b（101.3 kPa）とよどみ圧力 p_0 の比 p_b/p_0 と式(10.67)より臨界圧力 p^* を求めると

$$\frac{p_b}{p_0} = \frac{101.3}{1 \times 10^3} = 0.101\,3 < \frac{p^*}{p_0} = 0.528$$

$$p^* = 0.528 p_0 = 0.528 \times 1 \times 10^3 = 528\,\text{kPa}$$

$p_b < p^*$ であるから，流れは図 10.8 の曲線 c に示す不足膨張噴流となり，ノズル出口の圧力 p_e は，臨界圧力 p^* に等しくなることがわかる．したがって

$$p_e = p^* = 528\,\text{kPa}$$

このときの速度 V_e^* と質量流量 m は，式(10.75)，(10.76)より，それぞれつぎのように求まる．

$$a_0 = \sqrt{\kappa R T_0} = \sqrt{1.4 \times 287.03 \times (273.15 + 70)} = 371.3\,\text{m/s}$$

$$V_e^* = 0.913 a_0 = 0.913 \times 371.3 = 339.0\,\text{m/s}$$

$$m = 0.685 \frac{A_e p_0}{\sqrt{R T_0}} = 0.685 \times \frac{3.5 \times 10^{-4} \times 1 \times 10^6}{\sqrt{287.03 \times 343.15}} = 0.764\,\text{kg/s}$$

【10.15】 問題 10.14 において，よどみタンクの圧力が 150 kPa のとき，ノズル出口の圧力，速度および質量流量を求めよ．また，流れがノズル出口でチョークするときのよどみ圧力を求めよ．

〔解〕 よどみ圧力 $p_0 = 150$ kPa に対する臨界圧力 p^* は，式(10.74)より

$$p^* = 0.528 p_0 = 0.528 \times 150 = 79.2\,\text{kPa}$$

$p_b > p^*$ であるから，流れはチョークせず，図 10.8 の曲線 a に示す亜音速噴流となる．したがって，背圧と出口圧力は等しく，$p_e = p_b$ であるから，ノズルの出口圧力 p_e は

$$p_e = p_b = 101.3\,\text{kPa}$$

つぎに，質量流量 m は，式(10.73)より求まり，各記号にそれぞれの値を代入すると

$$m = \rho_e V_e A_e = \frac{A_e p_0}{\sqrt{R T_0}} \sqrt{\frac{2\kappa}{\kappa - 1} \left\{ \left(\frac{p_e}{p_0}\right)^{\frac{2}{\kappa}} - \left(\frac{p_e}{p_0}\right)^{\frac{\kappa+1}{\kappa}} \right\}}$$

$$= \frac{3.5 \times 10^{-4} \times 1 \times 10^6}{\sqrt{287.03 \times 343.15}} \times \sqrt{\frac{2 \times 1.4}{1.4 - 1} \times \left\{ \left(\frac{101.3}{150}\right)^{\frac{2}{1.4}} - \left(\frac{101.3}{150}\right)^{\frac{1.4+1}{1.4}} \right\}}$$

$$= 0.725\,\text{kg/s}$$

また，流れがノズル出口でチョークするときには，図 10.8 の曲線 b に示す音速噴流となり，$p_e = p_b = p^* = 101.3$ kPa である．したがって，チョークするときの

よどみ圧力 p_0 は，式(10.74)よりつぎのように求まる．

$$p_0 = \frac{p_b}{0.528} = \frac{101.3}{0.528} = 191.9 \text{ kPa}$$

【10.16】 絶対圧力 1.013 MPa，温度 30°C の炭酸ガスが，よどみタンクに取り付けられた直径 20 mm のオリフィスから，大気圧 101.3 kPa の静止空気中に噴出している．炭酸ガスの比熱比 1.30，ガス定数 189 J/(kg·K) として，オリフィス出口での速度と質量流量を求めよ．

〔解〕 式(10.74)を用いて，$\kappa = 1.30$ の場合の p^*/p_0 を求めると

$$\frac{p^*}{p_0} = \left(\frac{2}{\kappa+1}\right)^{\frac{\kappa}{\kappa-1}} = \left(\frac{2}{1.3+1}\right)^{\frac{1.3}{1.3-1}} = 0.546$$

ゆえに，臨界圧力 p^* は

$$p^* = 0.546 p_0 = 0.546 \times 1\,013 = 553.1 \text{ kPa}$$

となり，$p^* > p_b = 101.3$ kPa（大気圧）であることがわかる．したがって，出口圧力 $p_e = p^*$ とすると，$p_e = p^* > p_b$ であり，流れは出口でチョークし，不足膨張噴流となる．ここで，オリフィス出口での速度 V_e を求めるために，まず，出口での温度 T^* を求める式を導く．式(10.21)と式(10.48)とから $M=1$ とおいて

$$\frac{T^*}{T_0} = \left(\frac{p^*}{p_0}\right)^{\frac{\kappa-1}{\kappa}} = \frac{2}{\kappa+1}$$

したがって

$$T^* = \frac{2}{\kappa+1} T_0 = \frac{2}{1.3+1} \times (273.15+30) = 263.6 \text{ K}$$

ゆえに，オリフィス出口の速度 V_e^* は，$M = V_e^*/a^* = V_e^*/\sqrt{\kappa R T^*} = 1$ より

$$V_e^* = \sqrt{\kappa R T^*} = \sqrt{1.3 \times 189 \times 263.6} = 254.5 \text{ m/s}$$

つぎに出口の質量流量 m を求めるため，まず密度 ρ^* を式(10.1)より求めると

$$\rho^* = \frac{p^*}{RT^*} = \frac{553.1 \times 10^3}{189 \times 263.6} = 11.1 \text{ kg/m}^3$$

ゆえに，m は式(10.73)より

$$m = \rho^* V_e^* A = \rho^* V_e^* \left(\frac{\pi d^2}{4}\right) = 11.1 \times 254.5 \times \left(\frac{\pi \times 20^2 \times 10^{-6}}{4}\right) = 0.888 \text{ kg/s}$$

【10.17】 高速物体が時速 2 500 km/h で静圧 65 kPa，温度 285 K の空気中を移動しており，物体前方において垂直衝撃波が発生している．空気中の音速，移動物体のマッハ数，および垂直衝撃波直後の圧力と温度を求めよ．

〔解〕 まず，空気中の音速 a，およびマッハ数 M は

$$a = \sqrt{\kappa R T} = \sqrt{1.4 \times 287.03 \times 285} = 338.4 \text{ m/s}$$

$$M = \frac{V}{a} = \frac{2\,500 \times 10^3}{338.4 \times 3\,600} = 2.05$$

垂直衝撃波直後の圧力 p_2 と温度 T_2 は,それぞれ式(10.86),(10.85)より求まり

$$p_2 = \frac{2\kappa M_1^2 - (\kappa-1)}{\kappa+1} p_1 = \frac{2 \times 1.4 \times 2.05^2 - (1.4-1)}{1.4+1} \times 65 = 307.9\,\text{kPa}$$

$$T_2 = \frac{T_1\{2\kappa M_1^2 - (\kappa-1)\}\{(\kappa-1)M_1^2 + 2\}}{(\kappa+1)^2 M_1^2}$$

$$= \frac{285 \times \{2 \times 1.4 \times 2.05^2 - (1.4-1)\} \times \{(1.4-1) \times 2.05^2 + 2\}}{(1.4+1)^2 \times 2.05^2} = 492.6\,\text{K}$$

【10.18】 絶対圧力(よどみ圧力)1 500 kPa,温度 45℃の空気が,よどみタンクに取り付けられたラバルノズルから,圧力 101.3 kPa,温度 15℃の大気中に噴出している。ラバルノズル内は等エントロピー流れで,スロート面積 10 cm² として,(a)スロートにおける温度,圧力,密度および音速,(b)質量流量,(c)出口におけるマッハ数,密度,(d)ラバルノズル出口の断面積を求めよ。

〔解〕 (a) まず,よどみタンク内での密度 ρ_0,音速 a_0 は,式(10.1)の状態方程式および式(10.34)よりそれぞれ

$$\rho_0 = \frac{p_0}{RT_0} = 1\,500 \times \frac{10^3}{287.03 \times (273.15+45)} = 16.43\,\text{kg/m}^3$$

$$a_0 = \sqrt{\kappa R T_0} = \sqrt{1.4 \times 287.03 \times (273.15+45)} = 357.6\,\text{m/s}$$

つぎに,大気圧(背圧)p_b とよどみタンクの圧力 p_0 の比 p_b/p_0 を求めると

$$\frac{p_b}{p_0} = \frac{101.3}{1\,500} = 0.067\,5 < \frac{p^*}{p_0} = 0.528$$

となり,$p^*/p_0 = 0.528$ より小さい。したがって,図10.9の圧力分布からわかるように,スロートで $M=1$ の臨界状態となる。ゆえに,スロートにおける温度 T^*,圧力 p^*,密度 ρ^* および音速 a^* は,式(10.66),(10.67),(10.68)および(10.34)よりそれぞれ

$$T^* = 0.833\,T_0 = 0.833 \times (273.15+45) = 265.0\,\text{K}$$

$$p^* = 0.528 \times p_0 = 0.528 \times 1\,500 = 792\,\text{kPa}$$

$$\rho^* = 0.634 \times \rho_0 = 0.634 \times 16.43 = 10.42\,\text{kg/m}^3$$

$$a^* = \sqrt{\kappa R T^*} = \sqrt{1.4 \times 287.03 \times 265.0} = 326.4\,\text{m/s}$$

(b) スロートで臨界状態になっているので,質量流量 m は式(10.76)において,$A_e = A^*$ として

$$m = 0.685 \frac{A^* p_0}{\sqrt{RT_0}} = 0.685 \times \frac{10 \times 10^{-4} \times 1\,500 \times 10^3}{\sqrt{287.03 \times (273.15+45)}} = 3.4\,\text{kg/s}$$

(c) 出口におけるマッハ数 M と密度 ρ は,式(10.48),(10.49)を変形して

288   10. 圧縮性流体の流れ

$$M = \sqrt{\frac{2}{\kappa-1}\left\{\left(\frac{p_0}{p}\right)^{\frac{\kappa-1}{\kappa}}-1\right\}} = \sqrt{\frac{2}{1.4-1}\times\left\{\left(\frac{1\,500}{101.3}\right)^{\frac{1.4-1}{1.4}}-1\right\}} = 2.41$$

$$\rho = \rho_0\left(1+\frac{\kappa-1}{2}M^2\right)^{\frac{-1}{\kappa-1}} = 16.42\times\left(1+\frac{1.4-1}{2}\times 2.41^2\right)^{\frac{-1}{1.4-1}} = 2.39\,\mathrm{kg/m^3}$$

(d) ラバルノズルの出口の断面積 A は,式(10.70)より

$$A = \frac{A^*}{M}\left\{\frac{(\kappa-1)M^2+2}{\kappa+1}\right\}^{\frac{\kappa+1}{2(\kappa-1)}}$$

$$= \frac{10}{2.41}\times\left\{\frac{(1.4-1)\times 2.41^2+2}{1.4+1}\right\}^{\frac{1.4+1}{2\times(1.4-1)}} = 24.20\,\mathrm{cm^2}$$

【10.19】 よどみタンクにおける絶対圧力 650 kPa,温度 400 K の空気が,スロート断面積 60 cm² のラバルノズルから噴出している。ラバルノズルの出口断面積は,スロート断面積の 2.4 倍であり,流れは等エントロピーとして,(a) ノズルのスロートで流れがチョークするときの最大の背圧,(b) 背圧が 250 kPa のときの質量流量,(c) ノズルからの流れが超音速噴流になるまで,ノズル内での流れが膨張するときのノズル出口のマッハ数と圧力を求めよ。

〔解〕 (a) ノズルのスロートで流れがチョークするときには,図10.9の曲線 b で示す流れとなるので,ラバルノズルの拡大部分では亜音速となる。題意より断面積比が $A/A^* = 2.4$ であり,これと $\kappa = 1.4$ を式(10.70)に代入して得られる式(1)より,亜音速の M が求まる。

$$\frac{A}{A^*} = \frac{1}{M}\left\{\frac{(\kappa-1)M^2+2}{\kappa+1}\right\}^{\frac{\kappa+1}{2(\kappa-1)}}$$

$$2.4 = \frac{1}{M}\left(\frac{0.4M^2+2}{2.4}\right)^3 \tag{1}$$

しかし,式(1)は M に関する五次の方程式で代数的には解けない。そこで,左辺が 2.4 になるように,繰り返し試し算により M を求めるとよいが,一般的には,表10.1を用いて求める。表より,おおよそ $M = 0.25$ を得る。そこで最大背圧を求めるために,式(10.48)の逆数をとった式にこの値を代入して

$$\frac{p}{p_0} = \left(1+\frac{\kappa-1}{2}M^2\right)^{\frac{-\kappa}{\kappa-1}} = \left(1+\frac{1.4-1}{2}\times 0.25^2\right)^{\frac{-1.4}{1.4-1}} = 0.957 \tag{2}$$

したがって,最大背圧は $p = p_b = 0.957p_0 = 0.957 \times 650 = 622\,\mathrm{kPa}$ となり,流れはこの背圧以下のときに,スロートでチョークする。

(b) 題意より背圧 250 kPa < 622 kPa であるから,流れはスロートにおいてチョークするので,$M = 1$ となる。そこで,式(10.47),(10.48)の逆数をとった式に $M = 1$ を代入すると,スロートにおける温度と圧力は,それぞれ

$$p = 0.528p_0 = 0.528 \times 650 = 343.2\,\mathrm{kPa}$$

演 習 問 題　289

$T=0.833\,T_0=0.833\times 400=333.2\,\mathrm{K}$

したがって，スロートにおける質量流量は $m=\rho AV$ は，$p=\rho RT, M=V/a, a=\sqrt{\kappa RT}$ を用いて，次式より求まる．

$$m=\rho AV=\frac{pA\sqrt{\kappa RT}}{RT}=\frac{343.2\times 10^3\times 60\times 10^{-4}\times\sqrt{1.4\times 287.05\times 333.2}}{287.05\times 333.2}$$

$$=7.88\,\mathrm{kg/s}$$

（c）上式（1）において，左辺が 2.4 となるもう一つの M の繰返し解は，$M=2.4$ となる．この値は，表 10.1 から求められる．この値を上式（2）に代入すると

$$\frac{p}{p_0}=\Bigl(1+\frac{\kappa-1}{2}M^2\Bigr)^{\frac{-\kappa}{\kappa-1}}=\Bigl(1+\frac{1.4-1}{2}\times 2.4^2\Bigr)^{\frac{-1.4}{1.4-1}}=0.068\,4 \tag{3}$$

となり，当然のことながら，これも表 10.1 に示されている値と一致している．したがって，ラバルノズルの出口の圧力は

$p=0.068\,4p_0=0.068\,4\times 650=44.46\,\mathrm{kPa}$

【10.20】 よどみタンクでの圧力 450 kPa の空気が，ラバルノズルから噴出している．ノズルの出口断面積 100 cm²，スロートの断面積 50 cm² であるとき，ノズル出口における圧力とマッハ数を，（a）亜音速流れの場合，（b）超音速流れの場合，について求めよ．

〔解〕 ノズルの出口とスロートの断面積比が $A_e/A^*=100/50=2$ であるから，式(10.71)にこの値と $\kappa=1.4$ を代入すると，ノズル出口とよどみタンクの圧力比 p_e/p_0 が式（1）より求まる．

$$2=\Bigl(\frac{\kappa-1}{2}\Bigr)^{\frac{1}{2}}\Bigl(\frac{2}{\kappa+1}\Bigr)^{\frac{\kappa+1}{2(\kappa-1)}}\Bigl\{1-\Bigl(\frac{p_e}{p_0}\Bigr)^{\frac{\kappa-1}{\kappa}}\Bigr\}^{-\frac{1}{2}}\Bigl(\frac{p_e}{p_0}\Bigr)^{-\frac{1}{\kappa}} \tag{1}$$

しかし，この場合も前問と同じように，一般には表 10.1 から求められ

$$\frac{p_e}{p_0}=0.937\,5\ \text{あるいは}\ 0.093\,5 \tag{2}$$

（a）亜音速流れの場合には，図 10.9 の曲線 b の流れとなるから，式（2）において，出口圧力とよどみタンクの圧力比は，$p_e/p_0=0.937\,5$ である．したがって，出口圧力 p_e は

$p_e=0.937\,5p_0=0.937\,5\times 450=421.9\,\mathrm{kPa}$

となり，ノズル出口のマッハ数 M_e は，式(10.48)を変形した次式より求まる．

$$M_e=\sqrt{\frac{2}{\kappa-1}\Bigl\{\Bigl(\frac{p_0}{p_e}\Bigr)^{\frac{\kappa-1}{\kappa}}-1\Bigr\}}=\sqrt{\frac{2}{1.4-1}\times\Bigl\{\Bigl(\frac{1}{0.937\,5}\Bigr)^{\frac{1.4-1}{1.4}}-1\Bigr\}}=0.305 \tag{3}$$

（b）超音速流れの場合には，図 10.9 の曲線 f の流れとなるから，式（2）の $p_e/p_0=0.093\,5$ より p_e は

$p_e = 0.0935 p_0 = 0.0935 \times 450 = 42.08$ kPa

したがって，ノズル出口のマッハ数 M_e は，上式（3）と同じ計算式より求まり

$$M_e = \sqrt{\frac{2}{\kappa-1}\left\{\left(\frac{p_0}{p_e}\right)^{\frac{\kappa-1}{\kappa}}-1\right\}} = \sqrt{\frac{2}{1.4-1}\times\left\{\left(\frac{1}{0.0935}\right)^{\frac{1.4-1}{1.4}}-1\right\}} = 2.20$$

【10.21】 管内を超音速で流れている空気中に垂直衝撃波が発生している。垂直衝撃波の上流におけるマッハ数が2.8，圧力が130 kPa，温度が285 K である。衝撃波の下流におけるマッハ数，圧力，温度，密度，および垂直衝撃波によって生じるエントロピーの変化量を求めよ。

〔解〕 マッハ数 M は，式(10.84)より

$$M_2 = \sqrt{\frac{2+(\kappa-1)M_1^2}{2\kappa M_1^2-(\kappa-1)}} = \sqrt{\frac{2+(1.4-1)\times 2.8^2}{2\times 1.4\times 2.8^2-(1.4-1)}} = 0.488$$

圧力 p_2 は，式(10.86)より

$$p_2 = p_1\frac{2\kappa M_1^2-(\kappa-1)}{\kappa+1} = 130\times\frac{2\times 1.4\times 2.8^2-(1.4-1)}{1.4+1} = 1167.4 \text{ kPa}$$

温度 T_2 は，式(10.85)より

$$T_2 = \frac{T_1\{2\kappa M_1^2-(\kappa-1)\}\{(\kappa-1)M_1^2+2\}}{(\kappa+1)^2 M_1^2}$$

$$= \frac{285\times\{2\times 1.4\times 2.8^2-(1.4-1)\}\{(1.4-1)\times 2.8^2+2\}}{(1.4+1)^2\times 2.8^2} = 698.6 \text{ K}$$

密度 ρ_2 は，式(10.1)の状態方程式より

$$\rho_2 = \frac{p_2}{RT_2} = \frac{1167.4\times 10^3}{287.03\times 698.6} = 5.82 \text{ kg/m}^3$$

エントロピーの変化は，式(10.88)より

$$\frac{s_2-s_1}{R} = \ln\left\{\left(\frac{T_2}{T_1}\right)^{\frac{\kappa}{\kappa-1}}\left(\frac{p_2}{p_1}\right)^{-1}\right\} = \ln\left\{\left(\frac{698.6}{285}\right)^{\frac{1.4}{1.4-1}}\times\left(\frac{1167.4}{130}\right)^{-1}\right\} = 0.943$$

【10.22】 図10.13に示すように，一様な超音速流れの中におかれたピトー管の前方には，離れ衝撃波が生じる。一様流れのマッハ数を1.8，ピトー管で測定した全圧を185 kPa として，衝撃波前方における一様流れの全圧と静圧を求めよ。

〔解〕 衝撃波前方の全圧 p_{01} は，つぎに示す式(10.105)を用いて求める。

$$\frac{p_{02}}{p_{01}} = \left\{\frac{(\kappa+1)M_1^2}{(\kappa-1)M_1^2+2}\right\}^{\frac{\kappa}{\kappa-1}}\left\{\frac{\kappa+1}{2\kappa M_1^2-(\kappa-1)}\right\}^{\frac{1}{\kappa-1}} \quad (10.105)$$

$$\frac{185}{p_{01}} = \left\{\frac{(1.4+1)\times 1.8^2}{(1.4-1)\times 1.8^2+2}\right\}^{\frac{1.4}{1.4-1}}\times\left\{\frac{1.4+1}{2\times 1.4\times 1.8^2-(1.4-1)}\right\}^{\frac{1}{1.4-1}} = 0.8127$$

∴ $p_{01} = 227.6$ kPa

衝撃波前方の静圧 p_1 は，式(10.48)の p, M に添字1を付けて求める。

$$\frac{227.6}{p_1}=\left(1+\frac{\kappa-1}{2}M_1^2\right)^{\frac{\kappa}{\kappa-1}}=\left(1+\frac{1.4-1}{2}\times 1.8^2\right)^{\frac{1.4}{1.4-1}}=5.75$$

$$\therefore \quad p_1=39.58\,\text{kPa}$$

【10.23】 図 10.16 に示すように，一次元等エントロピー流れの亜音速の圧縮性流体中におかれた全圧ピトー管で，速度を求める式は

$$V=\varepsilon\sqrt{\frac{2(p_0-p)}{\rho}}$$

で，表されることを証明せよ．ε は圧縮の影響を表す修正係数である．この場合には，超音速流れではないので，ピトー管前方には衝撃波は生じない．

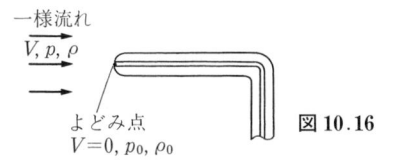

図 10.16

また，実際に，温度 285 K の空気の流れをピトー管で測定して，全圧 180 kPa，静圧 115 kPa を得た．この場合の速度を求めよ．

〔解〕 等エントロピー流れであるから，前方静圧 p とよどみ点の圧力（全圧）p_0 の間には，式(10.48)に示した関係がある．

$$\frac{p_0}{p}=\left(1+\frac{\kappa-1}{2}M^2\right)^{\frac{\kappa}{\kappa-1}} \tag{10.48}$$

上式の右辺を級数展開すると

$$\frac{p_0}{p}=1+\frac{\kappa}{2}M^2+\frac{\kappa}{8}M^4+\frac{\kappa(2-\kappa)}{48}M^6+\cdots \tag{1}$$

となり，上式をつぎのように整理する．

$$p_0-p=\frac{\kappa p M^2}{2}\left(1+\frac{1}{4}M^2+\frac{2-\kappa}{24}M^4+\cdots\right) \tag{2}$$

ここで，式(10.34)の $a=\sqrt{\kappa p/\rho}$ および式(10.37)の $M=V/a$ の関係より

$$\frac{\kappa p M^2}{2}=\frac{\kappa p}{2}\frac{\rho}{\kappa p}V^2=\frac{1}{2}\rho V^2 \tag{3}$$

式(3)を式(2)に代入して

$$p_0-p=\frac{1}{2}\rho V^2\left(1+\frac{1}{4}M^2+\frac{2-\kappa}{24}M^4+\cdots\right) \tag{10.111}$$

ここで

10. 圧縮性流体の流れ

$$\varepsilon = \left(1 + \frac{1}{4}M^2 + \frac{2-\kappa}{24}M^4 + \cdots\right)^{-\frac{1}{2}} \tag{10.112}$$

とおく。ε は圧縮の影響を表す**修正係数**（coefficient of correction）である。ゆえに，式(10.109)は

$$p_0 - p = \varepsilon^{-2}\frac{1}{2}\rho V^2$$

したがって，速度 V は

$$V = \varepsilon\sqrt{\frac{2}{\rho}(p_0 - p)} \tag{10.113}$$

が導ける。証明終り。

つぎに，速度を求める。まず，密度 ρ は

$$\rho = \frac{p}{RT} = \frac{115 \times 10^3}{287.03 \times 285} = 1.406 \text{ kg/m}^3$$

この状態におけるマッハ数 M は，式(10.48)より

$$M = \left[\frac{2}{\kappa-1}\left\{\left(\frac{p_0}{p}\right)^{\frac{\kappa-1}{\kappa}} - 1\right\}\right]^{\frac{1}{2}} = \left[\frac{2}{1.4-1} \times \left\{\left(\frac{180}{115}\right)^{\frac{1.4-1}{1.4}} - 1\right\}\right]^{\frac{1}{2}} = 0.826$$

修正係数 ε は

$$\varepsilon = \left(1 + \frac{1}{4} \times 0.826^2 + \frac{2-1.4}{24} \times 0.826^4 + \cdots\right)^{-\frac{1}{2}} = 0.9197$$

したがって，速度 V は，式(10.113)より

$$V = \varepsilon\sqrt{\frac{2}{\rho}(p_0 - p)} = 0.9197 \times \sqrt{\frac{2}{1.406} \times (180-115) \times 10^3} = 279.7 \text{ m/s}$$

【**10.24**】図 10.12(b)に示すように，空気が壁面に沿って超音速で流れており，壁面の角部から斜め衝撃波が発生している。斜め衝撃波前方の流れのマッハ数は 2.2，圧力は 101.3 kPa，温度は 15 ℃ である。流れが斜め衝撃波を通過した後方の流れのマッハ数，密度，圧力を求めよ。ただし，偏角 $\theta = 10°$ とする。

〔解〕式(10.104)より，偏角 $\theta = 10°$，$M_1 = 2.2$ として，衝撃波角 β を求める。

$$\tan\theta = \frac{2(M_1^2\sin^2\beta - 1)\cot\beta}{M_1^2(\kappa + \cos 2\beta) + 2}$$

$$0.17632 = \frac{2 \times (2.2^2 \times \sin^2\beta - 1)\cot\beta}{2.2^2 \times (1.4 + \cos 2\beta) + 2} = \frac{2 \times (4.84 \times \sin^2\beta - 1)\cot\beta}{8.776 + 4.84 \times \cos 2\beta}$$

β を仮定して右辺に代入し，左辺の値に等しくなるまで繰返し計算を行うと

$$\beta = 35.79°$$

斜め衝撃波後方のマッハ数 M_2 は，式(10.100)を変形した次式より求まる。

$$M_2 = \sqrt{\frac{2+(\kappa-1)M_1^2 \sin^2 \beta}{2\kappa M_1^2 \sin^2 \beta - (\kappa-1)}} \times \frac{1}{\sin(\beta-\theta)}$$

$$= \sqrt{\frac{2+(1.4-1)\times 2.2^2 \times \sin^2 35.79}{2\times 1.4 \times 2.2^2 \times \sin^2 35.79 - (1.4-1)}} \times \frac{1}{\sin(35.79-10)} = 1.82$$

衝撃波前後の密度比 ρ_2/ρ_1 は，式(10.103)より

$$\frac{\rho_2}{\rho_1} = \frac{(\kappa+1)M_1^2 \sin^2 \beta}{(\kappa-1)M_1^2 \sin^2 \beta + 2} = \frac{(1.4+1)\times 2.2^2 \times \sin^2 35.79}{(1.4-1)\times 2.2^2 \times \sin^2 35.79 + 2} = 1.492$$

ゆえに，密度 ρ_2 は

$$\rho_2 = 1.492 \times \rho_1 = 1.492 \times \frac{p}{RT_1} = 1.492 \times \frac{101.3 \times 10^3}{287.03 \times (273.15+15)}$$

$$= 1.83 \text{ kg/m}^3$$

同じく圧力比 p_2/p_1 は，式(10.102)より

$$\frac{p_2}{p_1} = \frac{2\kappa M_1^2 \sin^2 \beta - (\kappa-1)}{\kappa+1} = \frac{2\times 1.4 \times 2.2^2 \times \sin^2 35.79 - (1.4-1)}{1.4+1} = 1.765$$

となり，圧力 p_2 は

$$p_2 = 1.765 \times p_1 = 1.765 \times 101.3 \times 10^3 = 178.8 \times 10^3 \text{ Pa} = 178.8 \text{ kPa}$$

参　考　文　献

1) 生井武文 校閲，国清行夫，木本和男，長尾　健：演習水力学，森北出版（1981）
2) 生井武文 校閲，国清行夫，木本和男，長尾　健：水力学，森北出版（1984）
3) 生井武文，松尾一泰：圧縮性流体の力学，理工学社（1977）
4) 板谷松樹：水力学，朝倉書店（1968）
5) 今市憲作，田口達夫，本池洋二：わかる水力学，日新出版（1979）
6) 今木清康：詳細水力学，理工学社（1990）
7) 岩本順二郎：例題演習 圧縮性流体力学，共立出版（1980）
8) 太田英一，南和一郎，小山正晴：流体力学演習，学献社（1994）
9) 笠原英司：例題演習 水力学（増補改訂版），産業図書（1984）
10) 笠原英司：現代水力学，オーム社（1984）
11) 加藤　宏：例題で学ぶ 流れの力学，丸善（1998）
12) 加藤　宏 編：ポイントを学ぶ 流れの力学，丸善（1998）
13) 小玉正雄，阿部和男：配管とポンプの設計，実業図書（1975）
14) 島　晃，小林陵二：水力学，丸善（1980）
15) 杉山　弘，遠藤　剛，新井隆景：流体力学，森北出版（1995）
16) 須藤浩三，長谷川富市，白樫正高：流体の力学，コロナ社（1994）
17) 須藤浩三 編，児島忠倫，清水誠二，蝶野成臣，西野正富：エース 流体の力学，朝倉書店（1999）
18) 竹中利夫，浦田映三：水力学例題演習，コロナ社（1967）
19) 谷田好通：流体の力学，朝倉書店（1994）
20) 冨田幸雄，山崎眞三：水力学，産業図書（1979）
21) 豊倉豊太郎，亀本喬司：流体力学，実教出版（1982）
22) 中村克孝，井田　晋，勝山昭夫，大久保準一郎ほか：SI 版 流体の力学（基礎と演習），パワー社（1995）
23) 日本機械学会 編著：管路・ダクトの流体抵抗，日本機械学会（1979）
24) 日本機械学会 編著：技術資料 流体計測法，日本機械学会（1985）
25) 日本機械学会 編著：機械工学 SI マニュアル，日本機械学会（1994）
26) 日本機械学会 編著：機械工学便覧，流体工学，日本機械学会（1995）

27) 原田幸夫，流体力学・水力学演習，槇書店（1977）
28) 藤本武助：水力学大要，養賢堂（1976）
29) 古屋善正，村上光清，山田　豊：流体工学，朝倉書店（1967）
30) 松尾一泰，国清行夫，長尾　健：やさしい流体の力学，森北出版（1985）
31) 松尾一泰：圧縮性流体力学，理工学社（1994）
32) 宮井善弘，木田輝彦，中谷仁志：水力学，森北出版（1996）
33) 宮田昌彦 編，水木新平，辻田星歩：よくわかる水力学，オーム社（1995）
34) R. V. GILES : Fluid Mechanics & Hydraulics, 2nd. ed., McGraw-Hill (1988)

索　引

あ

亜音速噴流	268
亜音速流	95, 261
圧縮性流れ	254
圧縮性流体	1
——の流れ	254
圧縮波	279
圧縮率	8
圧力エネルギー	61
圧力回復率	161
圧力係数	242
圧力こう配	120
圧力抗力	180
圧力損失	116, 129
圧力ヘッド	61
アボガドロの法則	13
粗さレイノルズ数	128
アルキメデスの原理	32

い

位置エネルギー	61
一次元圧縮性流れ	263
一次元流れ	67
位置ヘッド	61
一般ガス定数	7

う

ウェーバ数	242
渦動粘性係数	117
渦動粘度	117
渦粘性係数	117
渦粘度	117
薄刃円形オリフィス	96
運動エネルギー	61
運動学的相似	240
運動量厚さ	181
運動量の法則	137
運動量のモーメント	218
運動量方程式	192

え

液体	1
エネルギー線	158
エルボ	156
エンタルピー	255
エントロピー	257

お

オイラー数	241
オリフィス	63
音速	259
音速噴流	269
音速流	262
音波	259

か

過圧縮	271
開きょ	160
回転する座標系に対するベルヌーイの式	86
回転放物体	55
回転力	217
可逆変化	257
ガス定数	254
過膨張	271
過膨張噴流	271
カルノーの損失	154
カルマン	124
——の運動量方程式	192
カルマン・ニクラゼの公式	130
ガンギェ・クッタの式	176
完全気体	254
完全流体	1
管摩擦	152
管摩擦係数	129, 152

き

幾何学的相似	240
擬似衝撃波	271
気体	1
——の状態式	7
——の状態方程式	254
喫水	32
逆圧力こう配	183
逆U字管マノメータ	28
キャビテーション	11
境界層	179
境界層厚さ	181
強制渦	65
局所レイノルズ数	181

く

クエットの流れ	121
クッタ・ジューコフスキーの定理	188

け

傾斜マノメータ	29
形状係数	194
検査面	207

こ

工学単位系	2
後流	183
抗力	179
抗力係数	179
極超音速流	262
コールブルックの式	131
混合距離理論	126

さ

最終速度	188
サイホン	78

索引 297

し

シェジーの式	160
示差マノメータ	27
失速	190
実物	240
質量	3
質量流量	208
収縮係数	96, 154
修正係数	292
修正ベルヌーイの式	157
周速度	86, 219
自由渦	66
自由表面	9
シュリヒティングの式	182, 252
循環	187
蒸気圧	11
衝撃波角	277
状態方程式	254
助走距離	134
助走区間	134

す

水動力	83, 84
水力こう配線	158
水力平均深さ	133, 160
ストークスの法則	188
滑り面	271, 279
スロート	267

せ

静圧	62, 264
静温度	264
接触角	10
絶対速度	86, 219
全圧	62, 264
全圧ピトー管	79
全圧力	23
遷移層	128
遷移領域	180
遷音速流	262
全温度	264

| せん断応力 | 4 |
| 全ヘッド | 62 |

そ

総損失ヘッド	157
相対速度	86, 219
相対粗度	128
造波抵抗係数	251
層流	4
層流境界層	180
層流粘性係数	117
速度係数	96
速度欠損則	127
速度線図	234
速度分布の対数法則	127
速度ヘッド	61
粗度係数	160
損失ヘッド	129

た

体積弾性係数	8
体積力	33
ダイヤモンドセル	271
多孔ピトー管	91
ダランベールの背理	204
ダルシーの実用公式	173
ダルシー・ワイズバッハの式	129, 152
断熱流れ	263
断熱変化	7, 257
断面相乗モーメント	30
断面二次モーメント	30

ち

近寄り速度	97
超音速流	262
チョーク	267
直角三角せき	104

つ, て

強い衝撃波	276
定圧比熱	255
抵抗	179

適正膨張	271
適正膨張噴流	271
ディフューザ	267
ディフューザ効率	161
定容比熱	255
定容変化	7

と

動圧	62
等圧変化	7
等エントロピー圧縮率	258, 281
等エントロピー関係式	258
等エントロピー体積弾性係数	258, 281
等エントロピー流れ	265
等エントロピー変化	257
等温変化	7
動粘性係数	5
動粘度	5
ドップラー効果	262
トルク	217

な

内部エネルギー	255
内部摩擦	116
1/7乗の指数法則	124

に

二液マノメータ	28
ニクラゼの実験式	131
二次元流れ	66
二次元ポアズイユの流れ	120
ニュートンの粘性法則	5, 122
ニュートンの摩擦法則	5
ニュートン流体	5

ぬ

| ぬれ縁の長さ | 133 |

ね

| 熱力学の第1法則 | 255 |

298　索　　　引

熱力学の第2法則	257
粘性	1
粘性係数	4
粘性底層	125, 181
粘性流体	1
粘度	4

の

ノズル	267

は

背圧	268
排除厚さ	181
排水量	32
はく離	183
はく離点	183
ハーゲン・ポアズイユの式	123
バッキンガムのπ定理	238
ハーディ・クロス法	158
伴流	183

ひ

非圧縮性流体	1
ピエゾメータ	26
比重量	4
微小じょう乱	259
比体積	3, 254
ピトー管係数	63, 93
非ニュートン流体	5
比熱	255
比熱比	7, 94, 256
標準大気圧	24

ふ

不可逆変化	257
復元偶力	33
不足膨張	270
不足膨張超音速噴流	271
不足膨張噴流	270
付着衝撃波	276
普遍速度分布法則	127
ブラジウスの式	182

ブラジウスの抵抗公式	130
ブラジウスの方程式	181
フランシス水車	218
プラントル	117
——の式	182, 273
プラントル・シュリヒティングの式	182
プラントル・マイヤー流れ	279
プラントル・マイヤー膨張扇	279
フルード数	242
噴流の経路	98

へ

偏角	277
ベンド	155

ほ

ボイル・シャルルの法則	7
ボーメの比重計	51
ポリトロープ指数	7
ポンプの揚程	83

ま

マグヌス効果	188
摩擦係数	251
摩擦抗力	180
摩擦抗力係数	182
摩擦速度	125
摩擦損失	116
マッハ円すい	262
マッハ角	262
マッハ数	94, 242, 260
マッハ線	262
マッハ波	262, 278
マニングの式	160

み

水受け	214

む

迎え角	189

ムーディ線図	131

め

メタセンタ	33
——の高さ	33

も

毛管現象	10
模型	240
モルガス定数	7
モル質量	7

ゆ

有効落差	84
有心膨張波	279
弓形離れ衝撃波	276, 277

よ

揚力	179
揚力係数	179
翼形	189
翼弦長	189
翼幅	189
よどみ点	184, 264
よどみ点圧力	264
よどみ点温度	264
弱い衝撃波	276

ら

ラバルノズル	267
ランキン・ユゴニオの式	275
ランキンの組合せ渦	66
乱流境界層	180

り

力学的相似	240
力積	207
理想気体	254
理想流体	1
離脱衝撃波	276
流体平均深さ	133, 160
流量	60
流量係数	96

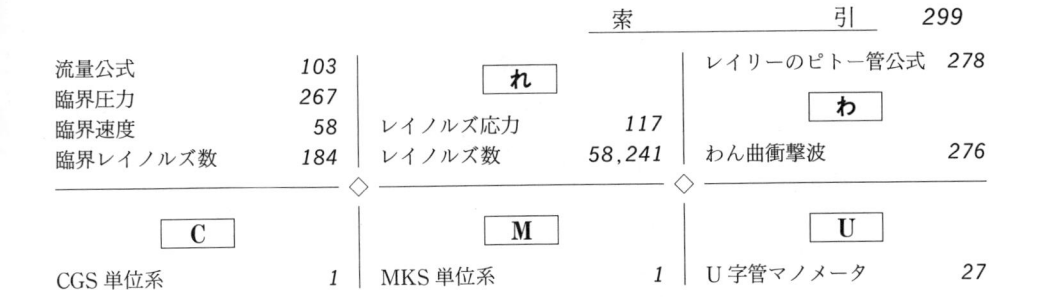

流量公式	103	**れ**		レイリーのピトー管公式	278
臨界圧力	267			**わ**	
臨界速度	58	レイノルズ応力	117	わん曲衝撃波	276
臨界レイノルズ数	184	レイノルズ数	58, 241		

C		**M**		**U**	
CGS 単位系	1	MKS 単位系	1	U字管マノメータ	27

―― 著者略歴 ――

松岡祥浩（まつおか　よしひろ）
1949 年　大阪理工科大学工業経営科卒業
1949 年　大阪理工科大学助手
1950 年　京都大学助手
1959 年　近畿大学助教授
1960 年　工学博士（京都大学）
1960 年　近畿大学教授
1997 年　近畿大学名誉教授

青山邑里（あおやま　ゆうり）
1963 年　近畿大学理工学部機械工学科卒業
1964 年　近畿大学助手
1976 年　近畿大学講師
1986 年　工学博士（近畿大学）
1987 年　近畿大学助教授
1996 年　近畿大学教授
2009 年　近畿大学退職

児島忠倫（こじま　ただとも）
1967 年　近畿大学理工学部機械工学科卒業
1967 年　近畿大学助手
1978 年　近畿大学講師
1987 年　近畿大学助教授
1988 年　工学博士（近畿大学）
1992 年　近畿大学教授
2012 年　近畿大学名誉教授

應和靖浩（おうわ　やすひろ）
1963 年　近畿大学工学部機械工学科卒業
1963 年　近畿大学助手
1980 年　近畿大学講師
1990 年　近畿大学助教授
1995 年　博士(工学)（近畿大学）
2005 年　近畿大学退職

山本全男（やまもと　まさお）
1970 年　近畿大学理工学部機械工学科卒業
1976 年　近畿大学大学院工学研究科博士課程修了（機械工学専攻）
1976 年　近畿大学助手
1986 年　近畿大学講師
1993 年　博士(工学)（近畿大学）
1994 年　近畿大学助教授
2001 年　近畿大学教授
2014 年　近畿大学退職

流れの力学 ──基礎と演習──
Fluid Mechanics ──Fundamentals and Exercises──
Ⓒ Matsuoka, Aoyama, Kojima, Ohwa, Yamamoto 2001

2001年5月10日 初版第1刷発行
2018年8月20日 初版第13刷発行

検印省略

著 者	松 岡	祥 浩
	青 山	邑 里
	児 島	忠 倫
	應 和	靖 浩
	山 本	全 男
発 行 者	株式会社 コロナ社	
	代 表 者 牛来真也	
印 刷 所	三美印刷株式会社	
製 本 所	有限会社 愛千製本所	

112-0011 東京都文京区千石4-46-10
発行所 株式会社 コロナ社
CORONA PUBLISHING CO., LTD.
Tokyo Japan
振替00140-8-14844・電話(03)3941-3131(代)
ホームページ http://www.coronasha.co.jp

ISBN 978-4-339-04555-0 C3053 Printed in Japan (川田)

<JCOPY> <出版者著作権管理機構 委託出版物>
本書の無断複製は著作権法上での例外を除き禁じられています。複製される場合は,そのつど事前に,出版者著作権管理機構(電話 03-5513-6969,FAX 03-5513-6979, e-mail: info@jcopy.or.jp)の許諾を得てください。

本書のコピー,スキャン,デジタル化等の無断複製・転載は著作権法上での例外を除き禁じられています。購入者以外の第三者による本書の電子データ化及び電子書籍化は,いかなる場合も認めていません。
落丁・乱丁はお取替えいたします。

シミュレーション辞典

日本シミュレーション学会 編
A5判／452頁／本体9,000円／上製・箱入り

- ◆編集委員長　大石進一（早稲田大学）
- ◆分野主査　山崎　憲（日本大学），寒川　光（芝浦工業大学），萩原一郎（東京工業大学），
矢部邦明（東京電力株式会社），小野　治（明治大学），古田一雄（東京大学），
小山田耕二（京都大学），佐藤拓朗（早稲田大学）
- ◆分野幹事　奥田洋司（東京大学），宮本良之（産業技術総合研究所），
小俣　透（東京工業大学），勝野　徹（富士電機株式会社），
岡田英史（慶應義塾大学），和泉　潔（東京大学），岡本孝司（東京大学）

（編集委員会発足当時）

> シミュレーションの内容を共通基礎，電気・電子，機械，環境・エネルギー，生命・医療・福祉，人間・社会，可視化，通信ネットワークの8つに区分し，シミュレーションの学理と技術に関する広範囲の内容について，1ページを1項目として約380項目をまとめた。

- Ⅰ　共通基礎（数学基礎／数値解析／物理基礎／計測・制御／計算機システム）
- Ⅱ　電気・電子（音　響／材　料／ナノテクノロジー／電磁界解析／VLSI設計）
- Ⅲ　機　械（材料力学・機械材料・材料加工／流体力学・熱工学／機械力学・計測制御・生産システム／機素潤滑・ロボティクス・メカトロニクス／計算力学・設計工学・感性工学・最適化／宇宙工学・交通物流）
- Ⅳ　環境・エネルギー（地域・地球環境／防　災／エネルギー／都市計画）
- Ⅴ　生命・医療・福祉（生命システム／生命情報／生体材料／医　療／福祉機械）
- Ⅵ　人間・社会（認知・行動／社会システム／経済・金融／経営・生産／リスク・信頼性／学習・教育／共　通）
- Ⅶ　可視化（情報可視化／ビジュアルデータマイニング／ボリューム可視化／バーチャルリアリティ／シミュレーションベース可視化／シミュレーション検証のための可視化）
- Ⅷ　通信ネットワーク（ネットワーク／無線ネットワーク／通信方式）

本書の特徴

1. シミュレータのブラックボックス化に対処できるように，何をどのような原理でシミュレートしているかがわかることを目指している．そのために，数学と物理の基礎にまで立ち返って解説している．
2. 各中項目は，その項目の基礎的事項をまとめており，1ページという簡潔さでその項目の標準的な内容を提供している．
3. 各分野の導入解説として「分野・部門の手引き」を供し，ハンドブックとしての使用にも耐えうること，すなわち，その導入解説に記される項目をピックアップして読むことで，その分野の体系的な知識が身につくように配慮している．
4. 広範なシミュレーション分野を総合的に俯瞰することに注力している．広範な分野を総合的に俯瞰することによって，予想もしなかった分野へ読者を招待することも意図している．

定価は本体価格+税です．
定価は変更されることがありますのでご承下さい．

図書目録進呈◆